更快更好

搞定文字、演示和表格

周斌 著

人民邮电出版社

北京

图书在版编目（CIP）数据

WPS Office效率手册 : 更快更好搞定文字、演示和表格 : 全彩印刷+视频讲解 / 周斌著. -- 北京 : 人民邮电出版社，2018.7（2022.1重印）
ISBN 978-7-115-48492-5

Ⅰ. ①W… Ⅱ. ①周… Ⅲ. ①办公自动化—应用软件 Ⅳ. ①TP317.1

中国版本图书馆CIP数据核字(2018)第108643号

内 容 提 要

文字、演示和表格，堪称衡量职场人士核心竞争力的三大利器。如何通过WPS办公软件对其进行必要的简化、美化、亮化和进化，既是一门技术，实则更像一门艺术。

本书作者将日积月累的办公软件实用案例进行了高效梳理，将多年沉淀的WPS应用思路、方法和技巧分享给读者，尤其注重办公软件的实用、巧用和妙用。

本书结构简明扼要，文字通俗易懂，图解一目了然，案例精挑细选，视频随看随学全力为读者营造案例式讲解、故事化穿插和游戏式教学的高效学习环境，并促成实用、实战、实在的学习成果。

◆ 著　　　周　斌
责任编辑　恭竟平
责任印制　周昇亮

◆ 人民邮电出版社出版发行　北京市丰台区成寿寺路 11 号
邮编　100164　电子邮件　315@ptpress.com.cn
网址　https://www.ptpress.com.cn
涿州市京南印刷厂印刷

◆ 开本：700×1000　1/16
印张：15.25　　2018 年 7 月第 1 版
字数：239 千字　　2022 年 1 月河北第 13 次印刷

定价：59.80 元

读者服务热线：(010)81055296　印装质量热线：(010)81055316
反盗版热线：(010)81055315
广告经营许可证：京东市监广登字 20170147 号

序

我可能上了一个假大学，我可能谈了一次假恋爱，我可能进了一个假单位，我可能买了一本假书，我可能装了一个假软件，我可能用了一个假 WPS……

够了！说人话！

好吧。其实我——我不太会学习。我不太会谈恋爱。我不太会工作。我不太会买书。我不太会装软件。我不太会用 WPS……仅此而已。

如果你觉得以上情形似曾相识，翻开本书就对了。

- **为什么写这本书**

一次偶然的机会，一位著名的图书策划人找我聊办公软件，聊市面上关于 Office 的各种参考书，聊到最后，他强烈建议我写一本能解决 WPS 用户需求的新书。虽然在此之前，我已应邀合著过两本关于 Office 的书，并且销量都不错，但我尚未写过关于 WPS 的书。随后，又通过几次隔空交流，最终我欣然命笔。

WPS Office 是由金山软件股份有限公司自主研发的一款办公软件套装，可以实现办公软件最常用的文字、表格、演示等多种功能。WPS 具有内存占用低、运行速度快、体积小巧、强大插件平台支持、免费提供海量在线存储空间及文档模板、支持阅读和输出 PDF 文件、全面兼容微软 Office 97-2010 格式（doc/docx/xls/xlsx/ppt/pptx）等独特优势。

但令人遗憾的是，很多用户对 WPS 不甚了解，导致在使用过程中事倍功半，而非事半功倍：文本对齐基本靠空格，标题编号基本靠手工，数据统计基本靠计算器，批量操作基本靠复制粘贴，模板母版既搞不清也不会用，演示文稿图文排版基本靠堆砌，配色与动画效果杂乱无序……

- **为什么读这本书**

本书将帮助你有效解决以下与日常工作息息相关的问题：

如何激发全脑思维，打开办公软件应用思路；

如何提高办公效率，提升效率工具应用水平；

如何轻松实现 WPS 文字和演示文稿的简化、美化和亮化；

如何高效制作表格、处理数据、挖掘信息并设计直观的图表；

如何学会举一反三、触类旁通，解决实际问题；

如何培养结构化思维、逻辑分析、数据处理、设计排版、知识管理等各方面的综合能力。

依托“小巧极速云办公”的金山 WPS，本书重言传更重身教，授人以鱼亦授人以渔。通过简明扼要的结构、通俗易懂的文字、一目了然的图解、随看随学的视频和精挑细选的案例，为读者营造案例式讲解、故事化穿插和游戏式教学的高效学习环境，并促成实用、实战、实在的学习成果。

- 谁适合读这本书

追求高效卓越，崇尚学以致用，希望借助效率工具提升思维、写作、排版、计算、分析、设计、演示等综合能力的人士。

对，说的就是你！

- 声明

本书所有案例中涉及人名、身份证号码、籍贯、民族、地址等敏感信息均为杜撰或虚构，如有雷同，纯属巧合。

- 致谢

本书的出版得到了潘淳、王佩丰、高青峰、陈锡卢、金桥、彭佳、钱力明、李东旭、周泽安、ACE、谷月、图大狮、周锦飞等多位朋友的大力支持，在此一并致谢！

CONTENTS WPS 目录

序……1

WPS 文字 /1

第 1 章 简化……2

1.1 简化文档结构……2

1.1.1 如何可视化文档结构……2

1.1.2 如何快速创建文档结构……3

1.1.3 如何随性调整文档结构……6

1.2 简化整体设计……7

1.2.1 模板与主题……8

1.2.2 颜色方案与字体方案……11

1.3 简化封面目录……12

1.3.1 简化制作封面页……12

1.3.2 简化制作目录页……13

1.4 简化符号编号……14

1.4.1 轻松搞定符号和编号……14

1.4.2 一劳永逸的多级编号……17

1.5 简化批量文档……21

1.5.1 如何分分钟批量制作请柬……22

1.5.2　利用邮件合并批量制作台签 26
1.5.3　利用 Next 域解决邮件合并的换页问题 27

1.6　简化查找替换 28
1.6.1　查找替换的简单玩法 29
1.6.2　查找替换的高级玩法 34

第 2 章　美化 38

2.1　美化样式格式 38
2.1.1　样式与格式 38
2.1.2　如何利用样式快速美化文档 38
2.1.3　样式的新建、清除与删除 41

2.2　美化页眉页脚 42
2.2.1　页眉页脚的线条 44
2.2.2　页眉页脚首页不同 45
2.2.3　页眉页脚分节不同 47
2.2.4　页眉页脚奇偶页不同 48
2.2.5　页眉页脚显示本节的页码和总页数 49
2.2.6　页眉页脚显示章节信息 50
2.2.7　分栏页码 51

2.3　美化论文排版 52
2.3.1　图表编号与图表目录 52
2.3.2　脚注和尾注 54
2.3.3　超链接与交叉引用 55
2.3.4　参考文献 55
2.3.5　书签 56

第 3 章 亮化 57

3.1 亮化数据表格 57

3.1.1 多页表格重复标题行 58
3.1.2 自动编号 59
3.1.3 快速列表化 60
3.1.4 巧用公式与函数计算数据 60
3.1.5 斜线表头 63
3.1.6 单元格合并与拆分 63
3.1.7 表格文本互转 64
3.1.8 更多功能 65

3.2 亮化信息图表 65

3.2.1 图表 65
3.2.2 地图、几何图与二维码 66
3.2.3 公式 68

3.3 亮化图片图形 69

3.3.1 图片 69
3.3.2 图形 70
3.3.3 更多可视化表达 72

第 4 章 进化 73

4.1 文档转化 73

4.1.1 图片转 Word 73
4.1.2 PDF 转 Word 74
4.1.3 Word 转 PDF 75

4.2 文档审阅 76

4.2.1 简繁转换 76

4.2.2　批注与修订 77
4.2.3　文档保护 79

4.3　开发工具 82
4.3.1　利用控件制作单选题 82
4.3.2　利用控件制作多选题 84

WPS 演示 /87

第 5 章　简化 88

5.1　简化思路 88
5.1.1　结构化思维 88
5.1.2　结构化工具 90

5.2　简化技巧 93
5.2.1　用好模板与主题 94
5.2.2　妙用母版与版式 98
5.2.3　快速访问工具栏与快捷键 102

第 6 章　美化 105

6.1　美化技巧 105
6.1.1　对齐 106
6.1.2　对比 107
6.1.3　重复 107
6.1.4　分类 108
6.1.5　平衡 109
6.1.6　留白 110

6.2 版式美化 111

6.3 版面美化 115

第 7 章 亮化 124

7.1 动画设计 124

7.1.1 切换 124
7.1.2 动画 129
7.1.3 多媒体 133
7.1.4 交互设计 136
7.1.5 动画组合 141

7.2 故事设计 147

第 8 章 进化 149

8.1 关于演示 149

8.1.1 演示者视图 149
8.1.2 放映技巧与演示工具 151

8.2 关于输出 152

8.2.1 文件保存 152
8.2.2 输出成 PDF 153
8.2.3 输出为图片 154
8.2.4 输出为视频 154
8.2.5 更多输出方式 155

8.3 关于资源 155

8.3.1 设计资源 156
8.3.2 配色资源 158

8.3.3　字体资源 160
8.3.4　配图资源 161
8.3.5　配乐资源 163

WPS 表格 /165

第 9 章　好玩的数据 166

9.1　从结构开始 166
9.1.1　关系型表格 166
9.1.2　批量取消合并单元格 167

9.2　玩转数据 168
9.2.1　如何高效准确地录入数据 168
9.2.2　如何预防和检索数据错误 170
9.2.3　如何高效准确地导入外部数据 173
9.2.4　数据分列的妙用 174
9.2.5　单元格格式的妙用 175
9.2.6　数据的保护与共享 179

第 10 章　好用的信息 182

10.1　数据分析的“常规武器” 182
10.1.1　表格样式 182
10.1.2　排序 184
10.1.3　筛选 184
10.1.4　分类汇总 184
10.1.5　合并计算 187

10.2　数据分析的“秘密武器” 188

10.2.1 数据透视表的核心思路 189
10.2.2 数据透视表的基本方法 189
10.2.3 数据透视表的常用功能 193

10.3 公式函数那些事儿 196
10.3.1 函数推导 196
10.3.2 函数简化 202
10.3.3 常用函数 204
10.3.4 联动选择 208
10.3.5 条件格式 211

第 11 章 好看的图表 215

11.1 图表原理 215
11.1.1 图表结构、数据与元素 215
11.1.2 无表制图法 216

11.2 图表美化 220
11.2.1 常用图表 220
11.2.2 组合图表 226

11.3 图表亮化 228
11.3.1 如何制作动态图表 229
11.3.2 如何制作交互式的图表 230

WPS 文字

借助强大的 WPS 文字处理软件，我们不仅可以快速结构化文档，还可以快速变换文档的设计风格，轻松搞定封面、目录、各级标题编号、图表编号、页眉、页脚和页码、脚注与尾注、参考文献、书签、超链接和交叉引用等常见问题，同时可以利用表格、公式、图表、图形、图片等工具对文档进行高效美化和亮化。

除此之外，利用查找替换功能，可以轻松实现文档内容和格式的批量编辑；利用邮件合并功能，能够快速搞定请柬、荣誉证书、台签等固定格式文档的批量制作；同时，WPS 还提供了批注修订、文件保护、文档格式转换等其他实用功能。

第 1 章　简化

WPS 的简化，从文档结构化开始。

1.1 简化文档结构

在制作招（投）标文件、项目方案建议书或编写书稿等专业文档的过程中，为了可以随时创建或调整文档的结构，对文档结构进行可视化管理显得尤为重要。那么问题来了，应该如何结构化 WPS 文档呢?

1.1.1 如何可视化文档结构

如图 1-1 所示，依次单击【视图】-【文档结构图】-【靠左】命令，文档结构图就会显示在编辑区的左侧。

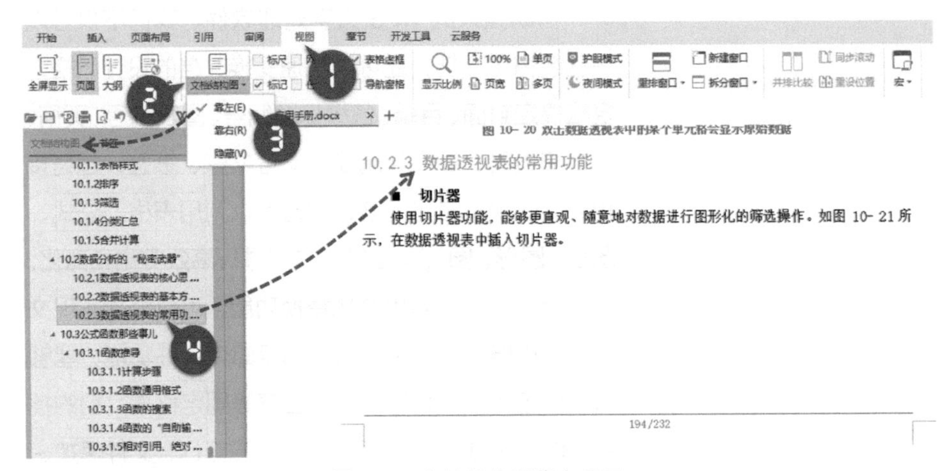

图 1-1　文档结构图靠左显示

由此，整篇文档的结构就一目了然了，并可随意选择显示级别，如图 1-2 所示。

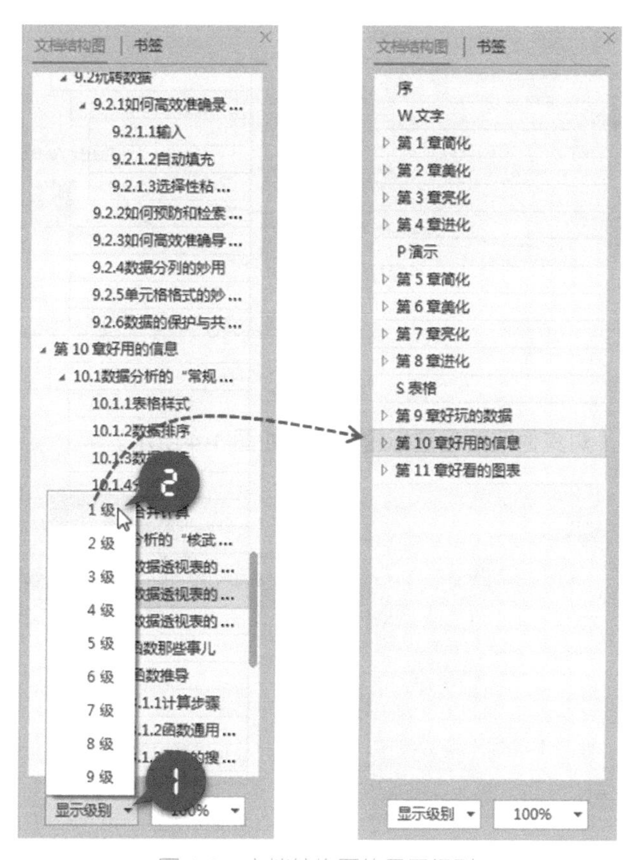

图 1-2　文档结构图的显示级别

1.1.2 如何快速创建文档结构

创建文档结构的主要操作，是设置各个段落的大纲级别。

你可以利用大纲视图[1]进行设置，也可以利用样式来创建文档结构。如图 1-3 所示，先选中某个（些）段落，再应用某个标题样式，文档结构图中就会同步显示标题内容。

[1] 单击【视图】-【大纲】命令，即可切换为大纲视图。

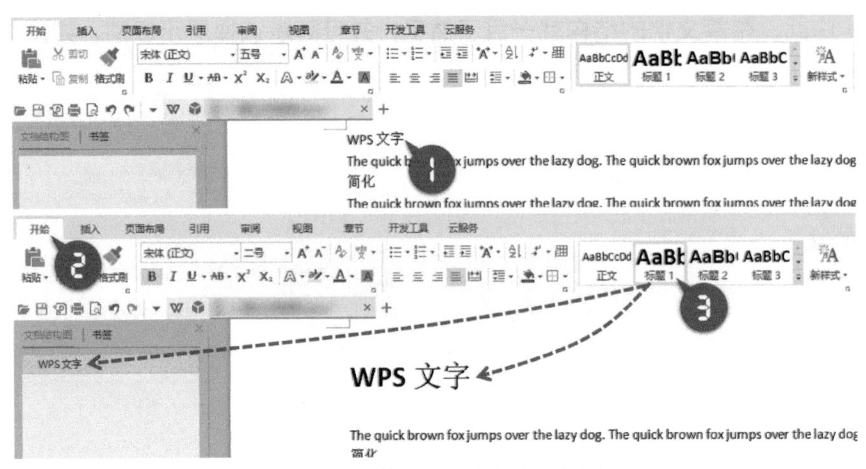

图 1-3 将段落设置为“标题 1”样式

依此类推，对其他段落设置标题样式，如图 1-4 所示。

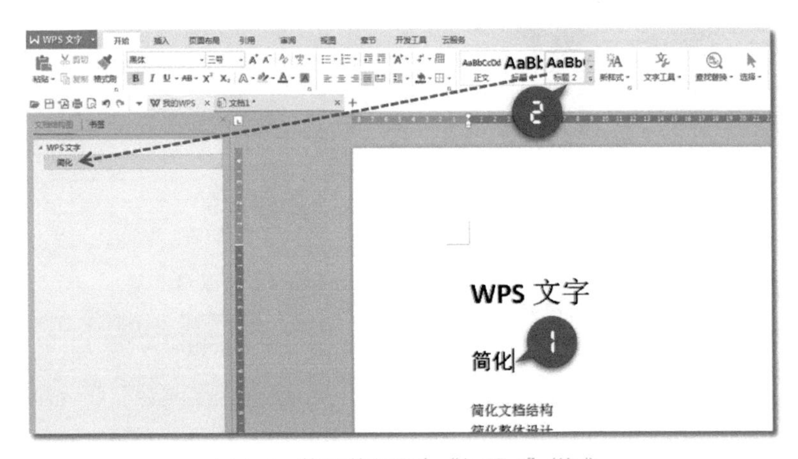

图 1-4 将段落设置为“标题 2”样式

如果需要设置更多级别的标题样式，可以先利用【样式和格式】任务窗格显示所有样式，再进行相应的选择，如图 1-5 所示。

为了更直观方便地查看段落和设置样式，建议显示段落标记，如图 1-6 所示。

格式标记（包含段落标记）对于文档排版非常有用，例如，用户可以借此直观地查找并删除多余的段落标记、分节符、分页符等。

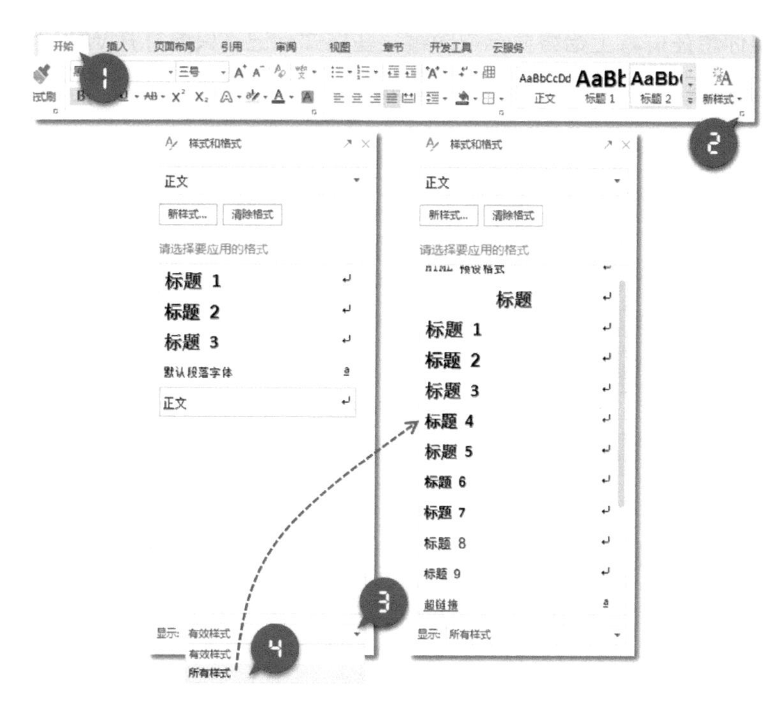

图 1-5　激活【样式和格式】任务窗格并显示所有样式

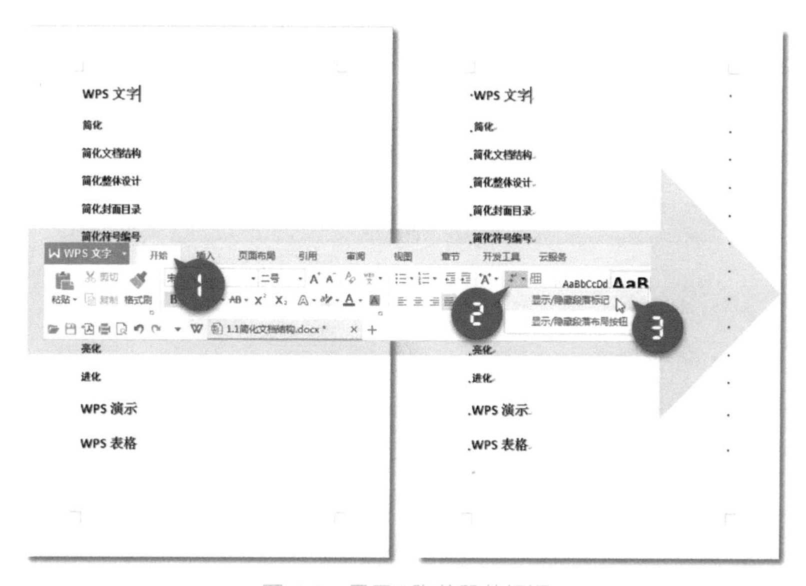

图 1-6　显示 / 隐藏段落标记

如果你想在屏幕上始终显示或隐藏某些格式标记，只要打开 WPS【选项】-【视图】对话框，对“格式标记”中的勾选项进行设置即可，如图 1-7 所示。

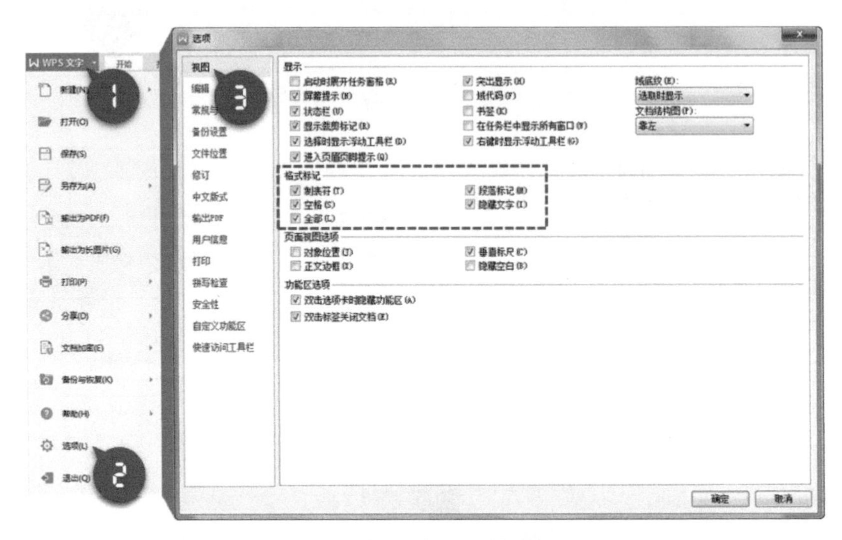

图 1-7　选项 - 视图 - 格式标记

【选项】对话框相当于 WPS 的后台，为 WPS 的前台提供支撑和个性化服务，例如，你可以添加一个自定义功能区，并将自己常用的选项和命令按钮置于其中。

1.1.3　如何随性调整文档结构

在长文档的编辑过程中，经常需要调整文档结构和内容，如图 1-8 所示。

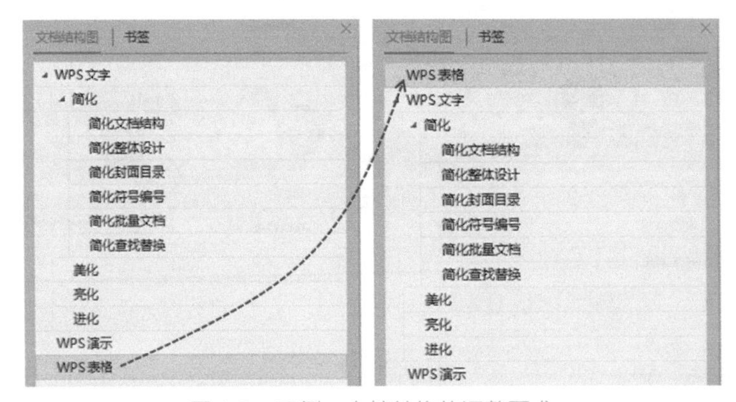

图 1-8　示例：文档结构的调整要求

那么，应该如何快速调整文档结构呢?

方法 1：

选中指定的段落内容，剪切，将光标移到目标位置，粘贴，如图 1-9 所示。

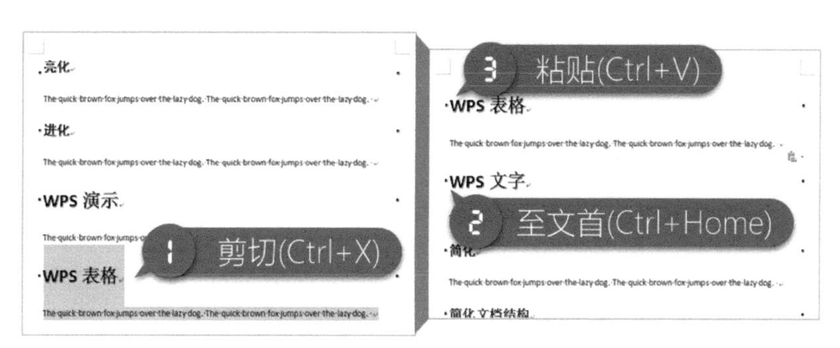

图 1-9　利用剪切粘贴调整文档结构

或选中段落内容，直接拖拽至目标位置即可。

方法 2：

选中指定的段落内容，上移（Alt+Shift+ ↑）或下移（Alt+Shift+ ↓）至目标位置即可。

方法 3：

选中指定的段落内容，切换至大纲视图，单击【上移】或【下移】命令按钮，直至调整到位为止，如图 1-10 所示。

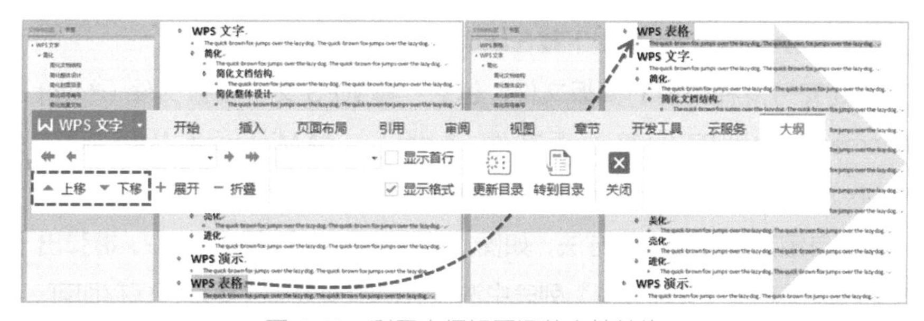

图 1-10　利用大纲视图调整文档结构

1.2 简化整体设计

套用特定的模板、主题、颜色和效果，可以简化 WPS 文档的整体设计工作。

1.2.1 模板与主题

模板是指 WPS 内置的包含固定格式和版式设置的模板文件，用于帮助用户快速生成特定类型的文档。

新建 WPS 文档时，可以使用默认模板，也可以使用自定义模板或在线模板，如图 1-11 所示。

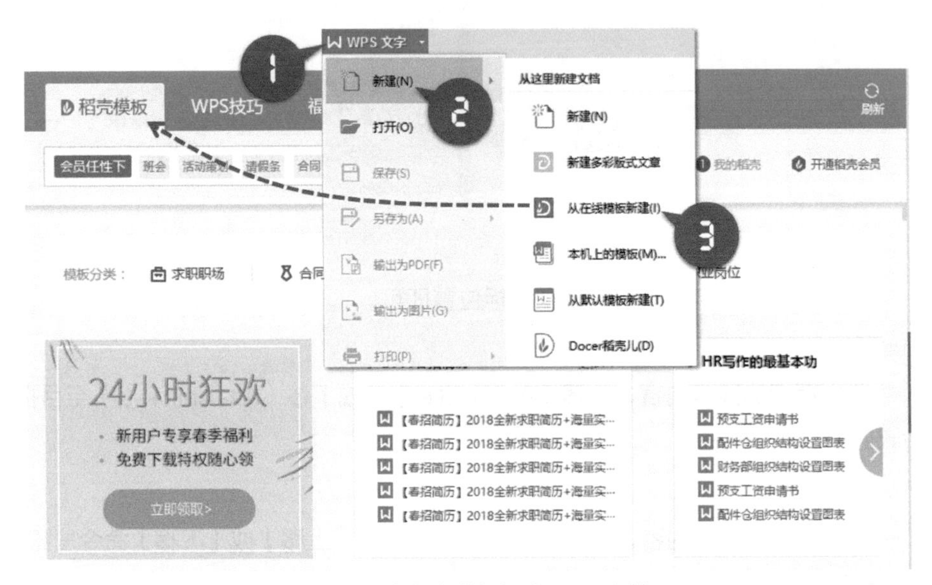

图 1-11　从在线模板新建 WPS 文档

如果开通会员，还可免费下载在线模板。

WPS 支持多种类型的模板文件，包括：❶ WPS 文字模板文件（*.wpt），❷ Microsoft Word 97-2003 模板文件（*.dot），❸ Microsoft Word 模板文件（*.dotx），❹ Microsoft Word 带宏的模板文件（*.dotm）。

建立自定义模板文件的方法，如图 1-12 所示，只要单击 <F12> 键弹出【另存为】对话框，在“文件类型”列表中选择合适的模板文件类型，保存即可。

如果希望从自定义模板新建 WPS 文档，只要如图 1-13 所示，从本机上选择模板文件即可。

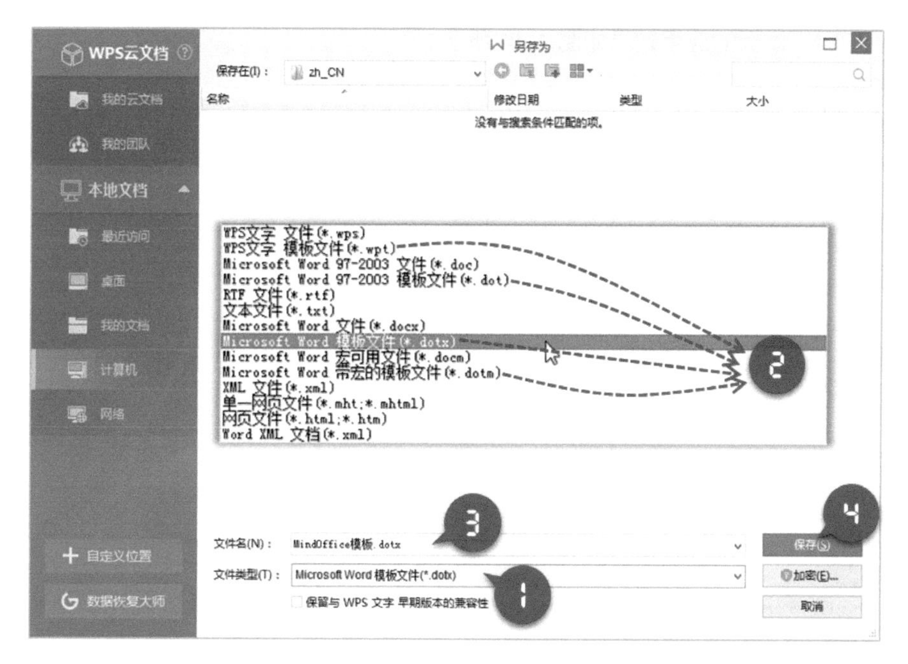

图 1-12　另存为模板文件

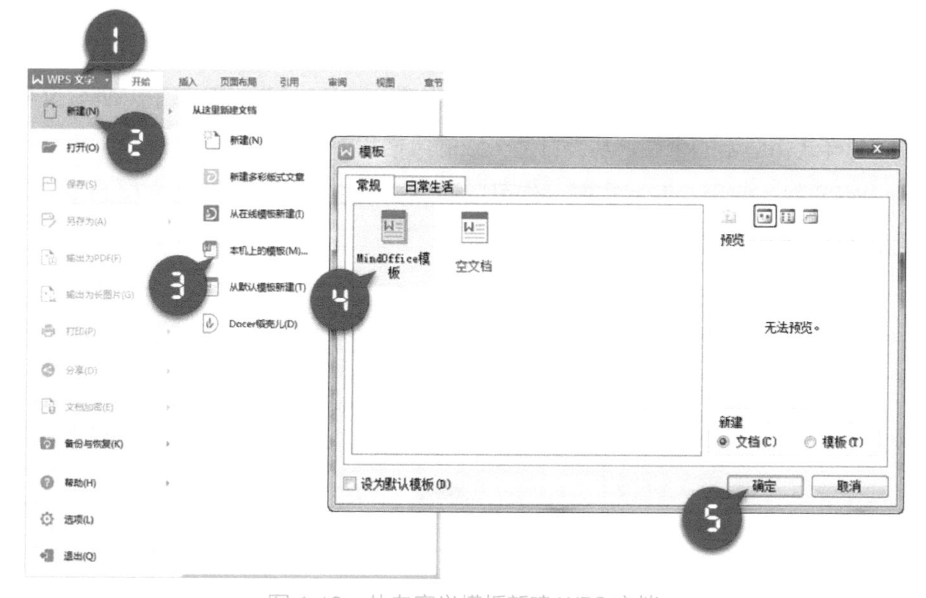

图 1-13　从自定义模板新建 WPS 文档

自定义模板的应用效果如图 1-14 所示。

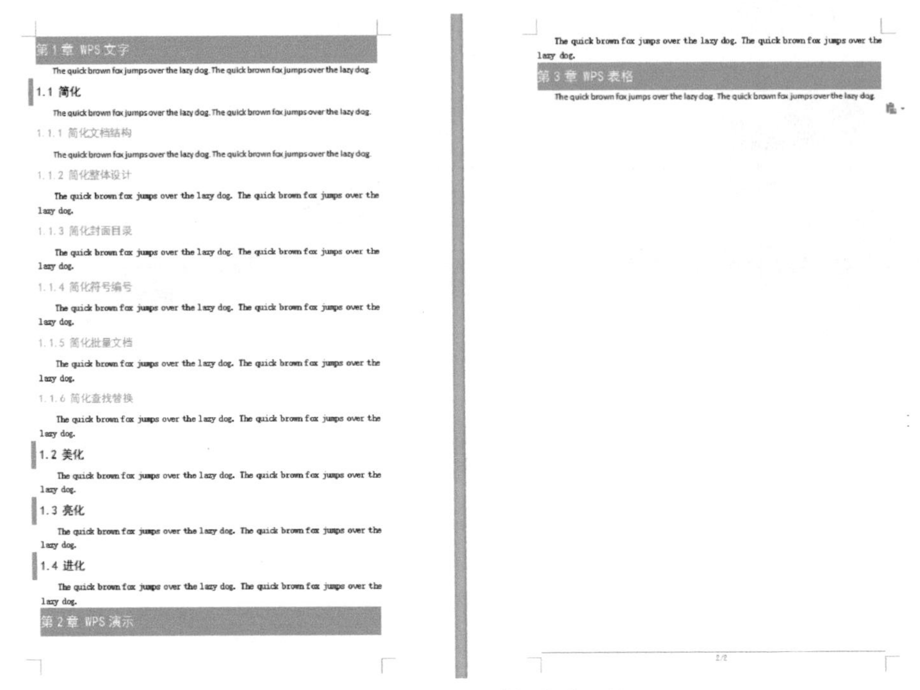

图 1-14　MindOffice 模板的应用效果

主题由独特的一组颜色、字体和效果构成。使用主题，可以赋予 WPS 文档即时的样式和适当的个性，从而打造一致的风格和外观。

WPS 默认使用 Office 主题，你可以通过更换主题，快速改变文档的整体风格和外观，如图 1-15 所示。

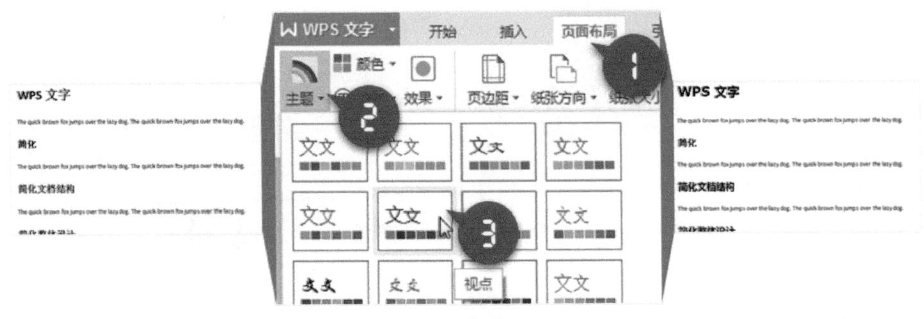

图 1-15　更换主题

1.2.2 颜色方案与字体方案

WPS 内置了数十种主题颜色和主题字体，便于用户快速选用颜色方案和字体方案。

颜色方案的更换方法如图 1-16 所示。

图 1-16　更换颜色方案

字体方案的更换方法，如图 1-17 所示。

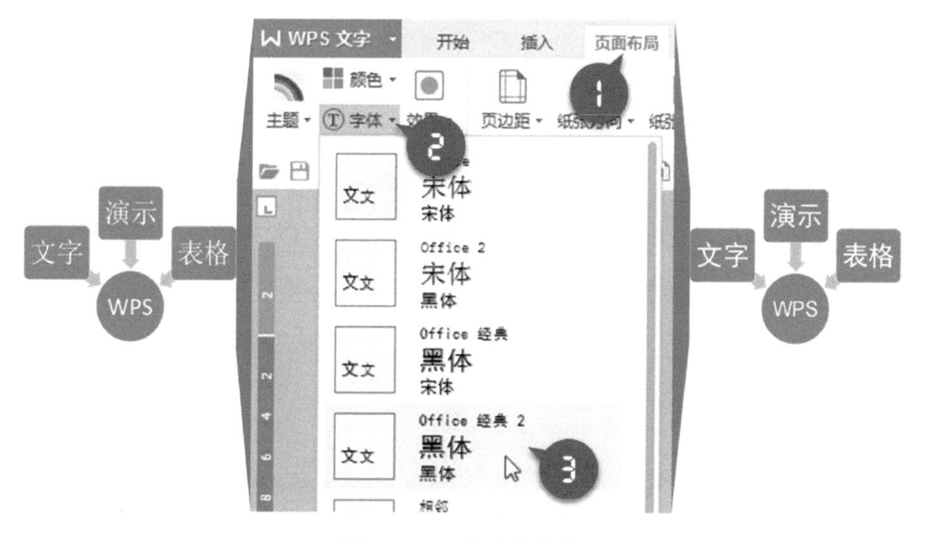

图 1-17　更换字体方案

1.3 简化封面目录

WPS 内置了丰富的封面样式和目录样式，你可以据此高效制作封面和目录。

1.3.1 简化制作封面页

WPS 内置了多种封面样式，你可以按需选用，如图 1-18 所示。

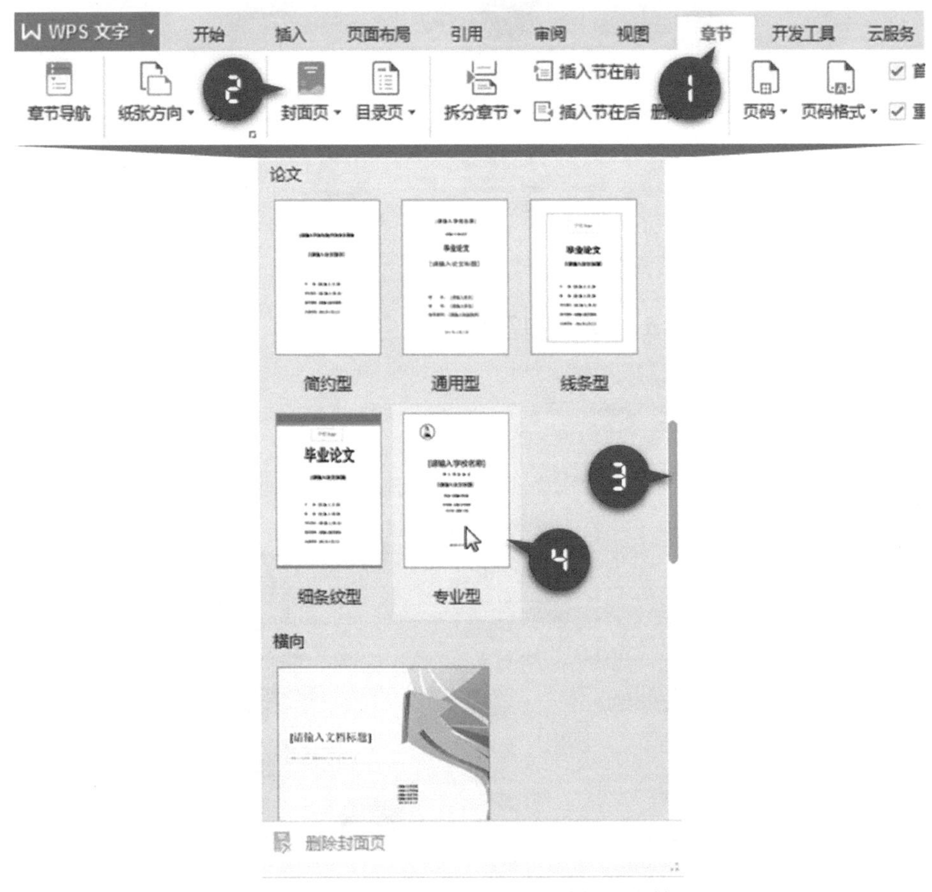

图 1-18　选择合适的封面样式插入文档

利用封面样式和控件可以快速高效地更改图片，填写标题、作者、地址、日期和其他信息。

如果需要删除封面页，只要依次单击【章节】-【封面页】-【删除封面页】命令即可。

1.3.2 简化制作目录页

目录页的制作也非常简单，只要根据自己的喜好或实际需要，选用合适的目录样式插入文档即可，如图 1-19 所示。

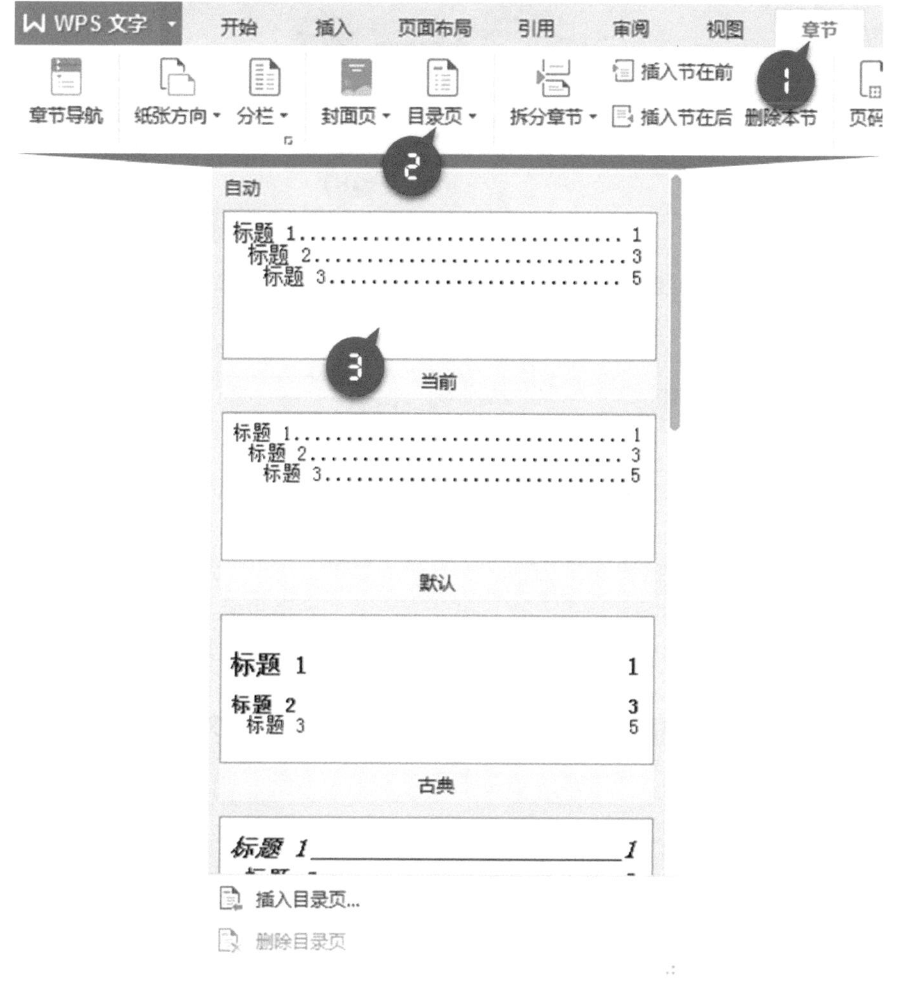

图 1-19　选择合适的目录样式插入文档

如果需要更改或自定义目录样式，可以先单击【删除目录页】命令，再单击【插入目录页】命令，在弹出的【目录】对话框中进行设置，如图 1-20 所示。

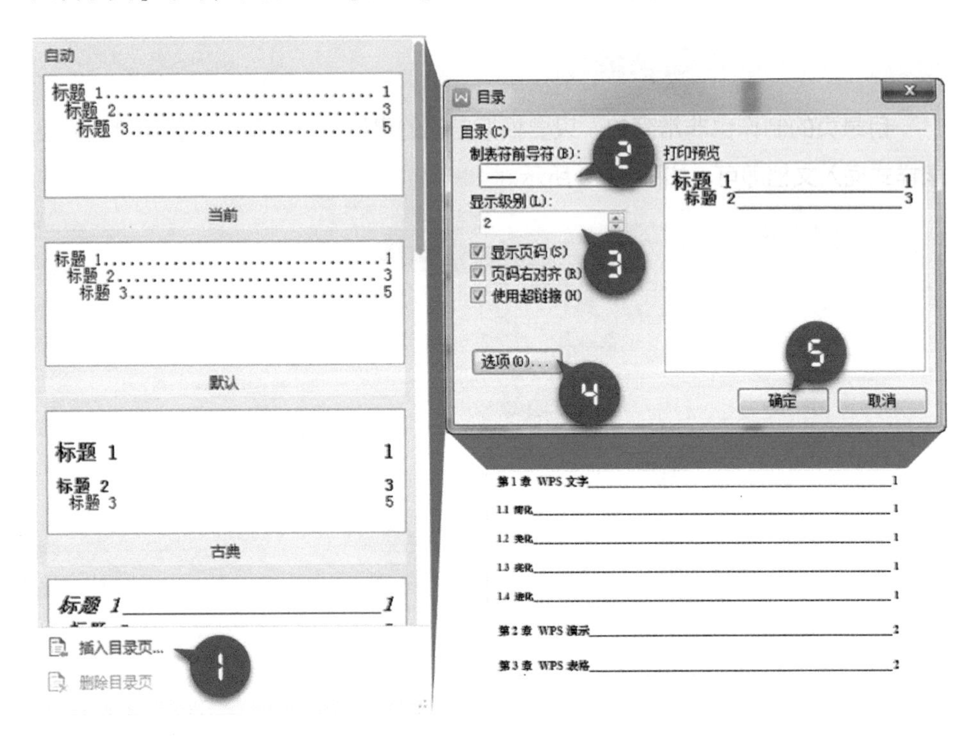

图 1-20　修改或自定义目录样式

1.4 简化符号编号

WPS 提供了丰富的项目符号和自动编号功能，便于用户对文档进行高效专业的排版。

1.4.1 轻松搞定符号和编号

设置项目符号的目的，通常是使内容层次分明、条理清晰，易于阅读。

快速设置项目符号的方法如图 1-21 所示。

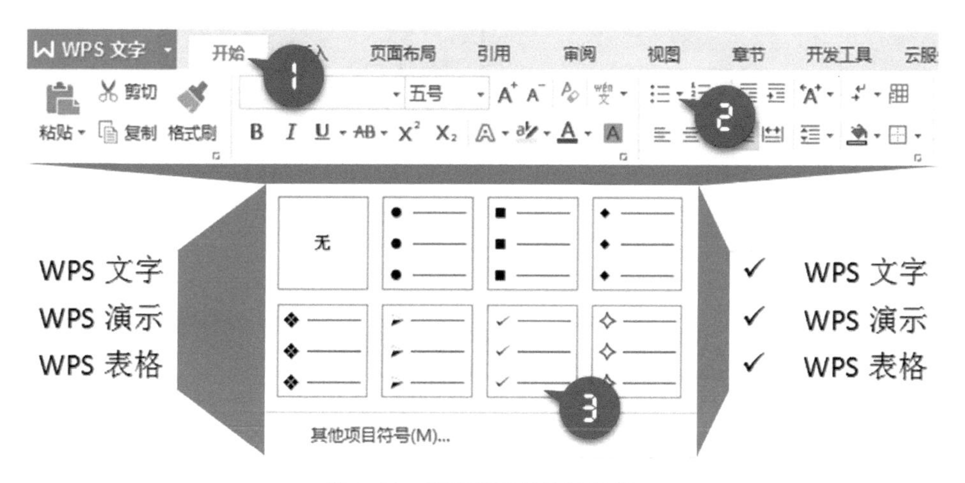

图 1-21　项目符号的快速设置

如果需要设置个性化的项目符号，请单击【其他项目符号】命令，在弹出的【项目符号和编号】对话框中单击【自定义】命令，然后在弹出的【自定义项目符号列表】对话框中单击【字符】命令，最后在弹出的【符号】对话框中选择你需要的字体和字符，或直接输入字符代码，插入到文档即可，如图 1-22 所示。

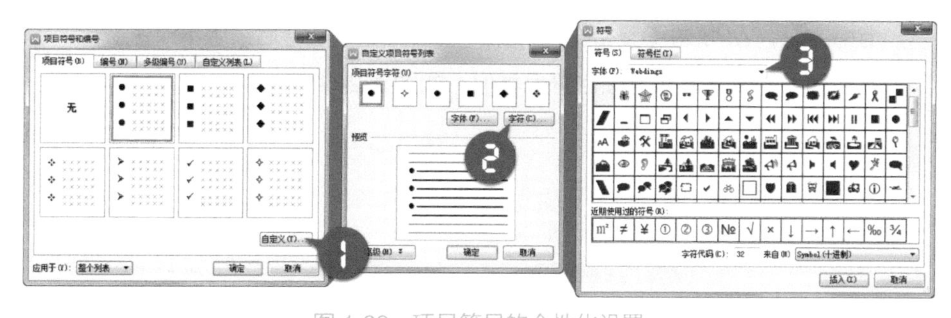

图 1-22　项目符号的个性化设置

可用于项目符号的字体类型有 Webdings、Wingdings、Wingdings 2 和 Wingdings 3 等，如图 1-23 所示。

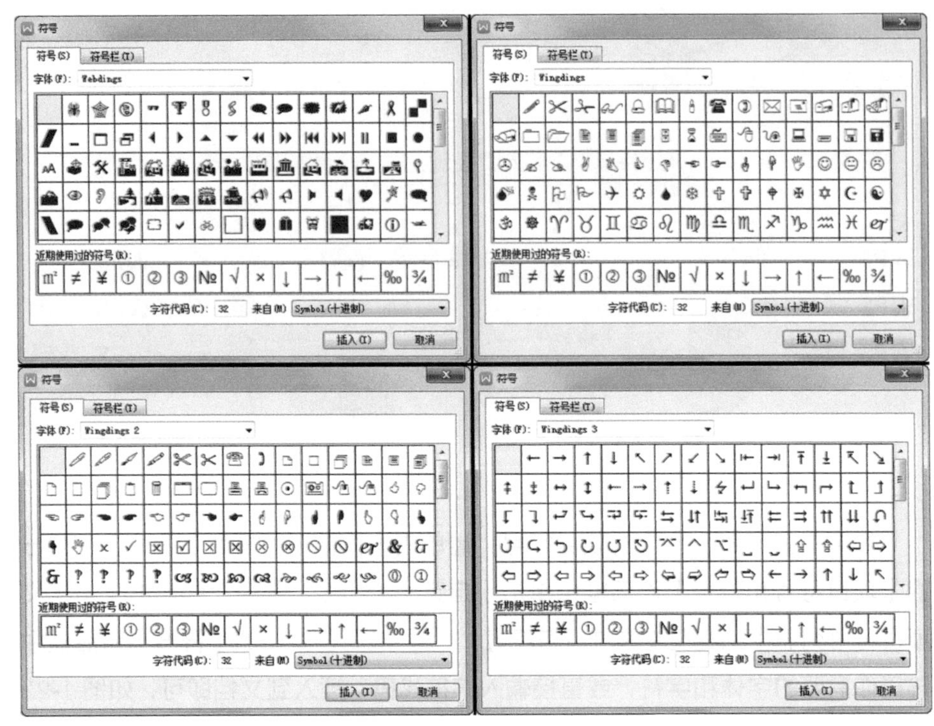

图 1-23　可用于项目符号的字体

遗憾的是，WPS 暂不支持将图片作为项目符号，期待后续版本改进。

自动编号的设置方法与项目符号类似，如图 1-24 所示。

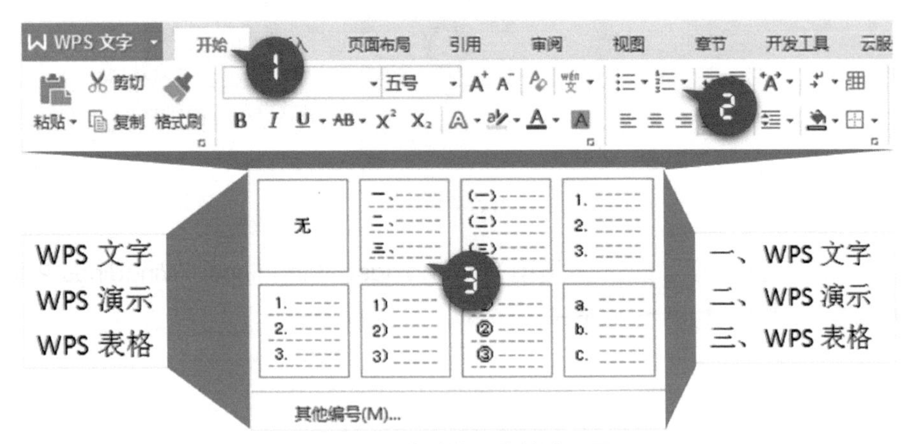

图 1-24　自动编号的快速设置

值得一提的是，如果选择的编号样式是罗马数字，则起始编号不能为 0，如图 1-25 所示。

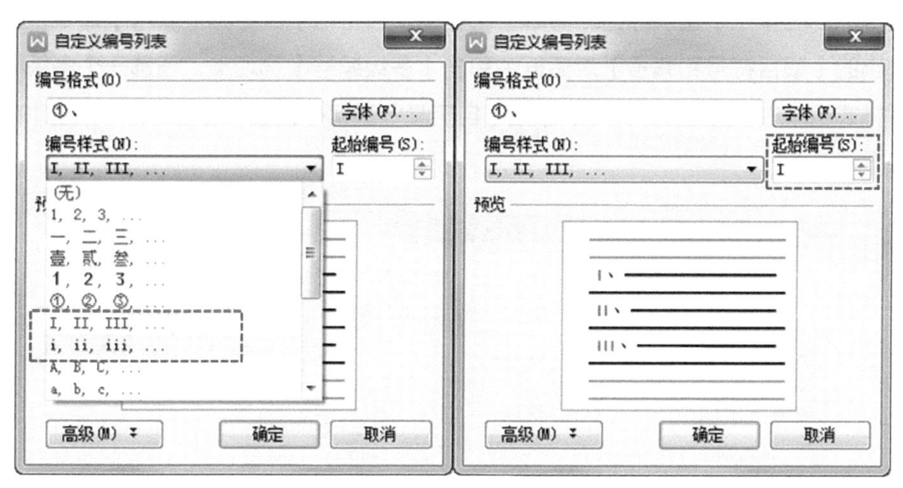

图 1-25　罗马数字的起始编号无法设置为 0

这是为什么呢?

因为罗马数字的最小值是 1，压根就没有 0。

在对已设置项目符号或自动编号的段落进行编辑时，不管是新增段落，还是从中间插入，都会自动刷新项目符号或编号，如图 1-26 所示。

图 1-26　项目符号或编号的自动刷新

1.4.2 一劳永逸的多级编号

图 1-14 所示的文档，由于应用的模板中设置了多级编号，所以整个文档显得结构清晰，条理分明。

那么问题来了，在 WPS 中应该如何搞定多级编号呢?

方法如图 1-27 所示，先在【开始】选项卡中单击【项目符号】或【编号格式】右侧的倒三角（下拉）标记，再单击【其他项目符号】或【其他编号】命令，在弹出的【项目符号和编号】对话框中单击【多级编号】选项卡，任选一个多级编号样式后单击【自定义】命令，激活【自定义多级编号列表】对话框，并单击【高级】命令。

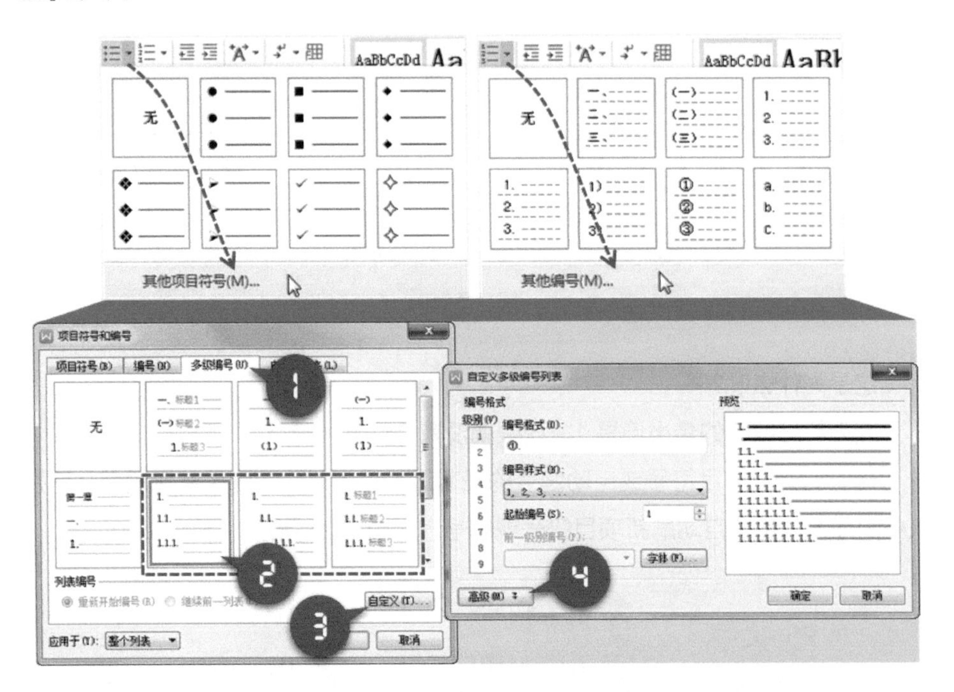

图 1-27　通过【自定义多级编号列表】设置多级列表

建议从一级编号开始设置。如图 1-28 所示，将光标移到“编号格式”输入框内，自动编号“①”的前后均可输入字符（如：“第”“章”），在“编号样式”下拉列表中选择一种样式，观察预览图中的变化，并确认已将级别链接到样式“标题 1”，同时可以选择编号之后的内容，或进行更多相关设置。

注意：“编号格式”输入框内的编号是自动编号，切勿以手工编号代替。

接下来设置二级编号。如图 1-29 所示，“编号格式”输入框内的“①”和“②”均为自动编号，分别代表一级编号和二级编号，不能以手工编号代替，但自动编号前后的字符可以任意修改；同时，勾选“正规形式编号”，确认起始编号，并将级别链接到样式“标题 2”。

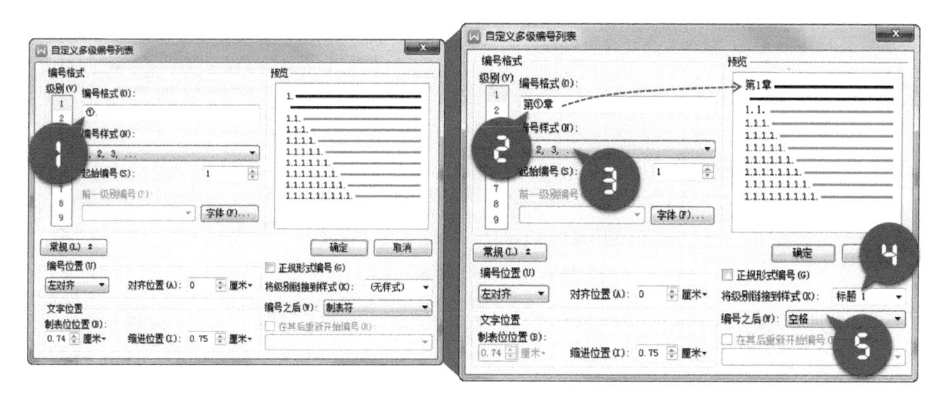

图 1-28　多级编号列表：设置一级编号

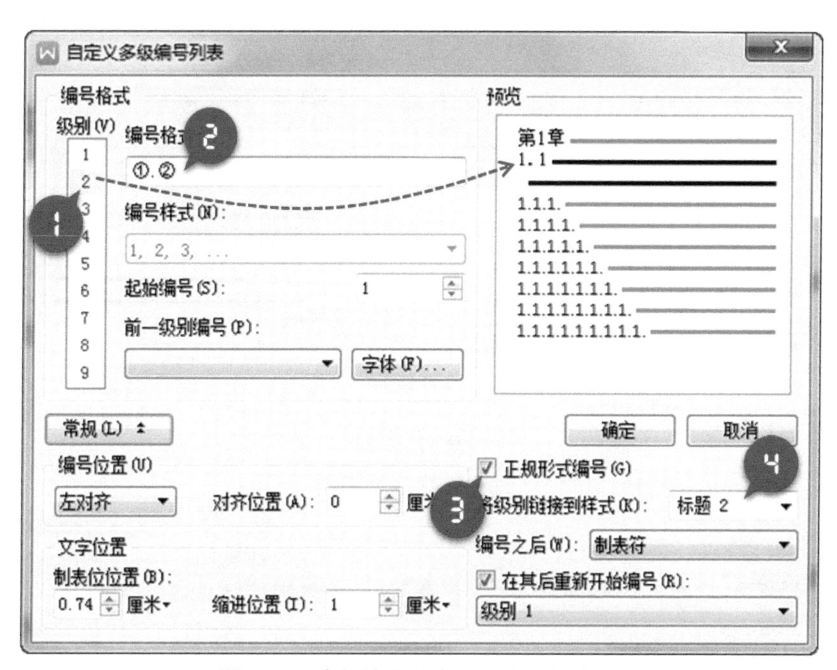

图 1-29　多级编号列表：设置二级编号

依此类推，对更多级编号进行设置，如图 1-30 所示。

图 1-30　多级编号列表：设置更多级编号

多级编号列表的应用效果，如图 1-31 所示。

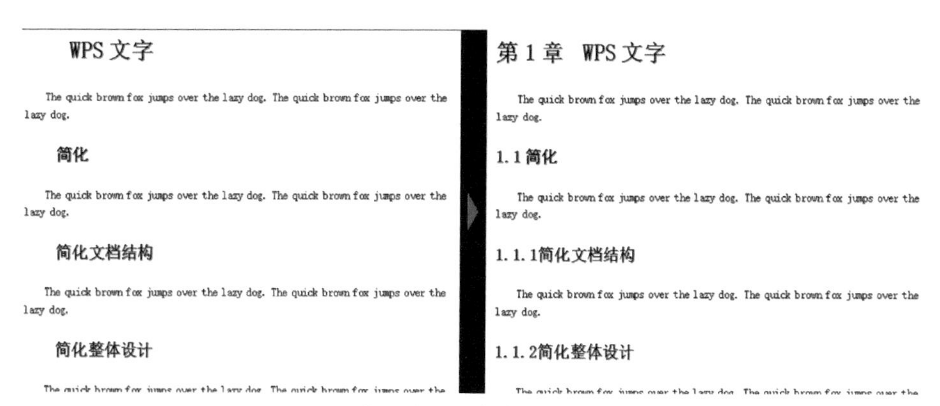

图 1-31　多级编号列表应用前后效果对比

应用多级编号列表的 WPS 文档，不管文档结构和各级标题如何调整，其对应的编号都会自动刷新。

1.5 简化批量文档

在日常工作中，有时需要大批量制作通知书、请柬、奖状、成绩单、台签等文档。如果利用 WPS 的邮件合并功能，就可以将名单（数据源）引用到一个包含共同内容的主文档里，从而合并生成批量文档，极大地提高处理大量数据的效率。

WPS 邮件合并的一般步骤，如图 1-32 所示。

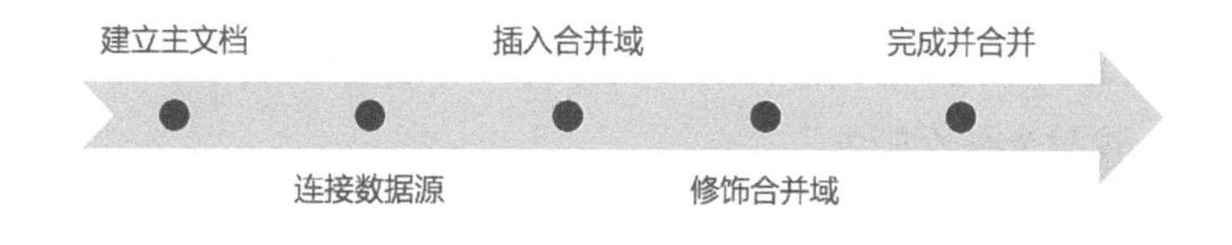

图 1-32　邮件合并的一般步骤

1.5.1 如何分分钟批量制作请柬

在邮件合并之前，必须设计制作主文档并准备好数据源，如图 1-33 所示。

	B	C	D
1	员工编号	姓名	单位
2	001	宋江	梁山好汉集团
3	002	卢俊义	梁山好汉集团
4	003	吴用	梁山好汉集团
5	004	公孙胜	梁山好汉集团
6	005	关胜	梁山好汉集团
7	006	林冲	梁山好汉集团
8	007	秦明	梁山好汉集团
9	008	呼延灼	梁山好汉集团
10	009	花荣	梁山好汉集团
11	010	柴进	梁山好汉集团
12	011	李应	梁山好汉集团
13	012	朱仝	梁山好汉集团
14	013	鲁智深	梁山好汉集团
15	014	武松	梁山好汉集团
16	015	董平	梁山好汉集团
17	016	张清	梁山好汉集团

图 1-33　请柬：邮件合并主文档与数据源

打开主文档，激活【邮件合并】选项卡，如图 1-34 所示。

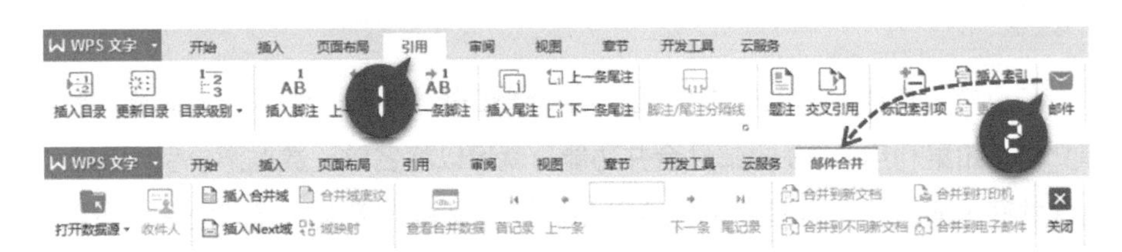

图 1-34　激活【邮件合并】选项卡的常规方法

也可以使用查找（Alt+Q）功能，输入关键字“邮件”找到并激活【邮件合并】选项卡，如图 1-35 所示。

你可能已经注意到，【邮件合并】选项卡中很多选项或命令暂时不可用（显示为灰色）。这是为什么呢?

没错，因为尚未建立主文档与数据源的连接。

邮件合并数据源的连接方法如图 1-36 所示。

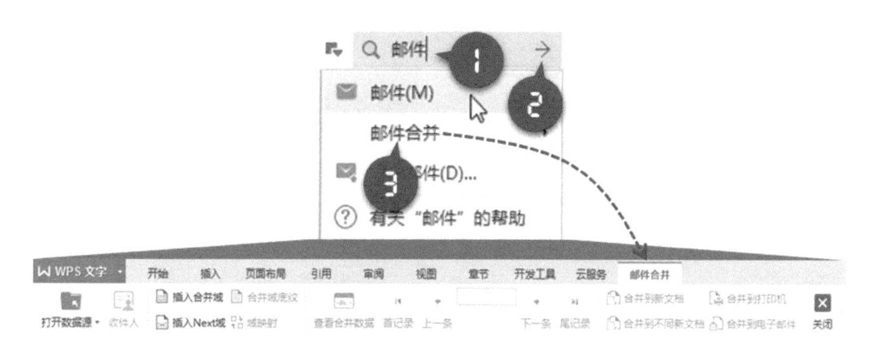

图 1-35　激活【邮件合并】选项卡的命令查找法

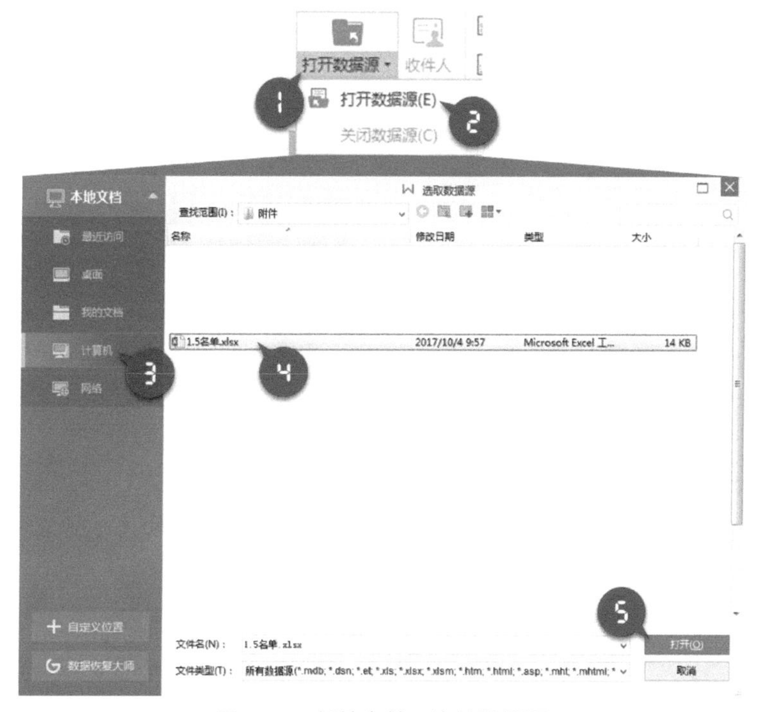

图 1-36　邮件合并：连接数据源

数据源成功连接（打开）后，可通过单击【收件人】命令查看或编辑邮件合并的收件人（名单），如图 1-37 所示。

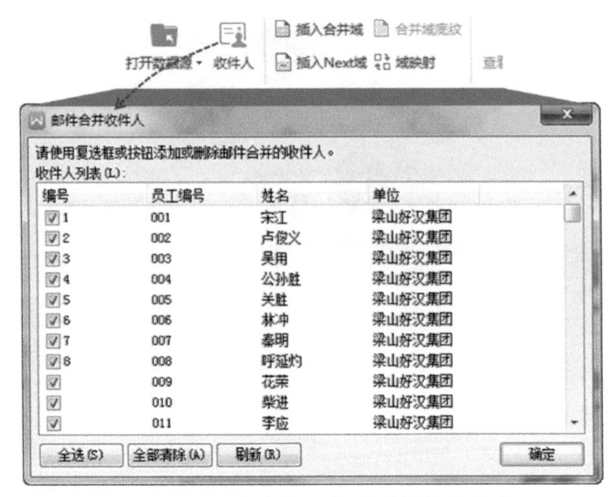

图 1-37　邮件合并：查看或选择收件人

由于“姓名”是变量，所以需要在邮件合并主文档中插入合并域，方法如图 1-38 所示。

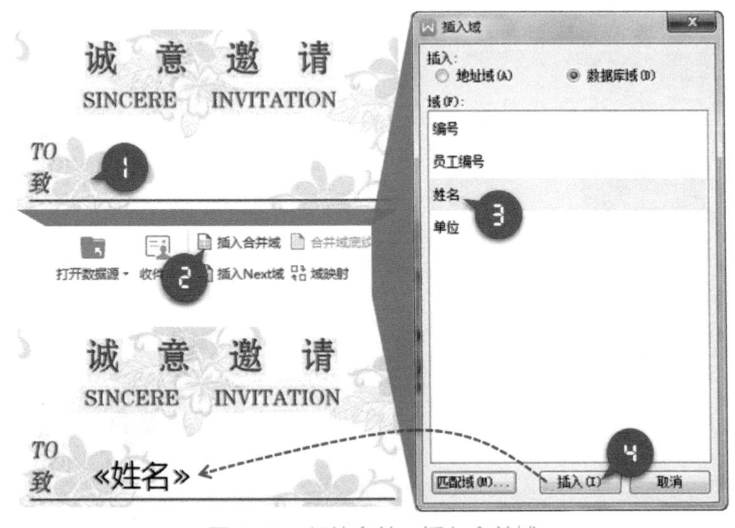

图 1-38　邮件合并：插入合并域

注：插入的合并域会自动标注书名号，这是邮件合并域的特定标记，切勿以键盘输入的书名号代替。

单击【查看合并数据】命令，主文档中的合并域就会显示为收件人列表中的实际数据，便于核对信息，如图 1-39 所示。

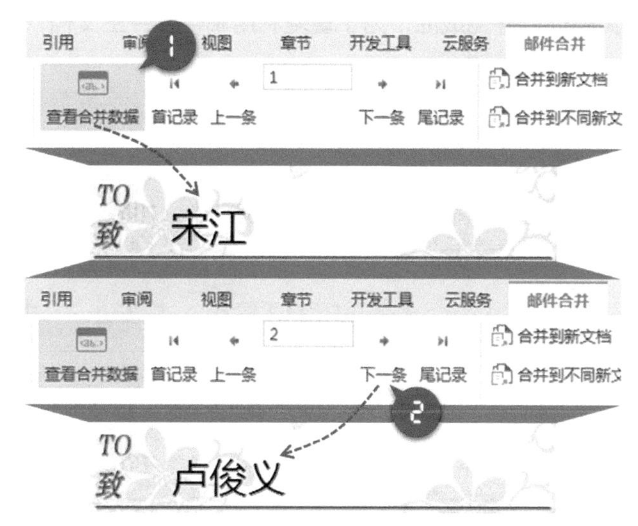

图 1-39　邮件合并：查看合并数据

最后，根据需要选择合并方式，完成邮件合并，瞬间批量搞定请柬，如图 1-40 所示。

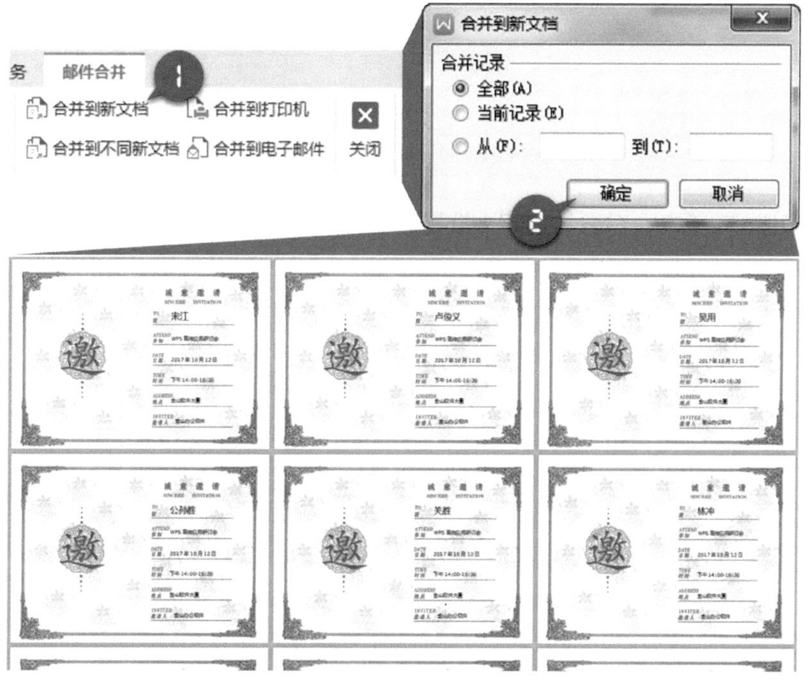

图 1-40　邮件合并：合并到新文档

温馨提示：邮件合并完成后，为了重复利用邮件合并主文档，强烈建议在退出 WPS 时不保存！不保存！不保存！

1.5.2 利用邮件合并批量制作台签

同一个数据源，可用于不同的邮件合并主文档中，如图 1-41 所示。

«姓名»
«单位»

	B	C	D
1	员工编号	姓名	单位
2	001	宋江	梁山好汉集团
3	002	卢俊义	梁山好汉集团
4	003	吴用	梁山好汉集团
5	004	公孙胜	梁山好汉集团
6	005	关胜	梁山好汉集团
7	006	林冲	梁山好汉集团
8	007	秦明	梁山好汉集团
9	008	呼延灼	梁山好汉集团
10	009	花荣	梁山好汉集团
11	010	柴进	梁山好汉集团
12	011	李应	梁山好汉集团
13	012	朱仝	梁山好汉集团
14	013	鲁智深	梁山好汉集团
15	014	武松	梁山好汉集团
16	015	董平	梁山好汉集团
17	016	张清	梁山好汉集团

图 1-41　台签：邮件合并主文档与数据源

通过邮件合并，分分钟搞定大批量的台签，最终效果如图 1-42 所示。

图 1-42　用 A4 纸折成的简易台签

具体方法请参照 1.5.1。其中合并域的插入位置与对应关系，如图 1-43 所示。

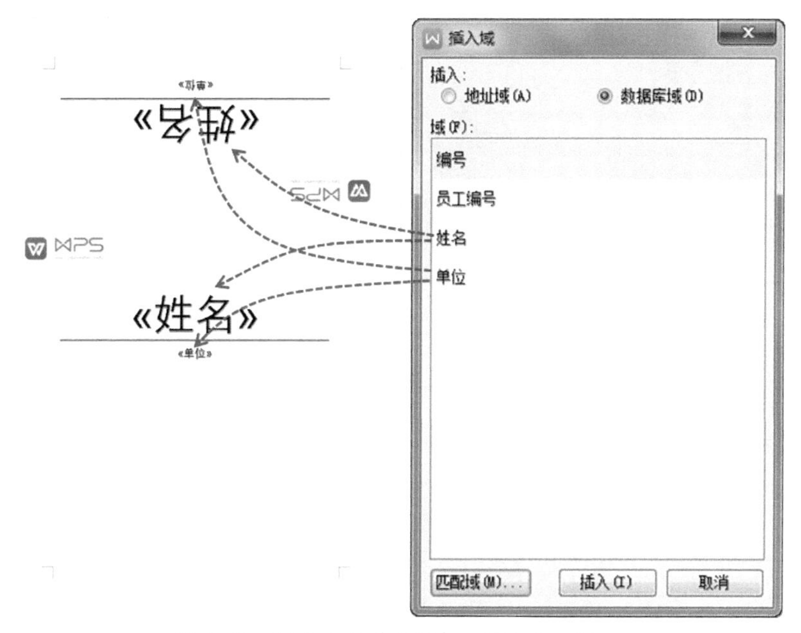

图 1-43　邮件合并（台签）：插入合并域

1.5.3 利用 Next 域解决邮件合并的换页问题

除此之外，为了解决邮件合并中的换页问题，WPS 还可以插入 Next 域。如果需要在每页显示收件人列表中的 *n* 条记录，就插入 *n*-1 个 Next 域即可。

如图 1-44 所示的邮件合并主文档，是为了满足每页纸打印 2 份请柬而专门设计的。

由此可见，邮件合并主文档的设计制作非常关键，需要统筹规划，精心构思。

在主文档中打开数据源并插入合并域后，将光标移到重复插入的合并域前，插入 Next 域，并查看合并数据，如图 1-45 所示。

邮件合并的完整操作不再赘述，具体方法请参照 1.5.1。

期待 WPS 在后续版本中提供更多邮件合并的规则，让邮件合并功能发挥更强大的作用。

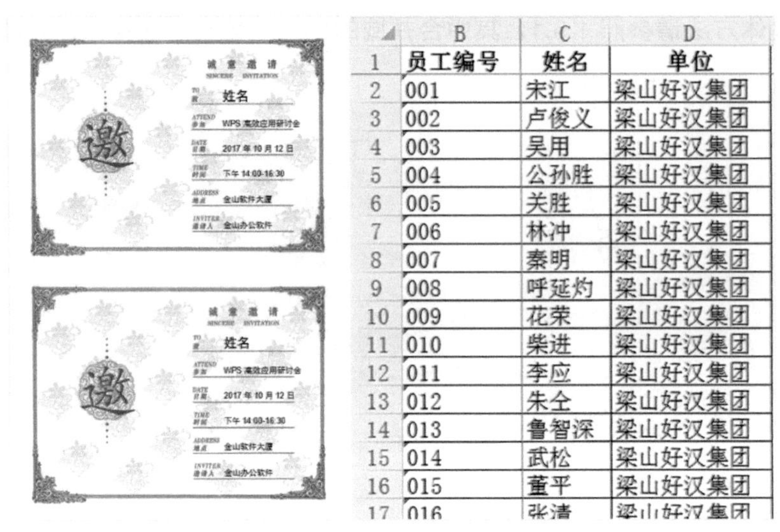

	B	C	D
1	员工编号	姓名	单位
2	001	宋江	梁山好汉集团
3	002	卢俊义	梁山好汉集团
4	003	吴用	梁山好汉集团
5	004	公孙胜	梁山好汉集团
6	005	关胜	梁山好汉集团
7	006	林冲	梁山好汉集团
8	007	秦明	梁山好汉集团
9	008	呼延灼	梁山好汉集团
10	009	花荣	梁山好汉集团
11	010	柴进	梁山好汉集团
12	011	李应	梁山好汉集团
13	012	朱仝	梁山好汉集团
14	013	鲁智深	梁山好汉集团
15	014	武松	梁山好汉集团
16	015	董平	梁山好汉集团
17	016	张清	梁山好汉集团

图 1-44　邮件合并：每页打印 2 份请柬的主文档与数据源

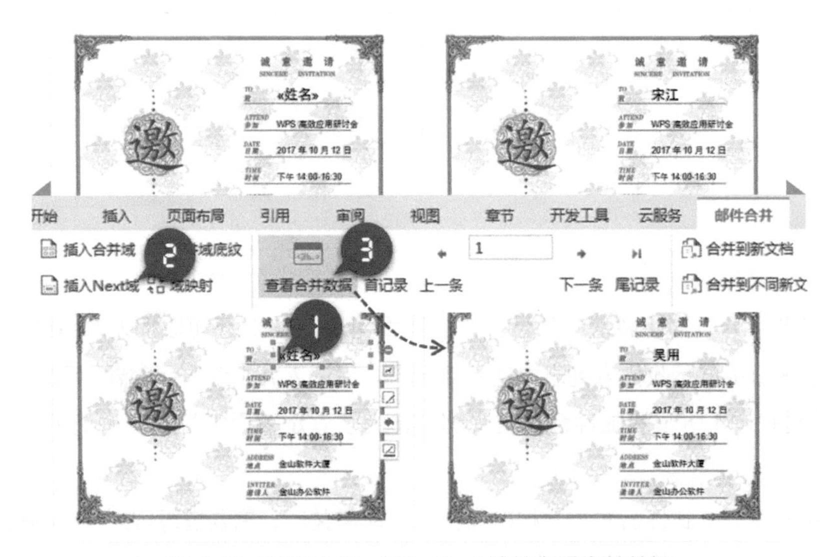

图 1-45　邮件合并：插入 Next 域并查看合并数据

1.6 简化查找替换

WPS 的查找替换不但可以查找替换内容，还可以查找替换格式，功能强大。

熟练掌握本节内容，将让排版更高效，办公更轻松。

WPS 查找替换的常用启动方法如表 1-1 所示。

表 1-1　查找、替换及定位的启动方法

功能	常规启动	快捷键启动
查找	单击【开始】选项卡中的【查找替换 - 查找】命令	Ctrl+G
替换	单击【开始】选项卡中的【查找替换 - 替换】命令	Ctrl+H
定位	单击【开始】选项卡中的【查找替换 - 定位】命令	Ctrl+F

1.6.1 查找替换的简单玩法

利用查找功能，可以快速找出指定的内容，如图 1-46 所示。

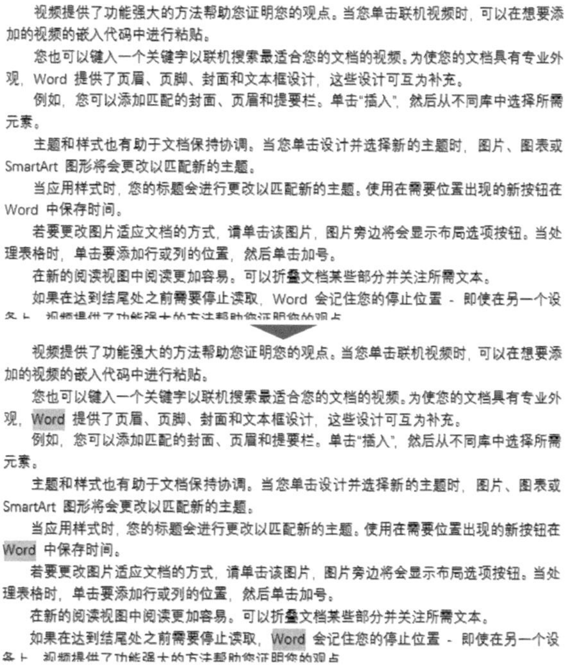

视频提供了功能强大的方法帮助您证明您的观点。当您单击联机视频时，可以在想要添加的视频的嵌入代码中进行粘贴。

您也可以键入一个关键字以联机搜索最适合您的文档的视频。为使您的文档具有专业外观，Word 提供了页眉、页脚、封面和文本框设计，这些设计可互为补充。

例如，您可以添加匹配的封面、页眉和提要栏。单击"插入"，然后从不同库中选择所需元素。

主题和样式也有助于文档保持协调。当您单击设计并选择新的主题时，图片、图表或 SmartArt 图形将会更改以匹配新的主题。

当应用样式时，您的标题会进行更改以匹配新的主题。使用在需要位置出现的新按钮在 Word 中保存时间。

若要更改图片适应文档的方式，请单击该图片，图片旁边将会显示布局选项按钮。当处理表格时，单击要添加行或列的位置，然后单击加号。

在新的阅读视图中阅读更加容易。可以折叠文档某些部分并关注所需文本。

如果在达到结尾处之前需要停止读取，Word 会记住您的停止位置 - 即使在另一个设备上。视频提供了功能强大的方法帮助您证明您的观点

视频提供了功能强大的方法帮助您证明您的观点。当您单击联机视频时，可以在想要添加的视频的嵌入代码中进行粘贴。

您也可以键入一个关键字以联机搜索最适合您的文档的视频。为使您的文档具有专业外观，Word 提供了页眉、页脚、封面和文本框设计，这些设计可互为补充。

例如，您可以添加匹配的封面、页眉和提要栏。单击"插入"，然后从不同库中选择所需元素。

主题和样式也有助于文档保持协调。当您单击设计并选择新的主题时，图片、图表或 SmartArt 图形将会更改以匹配新的主题。

当应用样式时，您的标题会进行更改以匹配新的主题。使用在需要位置出现的新按钮在 Word 中保存时间。

若要更改图片适应文档的方式，请单击该图片，图片旁边将会显示布局选项按钮。当处理表格时，单击要添加行或列的位置，然后单击加号。

在新的阅读视图中阅读更加容易。可以折叠文档某些部分并关注所需文本。

如果在达到结尾处之前需要停止读取，Word 会记住您的停止位置 - 即使在另一个设备上。视频提供了功能强大的方法帮助您证明您的观点

图 1-46　找出文档中的"WPS"

方法如下：

先激活【查找和替换】-【查找】对话框（Ctrl+G），输入查找内容，确认"高

级搜索”选项，最后确定查找范围（一般选择“主文档”），【查找和替换】对话框将提示查找结果，如图 1-47 所示。

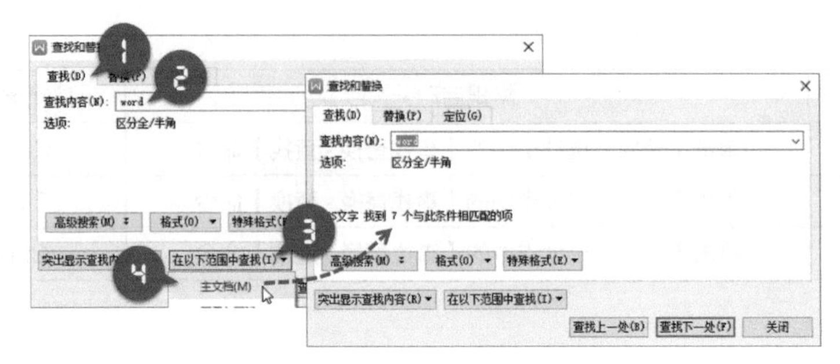

图 1-47　查找指定内容并在主文档中显示

如果要突出显示查找内容，方法如图 1-48 所示。

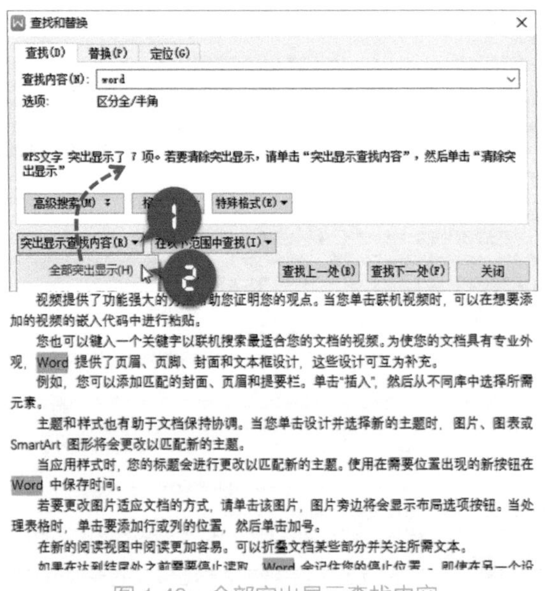

图 1-48　全部突出显示查找内容

正确无误的查找是确保替换成功的前提。

查找完成后，替换操作如图 1-49 所示，先激活【查找和替换】-【替换】对话框（Ctrl+H），在“替换为”输入框中输入目标信息，如果不替换内容只替换格式，则不需要输入任何内容，只要单击【格式】命令按钮，指定格式即可。

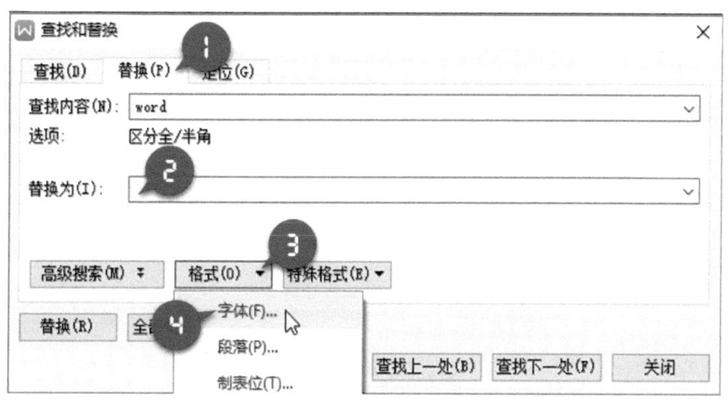

图 1-49　替换为指定内容或格式

如需将所有查找内容的字体改成红色，只要在【替换字体】对话框中选中红色字体即可，如图 1-50 所示。

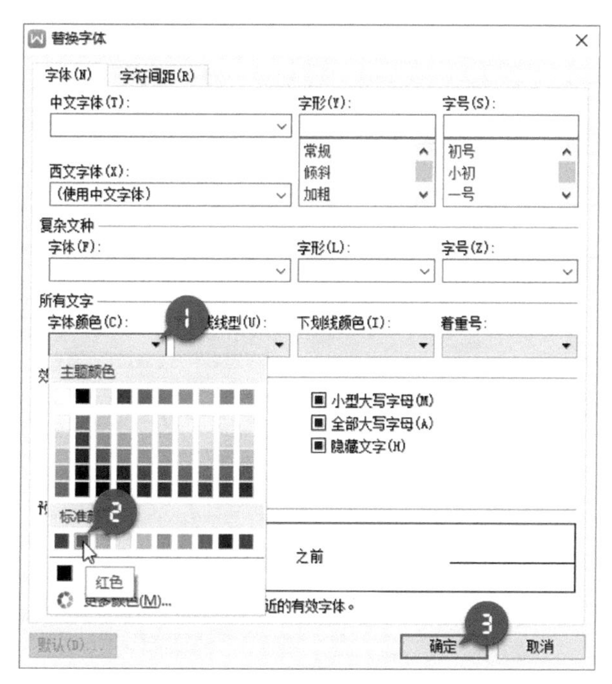

图 1-50　替换字体颜色

返回【查找和替换】对话框后，注意“替换为”输入框下面的格式信息变化，确认无误后，执行全部替换操作，如图 1-51 所示。

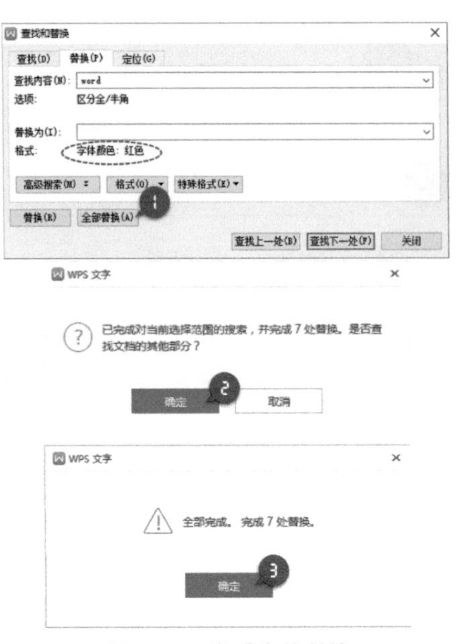

图 1-51　完成字体替换

最终替换结果，如图 1-52 所示。

视频提供了功能强大的方法帮助您证明您的观点。当您单击联机视频时，可以在想要添加的视频的嵌入代码中进行粘贴。

您也可以键入一个关键字以联机搜索最适合您的文档的视频。为使您的文档具有专业外观，Word 提供了页眉、页脚、封面和文本框设计，这些设计可互为补充。

例如，您可以添加匹配的封面、页眉和提要栏。单击“插入”，然后从不同库中选择所需元素。

主题和样式也有助于文档保持协调。当您单击设计并选择新的主题时，图片、图表或 SmartArt 图形将会更改以匹配新的主题。

当应用样式时，您的标题会进行更改以匹配新的主题。使用在需要位置出现的新按钮在 Word 中保存时间。

若要更改图片适应文档的方式，请单击该图片，图片旁边将会显示布局选项按钮。当处理表格时，单击要添加行或列的位置，然后单击加号。

在新的阅读视图中阅读更加容易。可以折叠文档某些部分并关注所需文本。

如果在达到结尾处之前需要停止读取，Word 会记住您的停止位置 - 即使在另一个设备上。视频提供了功能强大的方法帮助您证明您的观点。

当您单击联机视频时，可以在想要添加的视频的嵌入代码中进行粘贴。您也可以键入一个关键字以联机搜索最适合您的文档的视频。

为使您的文档具有专业外观，Word 提供了页眉、页脚、封面和文本框设计，这些设计可互为补充。例如，您可以添加匹配的封面、页眉和提要栏。

单击“插入”，然后从不同库中选择所需元素。主题和样式也有助于文档保持协调。

当您单击设计并选择新的主题时，图片、图表或 SmartArt 图形将会更改以匹配新的主题。当应用样式时，您的标题会进行更改以匹配新的主题。

使用在需要位置出现的新按钮在 Word 中保存时间。若要更改图片适应文档的方式，请单击该图片，图片旁边将会显示布局选项按钮。

当处理表格时，单击要添加行或列的位置，然后单击加号。在新的阅读视图中阅读更加容易。

可以折叠文档某些部分并关注所需文本。如果在达到结尾处之前需要停止读取，Word 会记住您的停止位置 - 即使在另一个设备上。

视频提供了功能强大的方法帮助您证明您的观点。当您单击联机视频时，可以在想要添加的视频的嵌入代码中进行粘贴。

您也可以键入一个关键字以联机搜索最适合您的文档的视频。为使您的文档具有专业外观，Word 提供了页眉、页脚、封面和文本框设计，这些设计可互为补充。

例如，您可以添加匹配的封面、页眉和提要栏。单击“插入”，然后从不同库中选择所需元素。

图 1-52　替换字体颜色效果

如果要将文字批量替换为图片（形），可以先复制或剪切该图片（形），再执行查找替换命令，如图 1-53 所示。

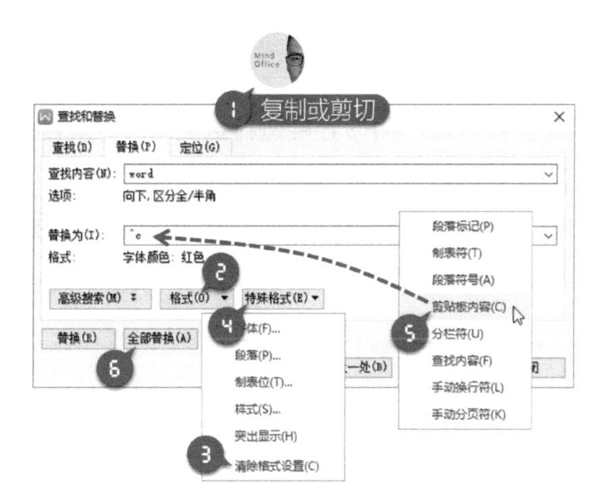

图 1-53　替换为剪贴板内容

将文字批量替换为图片（形）的最终效果如图 1-54 所示。

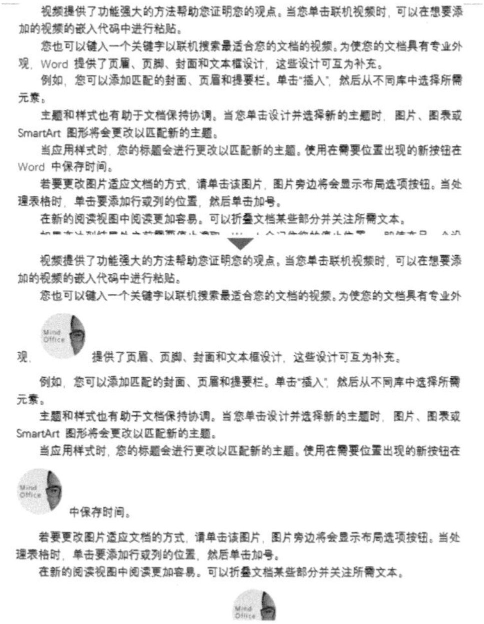

视频提供了功能强大的方法帮助您证明您的观点。当您单击联机视频时，可以在想要添加的视频的嵌入代码中进行粘贴。

您也可以键入一个关键字以联机搜索最适合您的文档的视频。为使您的文档具有专业外观，Word 提供了页眉、页脚、封面和文本框设计，这些设计可互为补充。

例如，您可以添加匹配的封面、页眉和提要栏。单击"插入"，然后从不同库中选择所需元素。

主题和样式也有助于文档保持协调。当您单击设计并选择新的主题时，图片、图表或 SmartArt 图形将会更改以匹配新的主题。

当应用样式时，您的标题会进行更改以匹配新的主题。使用在需要位置出现的新按钮在 Word 中保存时间。

若要更改图片适应文档的方式，请单击该图片，图片旁边将会显示布局选项按钮。当处理表格时，单击要添加行或列的位置，然后单击加号。

在新的阅读视图中阅读更加容易。可以折叠文档某些部分并关注所需文本。

视频提供了功能强大的方法帮助您证明您的观点。当您单击联机视频时，可以在想要添加的视频的嵌入代码中进行粘贴。

您也可以键入一个关键字以联机搜索最适合您的文档的视频。为使您的文档具有专业外观，Mind Office 提供了页眉、页脚、封面和文本框设计，这些设计可互为补充。

例如，您可以添加匹配的封面、页眉和提要栏。单击"插入"，然后从不同库中选择所需元素。

主题和样式也有助于文档保持协调。当您单击设计并选择新的主题时，图片、图表或 SmartArt 图形将会更改以匹配新的主题。

当应用样式时，您的标题会进行更改以匹配新的主题。使用在需要位置出现的新按钮在 Mind Office 中保存时间。

若要更改图片适应文档的方式，请单击该图片，图片旁边将会显示布局选项按钮。当处理表格时，单击要添加行或列的位置，然后单击加号。

在新的阅读视图中阅读更加容易。可以折叠文档某些部分并关注所需文本。

Mind Office

图 1-54　将文字批量替换为图片的效果

限于篇幅，本节只能抛砖引玉，感兴趣的读者可以深入研究查找替换的更多实用功能，并在实际工作中多加应用。

1.6.2 查找替换的高级玩法

除了查找替换文字和格式，WPS 还能进行更复杂的查找替换，甚至可以使用通配符和表达式，实现更高级的查找替换。

如图 1-55 所示，原文中有很多手动换行符，导致在对段落设置标题样式时出现异常，需要将手动换行符批量替换为段落标记，以便于文档的结构化。

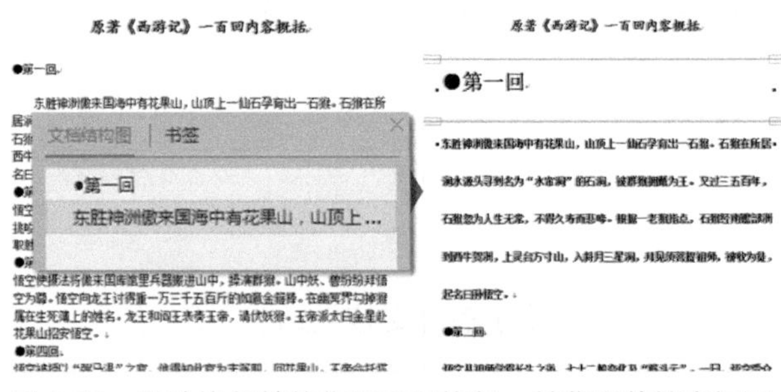

图 1-55　手动换行符的作用只是换行，并非段落结束标记

方法如下：

先找出文档中的手动换行符，如图 1-56 所示。

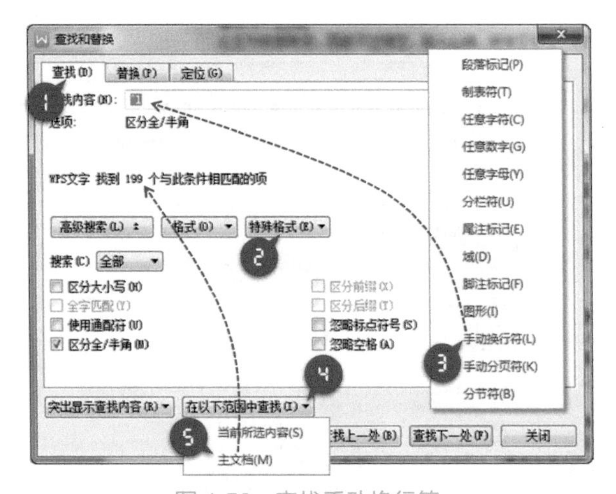

图 1-56　查找手动换行符

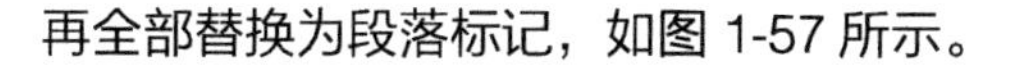
再全部替换为段落标记，如图 1-57 所示。

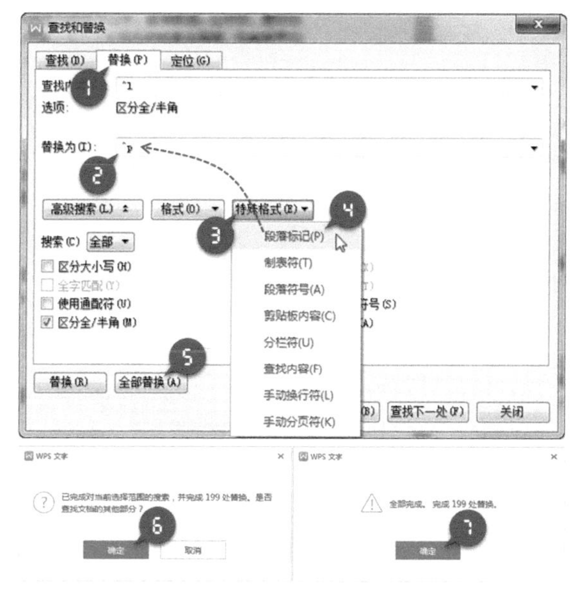

图 1-57　将手动换行符全部替换为段落标记

但问题又来了，文档中共有 100 个章回标题，如何对这些段落批量地设置标题样式呢?

方法如图 1-58 所示，先尝试通过关键字查找所有的章回标题。

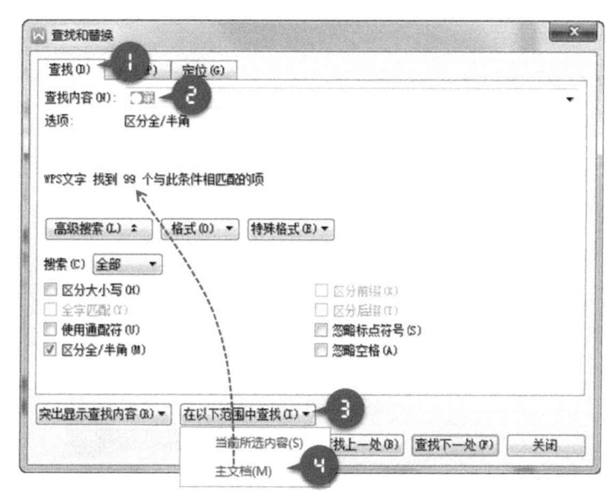

图 1-58　查找章回标题段落

查找结果是 99 个，为什么不是 100 个？问题出在哪？如图 1-59 所示。

●第九十八回

到玉真观，受到金顶大仙迎接。次早，四众登灵山。逢大河。唐僧失足落水，凡体肉胎脱下成为水中一尸。一行上山直至如来佛之雷音寺，拜见如来。阿傩、迦叶奉如来命去检取佛经，但趁机索取礼物，唐僧未备，拿到无字经书。唐僧再来求佛，阿傩、迦叶得到唐僧的紫金钵后，方传真经。

●第九十九回

观音菩萨查僧所受之灾，见距九九八十一之数尚缺其一，故令揭谛再生一难。遣送四众的八大金刚接到观音法旨，遂使腾云的四众坠落于通天河西岸。老鼋驮四众渡河，但因唐僧忘记向如来问他所托之事而将师徒四人和马匹抛在水中。诸阴魔兴风作雨欲夺经而未成功。天明后，庄上人见唐僧师徒归来盛情款待。夜至三更，师徒离去。

图 1-59　惹是生非的空格

删除文档中的所有空格（将空格替换为空），如图 1-60 所示。

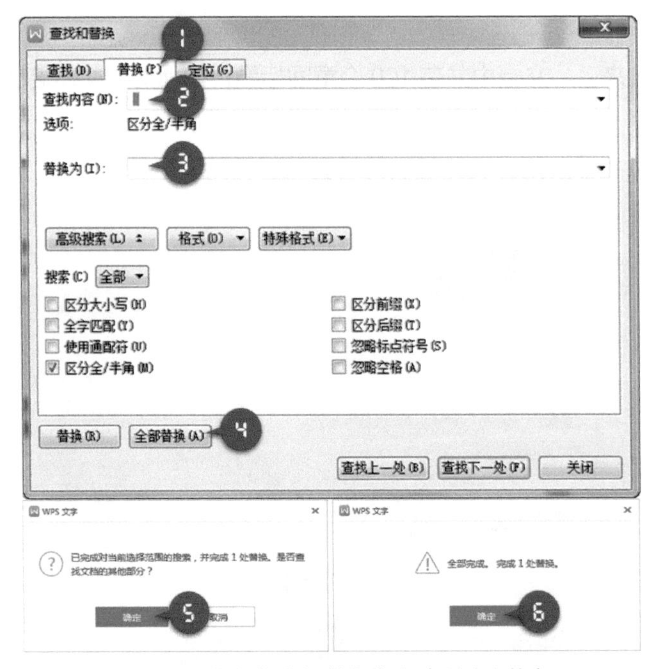

图 1-60　将空格全部替换为空（删除空格）

重新找出所有的章回标题段落，将格式全部替换为“标题 1”样式，如图 1-61 所示。

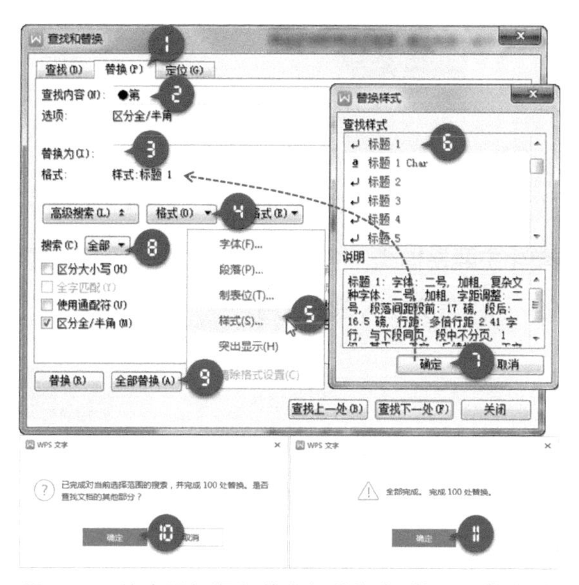

图 1-61　将章回标题段落全部替换为“标题 1”样式

最终效果如图 1-62 所示。

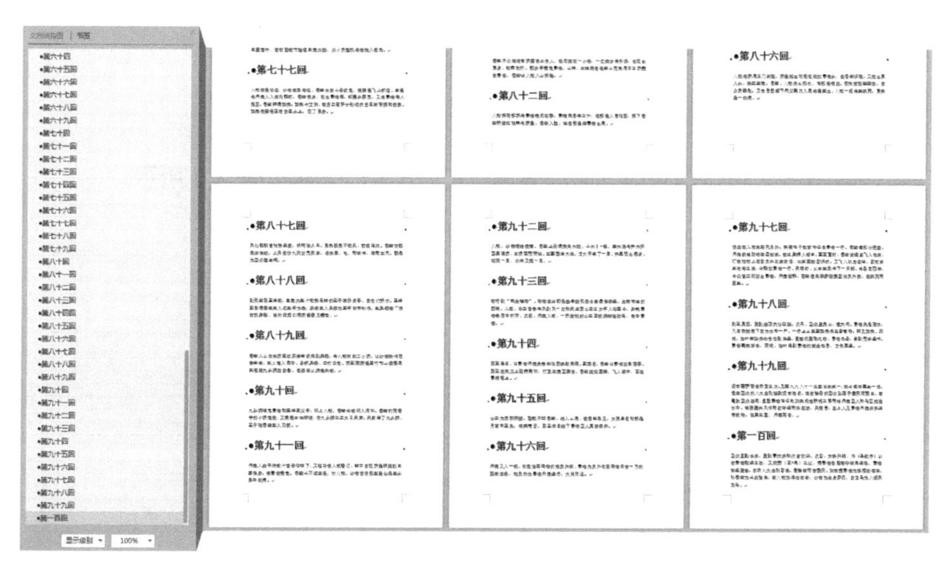

图 1-62　利用查找替换批量设置标题样式的效果

第 2 章　美化

WPS 文档的美化主要是样式、格式、页眉、页脚、页码、题注、脚注、尾注、书签、超链接和交叉引用等功能的综合运用。

2.1 美化样式格式

2.1.1 样式与格式

样式是字体、字号、段落等格式设置命令的组合，它包含了对正文、标题、页眉、页脚等内容设置的格式。

当样式应用于文档的某些段落时，这些段落将保持完全相同的格式设置；而一旦修改了该样式，这些段落格式将随之发生改变。

2.1.2 如何利用样式快速美化文档

利用样式，可以对各级标题段落进行高效美化，效果如图 2-1 所示。

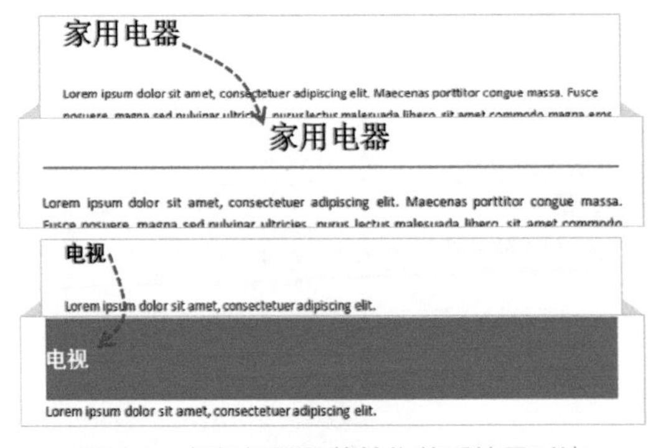

图 2-1　各级标题段落美化前后效果对比

具体方法如下：

修改“标题 1”样式的操作步骤，如图 2-2 和图 2-3 所示。

图 2-2　修改“标题 1”样式（1/2）

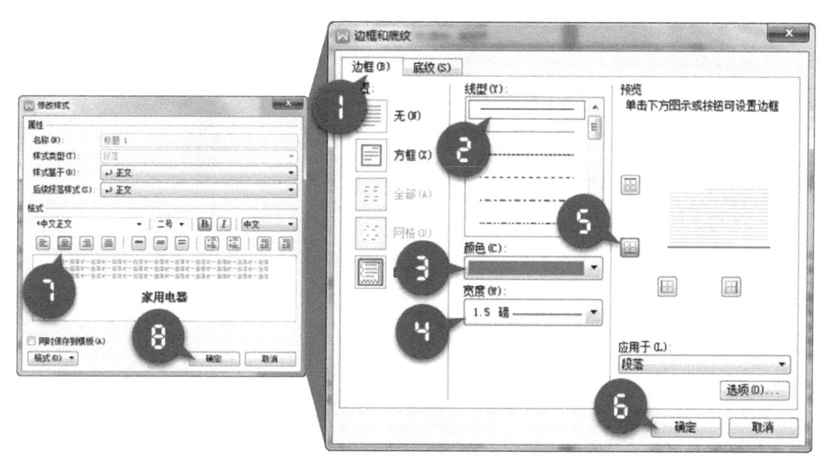

图 2-3　修改“标题 1”样式（2/2）

修改“标题 2”样式的操作步骤，如图 2-4、图 2-5、图 2-6 所示。

依此类推，修改其他样式，从而批量地完成文档的美化。

图 2-4 修改“标题 2”样式（1/3）

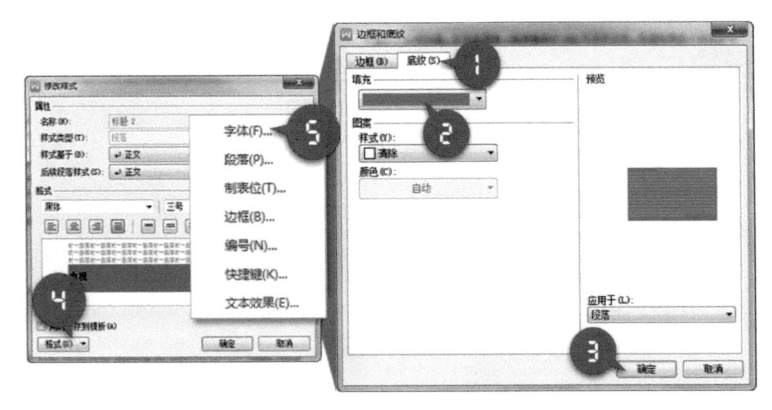

图 2-5 修改“标题 2”样式（2/3）

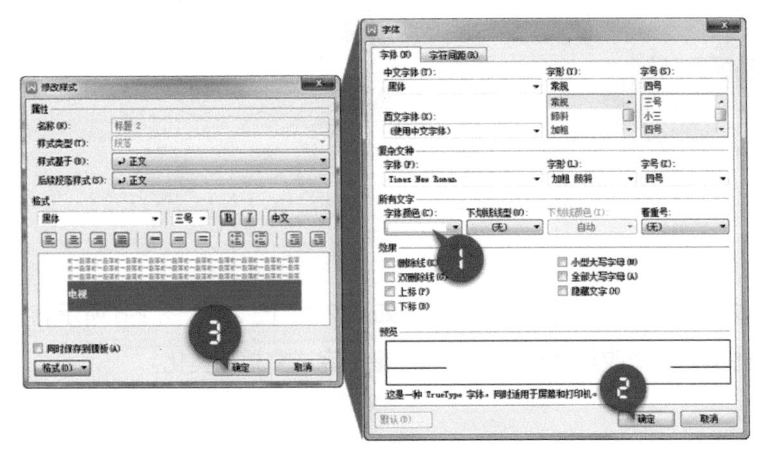

图 2-6 修改“标题 2”样式（3/3）

2.1.3 样式的新建、清除与删除

WPS 内置的样式，基本能够满足文档中绝大部分内容的格式设置要求。当然，你也可以新建样式。

如图 2-7 所示，通过【开始】选项卡（或任务窗格中的【新样式】选项卡），激活【新建样式】对话框。

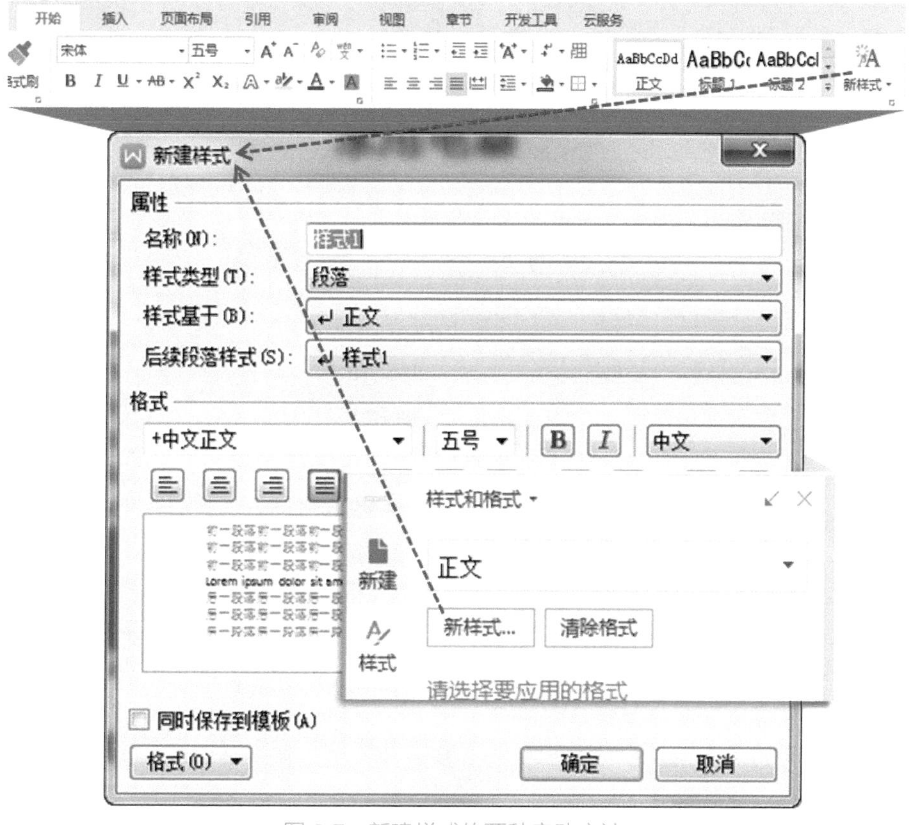

图 2-7　新建样式的两种启动方法

要清除某样式的格式，可将该样式更换为“正文”，或如图 2-8 所示。

删除样式，操作方法如图 2-9 所示（有些样式不允许用户删除）。

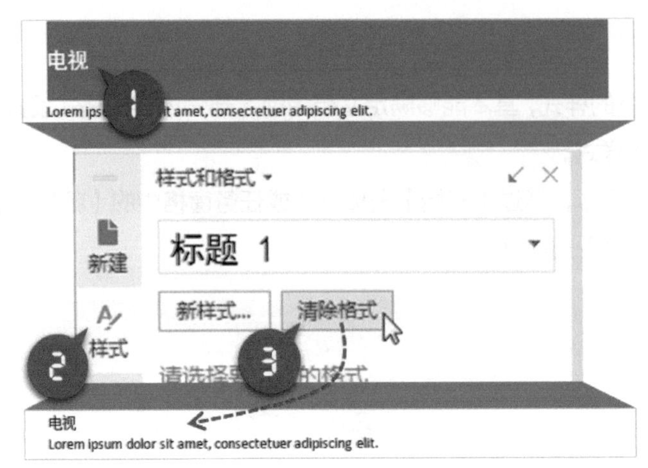

图 2-8 【样式】-【清除格式】

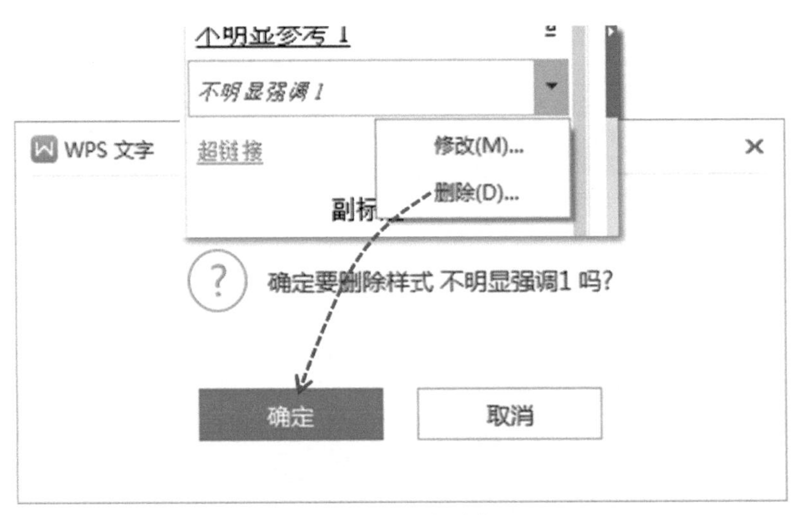

图 2-9 删除样式

2.2 美化页眉页脚

一篇专业美观的长文档，往往划分为封面、目录、内容等 *N* 个部分，而各部分都有独特的页眉页脚，例如：

- 封面的页眉页脚空白
- 目录的页眉页脚首页空白；其他页面显示罗马数字的页码
- 正文的页眉页脚首页空白；奇数页的页码右对齐，偶数页的页码左对齐，页脚显示本节的页码和总页数，页眉显示章节标题信息

页码是页眉页脚中非常重要的元素，插入页码的最简单方法，如图 2-10 所示。

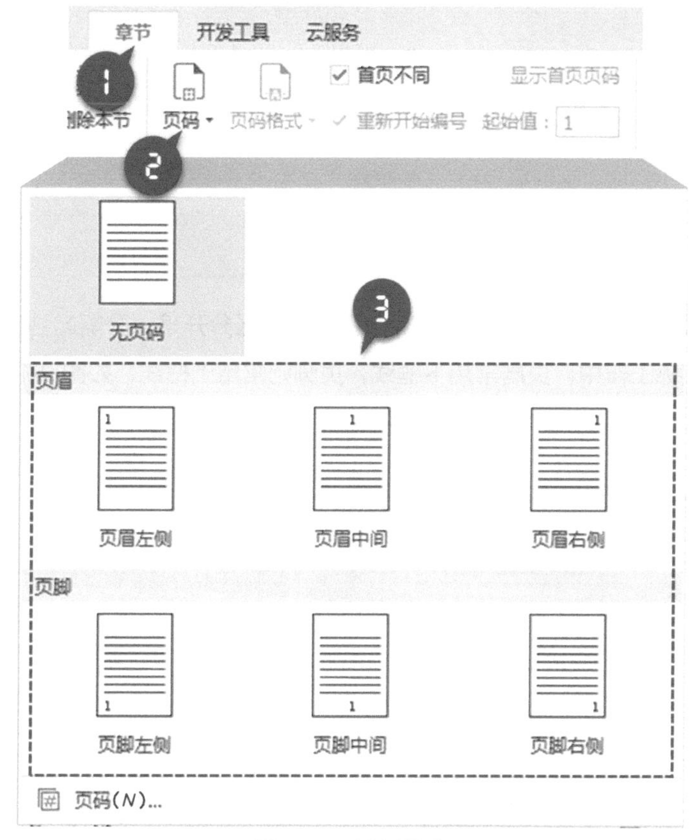

图 2-10　插入页码

默认情况下，页码应用于整篇文档，你可以更改页码的应用范围、起始页码、页码的样式和位置等，如图 2-11 所示。

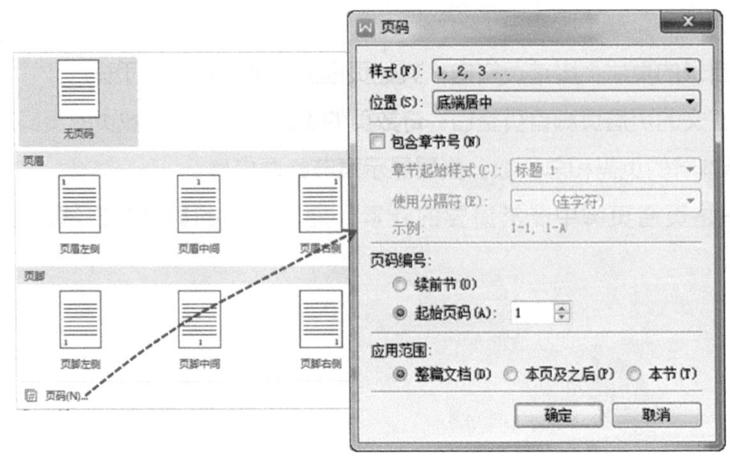

图 2-11　【页码】对话框

2.2.1 页眉页脚的线条

一条简单的直线既能将页眉页脚与页面内容区分开来，又能起到很好的装饰作用。在实际工作中，页眉常用下框线，页脚则常用上框线，如图 2-12 所示。

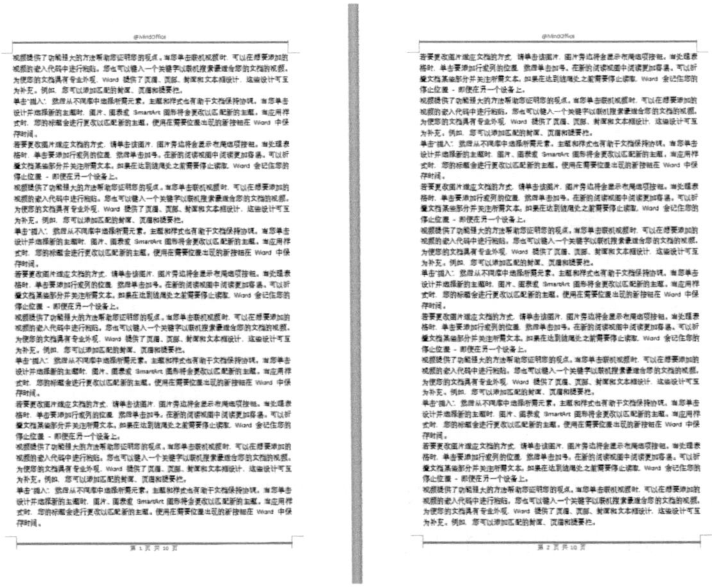

图 2-12　页眉页脚的框线

在 WPS 文档中，只要双击页眉或页脚处，即可直接进入页眉页脚的编辑状态。给页眉或页脚添加、修饰或删除线条的方法如图 2-13 所示。

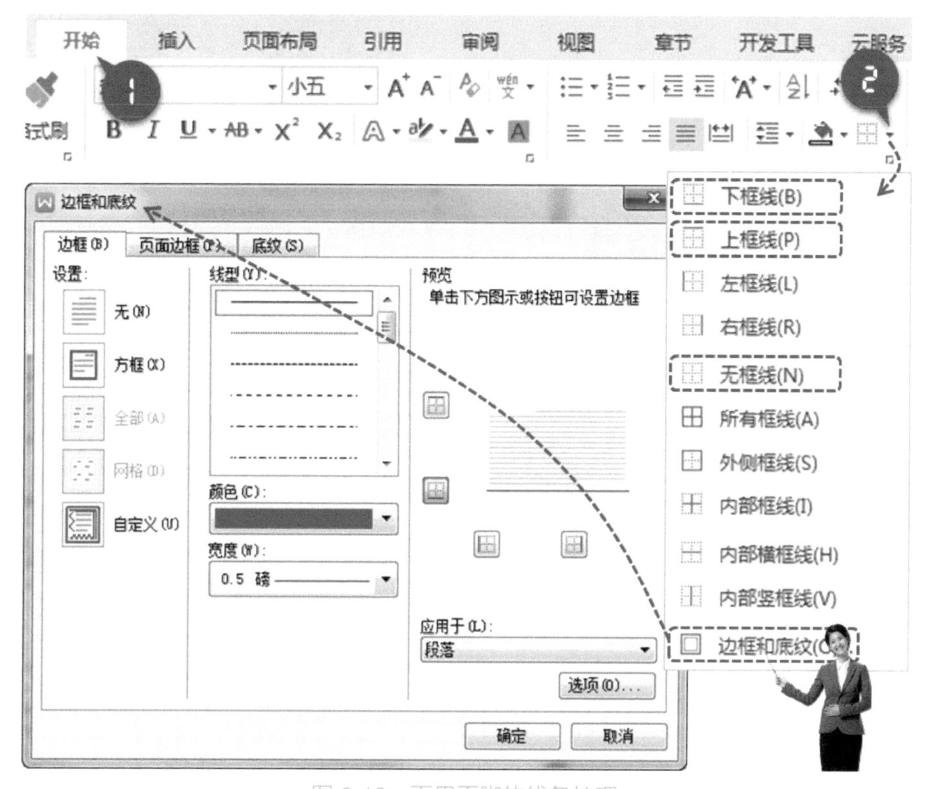

图 2-13　页眉页脚的线条处理

2.2.2 页眉页脚首页不同

一般情况下，首页不需要显示页眉页脚，如图 2-14 所示。

WPS 默认“首页不同”，如图 2-15 所示，以便用户为首页设置特殊的页眉页脚。

目录

第1章 家用电器 …… 5
1.1 电视 …… 5
1.1.1 曲面电视 …… 5
1.1.1.1 70英寸及以上 …… 6
1.1.1.2 65英寸 …… 6
1.1.1.3 58-60英寸 …… 6
1.1.1.4 55英寸 …… 6
1.1.1.5 49-50英寸 …… 7
1.1.1.6 45-48英寸 …… 7
1.1.1.7 42-43英寸 …… 7
1.1.1.8 39-40英寸 …… 8
1.1.1.9 32英寸及以下 …… 8
1.1.2 超薄电视 …… 8
1.1.2.1 70英寸及以上 …… 9
1.1.2.2 65英寸 …… 10
1.1.2.3 58-60英寸 …… 10
1.1.2.4 55英寸 …… 10
1.1.2.5 49-50英寸 …… 10
1.1.2.6 45-48英寸 …… 11
1.1.2.7 42-43英寸 …… 11
1.1.2.8 39-40英寸 …… 11
1.1.2.9 32英寸及以下 …… 12
1.1.3 HDR电视 …… 12
1.1.3.1 70英寸及以上 …… 12
1.1.3.2 65英寸 …… 13
1.1.3.3 58-60英寸 …… 13
1.1.3.4 55英寸 …… 13
1.1.3.5 49-50英寸 …… 13
1.1.3.6 45-48英寸 …… 14
1.1.3.7 42-43英寸 …… 14
1.1.3.8 39-40英寸 …… 14
1.1.3.9 32英寸及以下 …… 15
1.1.4 OLED电视 …… 15
1.1.4.1 70英寸及以上 …… 15
1.1.4.2 65英寸 …… 16
1.1.4.3 58-60英寸 …… 16
1.1.4.4 55英寸 …… 16
1.1.4.5 49-50英寸 …… 16
1.1.4.6 45-48英寸 …… 17
1.1.4.7 42-43英寸 …… 17
1.1.4.8 39-40英寸 …… 17
1.1.4.9 32英寸及以下 …… 18
1.1.5 4K超清电视 …… 18
1.1.5.1 70英寸及以上 …… 18
1.1.5.2 65英寸 …… 19
1.1.5.3 58-60英寸 …… 19
1.1.5.4 55英寸 …… 19
1.1.5.5 49-50英寸 …… 19
1.1.5.6 45-48英寸 …… 20
1.1.5.7 42-43英寸 …… 20
1.1.5.8 39-40英寸 …… 20
1.1.5.9 32英寸及以下 …… 21
1.1.6 人工智能电视 …… 21
1.1.6.1 70英寸及以上 …… 21
1.1.6.2 65英寸 …… 22
1.1.6.3 58-60英寸 …… 22
1.1.6.4 55英寸 …… 22
1.1.6.5 49-50英寸 …… 22
1.1.6.6 45-48英寸 …… 23
1.1.6.7 42-43英寸 …… 23
1.1.6.8 39-40英寸 …… 23
1.1.6.9 32英寸及以下 …… 24
1.1.7 电视配件 …… 24
1.2 空调 …… 24
1.2.1 挂式空调 …… 25
1.2.1.1 1匹 …… 25
1.2.1.2 1.5匹 …… 25
1.2.1.3 2匹 …… 25
1.2.1.4 3匹 …… 25
1.2.1.5 变频挂机 …… 25
1.2.1.6 高能效挂机 …… 26
1.2.1.7 智能挂机 …… 26
1.2.2 柜式空调 …… 26
1.2.2.1 2匹 …… 26
1.2.2.2 3匹 …… 26
1.2.2.3 5匹及以上 …… 27
1.2.2.4 圆柱式柜机 …… 27
1.2.2.5 高能效柜机 …… 27
1.2.2.6 变频柜机 …… 27
1.2.3 中央空调 …… 27
1.2.3.1 多联机 …… 27
1.2.3.2 风管机 …… 28
1.2.3.3 天花机 …… 28
1.2.3.4 商用柜机 …… 28
1.2.3.5 新风系统 …… 28

II

第1章 家用电器

Lorem ipsum dolor sit amet, consectetuer adipiscing elit. Maecenas porttitor congue massa. Fusce posuere, magna sed pulvinar ultricies, purus lectus malesuada libero, sit amet commodo magna eros quis urna.
Nunc viverra imperdiet enim. Fusce est. Vivamus a tellus.
Pellentesque habitant morbi tristique senectus et netus et malesuada fames ac turpis egestas. Proin pharetra nonummy pede. Mauris et orci.
Aenean nec lorem. In porttitor. Donec laoreet nonummy augue.
Suspendisse dui purus, scelerisque at, vulputate vitae, pretium mattis, nunc. Mauris eget neque at sem venenatis eleifend. Ut nonummy.

1.1 电视

Lorem ipsum dolor sit amet, consectetuer adipiscing elit.

1.1.1 曲面电视

Lorem ipsum dolor sit amet, consectetuer adipiscing elit. Maecenas porttitor congue massa.

1.1.1.1 70英寸及以上

Lorem ipsum dolor sit amet, consectetuer adipiscing elit. Maecenas porttitor congue massa. Fusce posuere, magna sed pulvinar ultricies, purus lectus malesuada libero, sit amet commodo magna eros quis urna.
Nunc viverra imperdiet enim. Fusce est. Vivamus a tellus.
Pellentesque habitant morbi tristique senectus et netus et malesuada fames ac turpis egestas. Proin pharetra nonummy pede. Mauris et orci.
Aenean nec lorem. In porttitor. Donec laoreet nonummy augue.
Suspendisse dui purus, scelerisque at, vulputate vitae, pretium mattis, nunc. Mauris eget neque at sem venenatis eleifend. Ut nonummy.

1.1.1.2 65英寸

Lorem ipsum dolor sit amet, consectetuer adipiscing elit. Maecenas porttitor congue massa. Fusce posuere, magna sed pulvinar ultricies, purus lectus malesuada libero, sit amet commodo magna eros quis urna.
Nunc viverra imperdiet enim. Fusce est. Vivamus a tellus.
Pellentesque habitant morbi tristique senectus et netus et malesuada fames ac turpis egestas. Proin pharetra nonummy pede. Mauris et orci.
Aenean nec lorem. In porttitor. Donec laoreet nonummy augue.
Suspendisse dui purus, scelerisque at, vulputate vitae, pretium mattis, nunc. Mauris eget neque at sem venenatis eleifend. Ut nonummy.

1.1.1.3 58-60英寸

Lorem ipsum dolor sit amet, consectetuer adipiscing elit. Maecenas porttitor congue massa. Fusce posuere, magna sed pulvinar ultricies, purus lectus malesuada libero, sit amet commodo magna eros quis urna.
Nunc viverra imperdiet enim. Fusce est. Vivamus a tellus.
Pellentesque habitant morbi tristique senectus et netus et malesuada fames ac turpis egestas. Proin pharetra nonummy pede. Mauris et orci.
Aenean nec lorem. In porttitor. Donec laoreet nonummy augue.
Suspendisse dui purus, scelerisque at, vulputate vitae, pretium mattis, nunc. Mauris eget neque at sem venenatis eleifend. Ut nonummy.

1.1.1.4 55英寸

Lorem ipsum dolor sit amet, consectetuer adipiscing elit. Maecenas porttitor congue massa. Fusce posuere, magna sed pulvinar ultricies, purus lectus malesuada libero, sit amet commodo magna eros quis urna.

第 2 页 共 31 页

图 2-14 页眉页脚首页不同

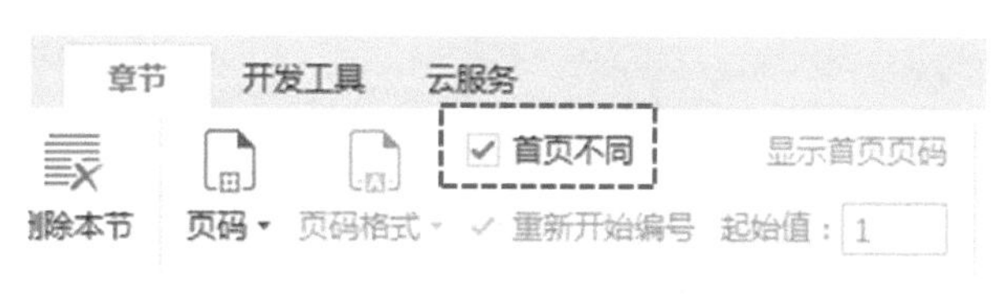

图 2-15　“首页不同”勾选项

那么，如何将首页页眉（脚）中的框线删除呢?

如图 2-16 所示，只要双击进入首页的页眉或页脚，全选所有内容，删除即可。

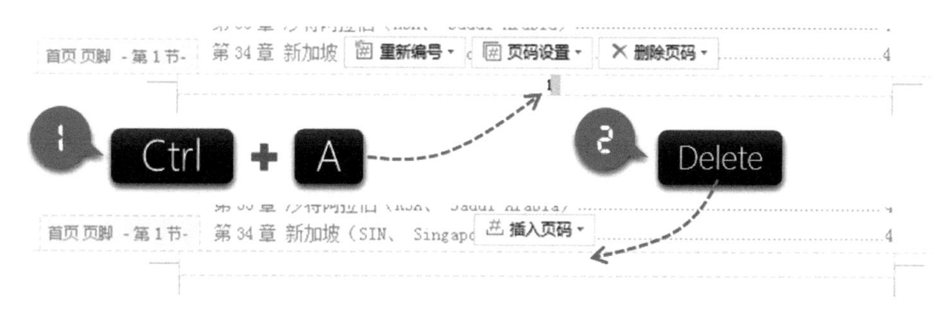

图 2-16　删除页眉页脚的所有内容

具体操作方法，请用微信扫一扫图 2-17 中的二维码，观看视频教程。

图 2-17　微信扫一扫看视频教程：首页不同的页眉页脚

2.2.3 页眉页脚分节不同

在制作专业的论文、书籍、项目建议书、投标书等专业文档时，通常需要将整个文档分成封面、目录、正文等若干节，并且每节需要设置不同的页眉页脚，如图 2-18 所示。

图 2-18　分节不同的页眉页脚

那么，应该如何设置这种分节不同的页眉页脚呢?

请用微信扫一扫图 2-19 中的二维码，观看视频教程。

图 2-19　微信扫一扫看视频教程：分节不同的页眉页脚

2.2.4 页眉页脚奇偶页不同

为了适应双面打印和阅读习惯，通常需要设置奇偶页不同的页眉页脚，效果如图 2-20 所示。

具体操作方法，请用微信扫一扫图 2-21 中的二维码，观看视频教程。

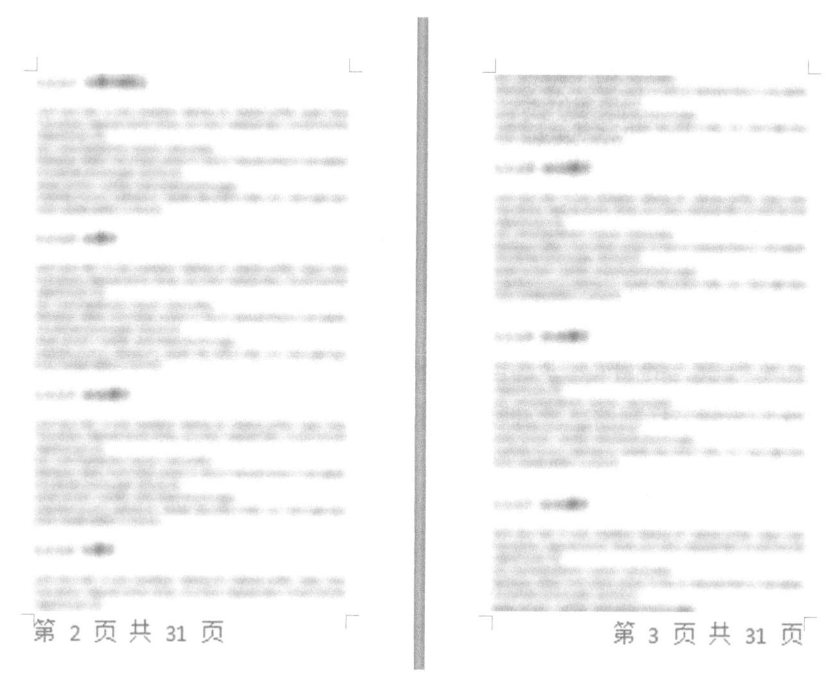

图 2-20　奇偶页不同的页眉页脚

图 2-21　微信扫一扫看视频教程：奇偶页不同的页眉页脚

2.2.5 页眉页脚显示本节的页码和总页数

在图 2-20 所示文档中，页脚以“第 *n* 页，共 *N* 页”的形式，显示本节的页码与总页数，常见的形式还有“*n*/*N*”等。那么，应该如何实现这种效果呢?

具体操作方法，请用微信扫一扫图 2-22 中的二维码，观看视频教程。

图 2-22　微信扫一扫看视频教程：页眉（脚）显示本节的页码和总页数

2.2.6 页眉页脚显示章节信息

为了便于文档的阅读者明确当前页所处章节位置和阅读进度，通常需要在页眉（脚）显示章节标题信息，如图 2-23 所示。

图 2-23　页眉显示当前页的章节信息

具体操作方法，请用微信扫一扫图 2-24 中的二维码，观看视频教程。

图 2-24　微信扫一扫看视频教程：页眉（脚）显示章节标题信息

2.2.7 分栏页码

分栏页码一般用于试卷、折页、宣传册等，如图 2-25 所示。

视频提供了功能强大的方法帮助您证明您的观点。当您单击联机视频时，可以在想要添加的视频的嵌入代码中进行粘贴。您也可以键入一个关键字以联机搜索最适合您的文档的视频。为使您的文档具有专业外观，Word 提供了页眉、页脚、封面和文本框设计，这些设计可互为补充。例如，您可以添加匹配的封面、页眉和提要栏。单击“插入”，然后从不同库中选择所需元素。主题和样式也有助于文档保持协调。当您单击设计并选择新的主题时，图片、图表或 SmartArt 图形将会更改以匹配新的主题。当应用样式时，您的标题会进行更改以匹配新的主题。使用在需要位置出现的新按钮在 Word 中保存时间。若要更改图片适应文档的方式，请单击该图片，图片旁边将会显示布局选项按钮。当处理表格时，单击要添加行或列的位置，然后单击加号。在新的阅读视图中阅读更加容易。可以折叠文档某些部分并关注所需文本。如果在达到结尾处之前需要停止读取，Word 会记住您的停止位置 - 即使在另一个设备上。视频提供了功能强大的方法帮助您证明您的观点。当您单击联机视频时，可以在想要添加的视频的嵌入代码中进行粘贴。您也可以键入一个关键字以联机搜索最适合您的文档的视频。
为使您的文档具有专业外观，Word 提供了页眉、页脚、封面和文本框设计，这些设计可互为补充。例如，您可以添加匹配的封面、页眉和提要栏。单击“插入”，然后从不同库中选择所需元素。主题和样式也有助于文档保持协调。当您单击设计并选择新的主题时，图片、图表或 SmartArt 图形将会更改以匹配新的主题。当应用样式时，您的标题会进行更改以匹配新的主题。使用在需要位置出现的新按钮在 Word 中保存时间。若要更改图片适应文档的方式，请单击该图片，图片旁边将会显示布局选项按钮。当处理表格时，单击要添加行或列的位置，然后单击加号。在新的阅读视图中阅读更加容易。可以折叠文档某些部分并关注所需文本。如果在达到结尾处之前需要停止读取，Word 会记住您的停止位置 - 即使在另一个设备上。
视频提供了功能强大的方法帮助您证明您的观点。当您单击联机视频时，

1

可以在想要添加的视频的嵌入代码中进行粘贴。您也可以键入一个关键字以联机搜索最适合您的文档的视频。为使您的文档具有专业外观，Word 提供了页眉、页脚、封面和文本框设计，这些设计可互为补充。例如，您可以添加匹配的封面、页眉和提要栏。单击“插入”，然后从不同库中选择所需元素。主题和样式也有助于文档保持协调。当您单击设计并选择新的主题时，图片、图表或 SmartArt 图形将会更改以匹配新的主题。当应用样式时，您的标题会进行更改以匹配新的主题。使用在需要位置出现的新按钮在 Word 中保存时间。
若要更改图片适应文档的方式，请单击该图片，图片旁边将会显示布局选项按钮。当处理表格时，单击要添加行或列的位置，然后单击加号。在新的阅读视图中阅读更加容易。可以折叠文档某些部分并关注所需文本。如果在达到结尾处之前需要停止读取，Word 会记住您的停止位置 - 即使在另一个设备上。视频提供了功能强大的方法帮助您证明您的观点。当您单击联机视频时，可以在想要添加的视频的嵌入代码中进行粘贴。您也可以键入一个关键字以联机搜索最适合您的文档的视频。为使您的文档具有专业外观，Word 提供了页眉、页脚、封面和文本框设计，这些设计可互为补充。例如，您可以添加匹配的封面、页眉和提要栏。单击“插入”，然后从不同库中选择所需元素。主题和样式也有助于文档保持协调。当您单击设计并选择新的主题时，图片、图表或 SmartArt 图形将会更改以匹配新的主题。当应用样式时，您的标题会进行更改以匹配新的主题。使用在需要位置出现的新按钮在 Word 中保存时间。若要更改图片适应文档的方式，请单击该图片，图片旁边将会显示布局选项按钮。当处理表格时，单击要添加行或列的位置，然后单击加号。在新的阅读视图中阅读更加容易。可以折叠文档某些部分并关注所需文本。如果在达到结尾处之前需要停止读取，Word 会记住您的停止位置 - 即使在另一个设备上。
视频提供了功能强大的方法帮助您证明您的观点。当您单击联机视频时，

2

图 2-25　分栏页码效果

具体操作方法，请用微信扫一扫图 2-26 中的二维码，观看视频教程。

图 2-26　微信扫一扫看视频教程：分栏页码

2.3 美化论文排版

不管是毕业论文还是学术论文，一般都有相对固定的格式要求。而在编写过程中，对于论文的结构和内容，难免要进行多次调整和修改。

那么，如何才能实现美观、高效和智能的论文排版呢?

2.3.1 图表编号与图表目录

利用 WPS 的题注功能，可以轻松地为图片、图表、表格、公式等设置标签、编号与注解，如图 2-27 所示。

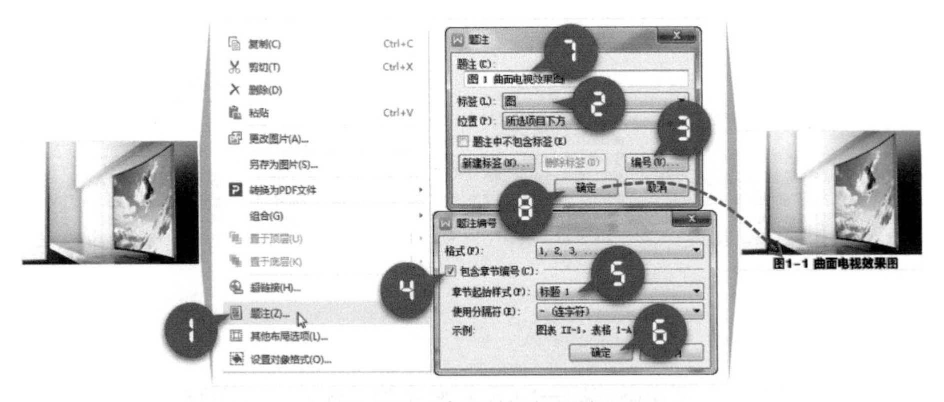

图 2-27　为图片添加题注

如果 WPS 内置的标签不能满足要求，你可以新建标签。

还可以创建图表目录，如图 2-28 所示，为所有图片创建一个目录。

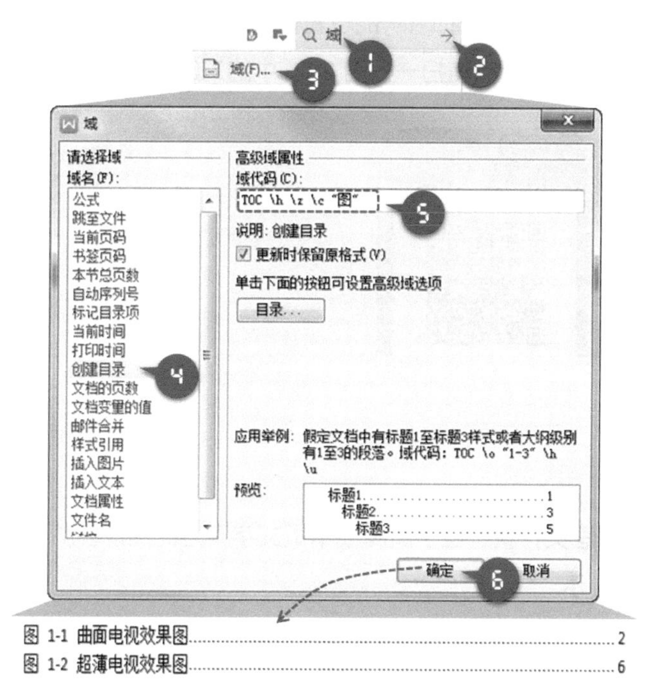

图 2-28　插入图表目录

需要注意的是，TOC（创建目录）域的代码均为半角字符，字母的大小写不区分，但域名、域开关之间至少要有一个半角空格。

域开关的代码及其作用，如表 2-1 所示。

表 2-1　TOC（创建目录）域的开关代码及作用

TOC（创建目录）域	
开关代码	开关作用
\h	将目录项作为超级链接插入。
\z	在 Web 版式视图中隐藏制表和页码。
\c	列出表格、图表或其他用 SEQ（序号）域编号的项目。与题注标签相对应的 SEQ 标识符必须与 SEQ 域中的标识符一致。

如果题注标签是“表”，则“创建目录”的域代码可以改为：TOC \h \z \c "表"。依此类推，可以创建图表、公式等目录，不再赘述。

在图表目录中，按住 Ctrl 键并单击鼠标可以跟踪链接，例如，单击“图 1-1”，文档就会自动跳转到题注“图 1-1”的位置。

具体操作方法，请用微信扫一扫图 2-29 中的二维码，观看视频教程。

图 2-29　微信扫一扫看视频教程：图表编号与图表目录

2.3.2 脚注和尾注

脚注，顾名思义，就是位于页脚或本页文字下方的注解。脚注的插入方法和效果如图 2-30 所示。

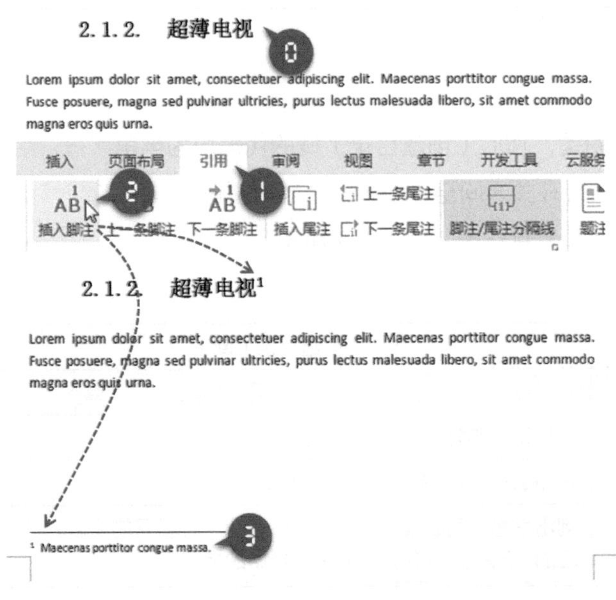

图 2-30　插入脚注

尾注，顾名思义，就是位于文档末尾的注解。尾注的插入方法与脚注类似，不再赘述。

除此之外，还可以通过【脚注和尾注】对话框，对脚注和尾注的位置、格式等参数进行修改。

2.3.3 超链接与交叉引用

利用超链接不仅可以快速访问网页、电邮地址或本地文件，还可以链接本文档中的特定位置，如某个标题或书签等。

而利用交叉引用则可以引用文档中的特定位置（如标题、图片、图表、表格等）。

实际上，交叉引用是一种包含特殊标签的超链接。

超链接与交叉引用的具体使用方法，请用微信扫一扫图 2-31 中的二维码，观看视频教程。

图 2-31　微信扫一扫看视频教程：超链接与交叉引用

2.3.4 参考文献

在专业的论文中，通常需要对参考文献进行编号和引用。具体操作方法，请用微信扫一扫图 2-32 中的二维码，观看视频教程。

图 2-32　微信扫一扫看视频教程：参考文献

2.3.5 书签

在论文的制作过程中，有时会用到书签。利用书签可以进行快速定位，也可以在文档中进行交叉引用。

书签的具体使用方法，请用微信扫一扫图 2-33 中的二维码，观看视频教程。

图 2-33 微信扫一扫看视频教程：WPS 书签

第 3 章　亮化

图形化的表达不但能让 WPS 文档“亮”起来，而且能让读者更直观地把握重点，更容易了解并接受你的观点，正所谓“一图胜千言”。

3.1 亮化数据表格

利用 WPS 的表格工具、表格样式等实用功能，可以轻松高效地亮化表格、搞定数据。

在 WPS 中插入表格的方法，如图 3-1 所示。

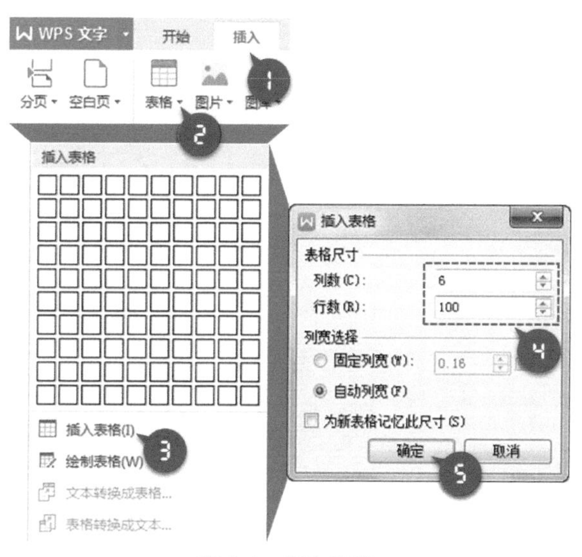

图 3-1　插入表格

插入表格后，功能区右侧会同步显示【表格工具】与【表格样式】上下文选项卡，以便你随时调用，如图 3-2 所示。

图 3-2　上下文选项卡：表格工具与表格样式

一旦取消选中表格，上下文选项卡就会随之消失。这种“工具跟随”的人性化设计，同样适用于图片、图形、图表等对象。

3.1.1 多页表格重复标题行

跨页显示的表格通常需要重复标题行，以便无障碍阅读表格中的信息。在 WPS 中，只要先选中首行（或包含首行的连续多行），再利用表格工具设置即可，具体方法和效果如图 3-3 所示。

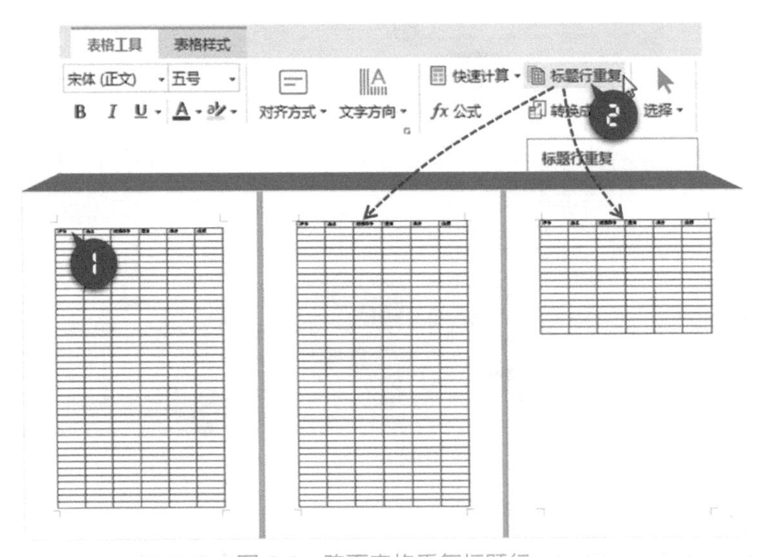

图 3-3　跨页表格重复标题行

3.1.2 自动编号

相对于手工编号，自动编号的好处不言而喻。那么，应该如何设置自动编号呢?

如图 3-4 所示，表格中的序号列就是自动编号的典型运用。先将光标移到序号列上方，当光标变成实心向下箭头时单击鼠标，即选中该列，然后参照 1.4.1 设置自定义编号即可。

图 3-4　选中整列并设置自定义编号

单击“序号”列中的首个单元格（A1），取消自动编号，“序号”列中的其余单元格随之自动刷新编号，如图 3-5 所示。

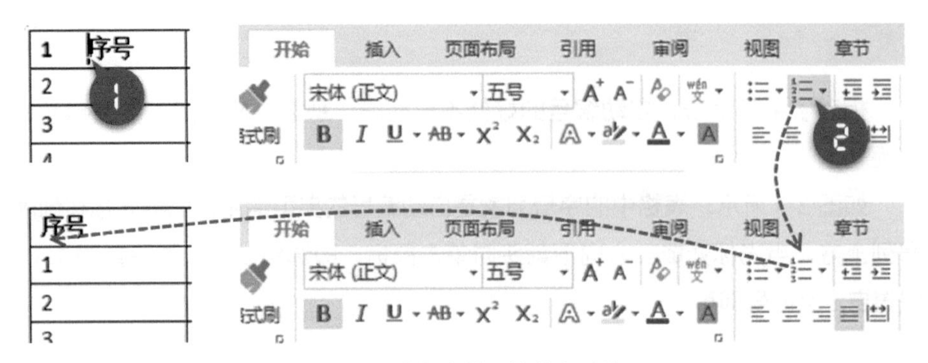

图 3-5　取消指定单元格的自动编号

3.1.3 快速列表化

套用 WPS 的表格样式，可轻松实现表格的隔行填充和数据的快速列表化，如图 3-6 所示。

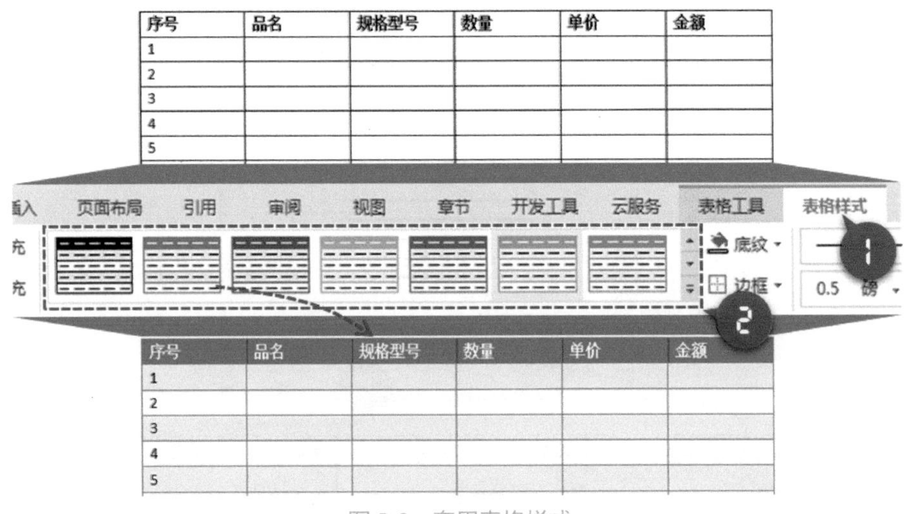

图 3-6　套用表格样式

3.1.4 巧用公式与函数计算数据

在 WPS 表格中，如何快速准确地计算数据呢？如图 3-7 所示。

数量	单价	金额
463	35.16	
668	94.18	
528	55.61	
914	82.5	
223	18.61	
835	58.93	
947	60.88	

数量	单价	金额
463	35.16	16,279.08
668	94.18	62,912.24
528	55.61	29,362.08
914	82.5	75,405.00
223	18.61	4,150.03
835	58.93	49,206.55
947	60.88	57,653.36

图 3-7　数据计算前后对比

其实，利用【表格工具】上下文选项卡中的“公式”命令，就可以执行常规的数据计算，如图 3-8 所示。

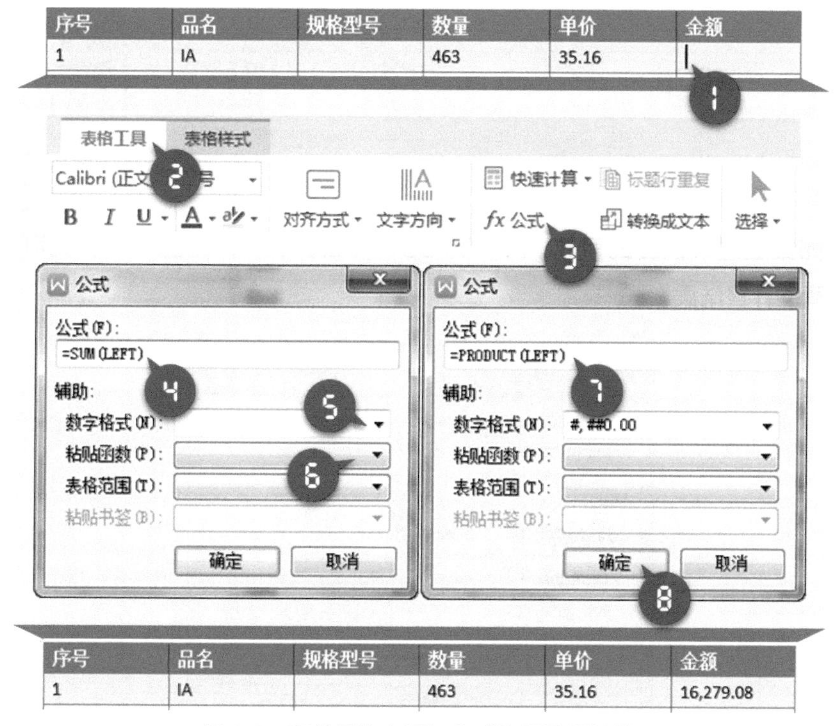

图 3-8　在单元格中添加公式执行数据计算

其中：默认公式“=SUM（LEFT）”是对左边的单元格数据求和，自定义公式“=PRODUCT（LEFT）”是对左边的单元格数据进行乘积运算。而数字格式、函数和表格范围等参数则不必强记，只需在对应列表中选择即可。

复制该单元格中的数据（计算结果），并批量填充（粘贴）到“金额”列中的其他单元格中，更新域结果（F9），搞定！如图 3-9 所示。

序号	品名	规格型号	数量	单价	金额
1	IA		463	35.16	16,279.08
2	BJ		668	94.18	16,279.08
3	CB		528	55.61	16,279.08
4	BQ		914	82.5	16,279.08

F9

序号	品名	规格型号	数量	单价	金额
1	IA		463	35.16	16,279.08
2	BJ		668	94.18	62,912.24
3	CB		528	55.61	29,362.08
4	BQ		914	82.5	75,405.00
5	CE		223	18.61	4,150.03

图 3-9　表格数据的批量计算与批量更新

补充说明：

如果上述乘积公式写成“=PRODUCT（D2:E2）”，如图 3-10，也可以求得相同的计算结果。

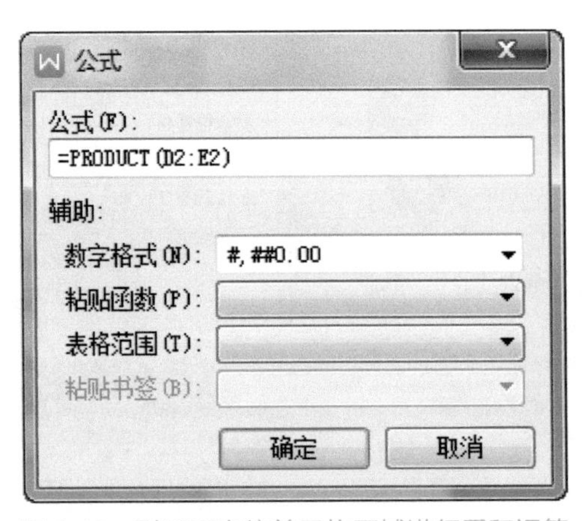

图 3-10　引用固定的单元格区域进行乘积运算

不过，由于公式引用了固定单元格区域（D2:E2），因此难以实现公式的批量填充。

3.1.5 斜线表头

借助【表格样式】上下文选项卡，可以快速方便地绘制斜线表头，如图 3-11 所示。

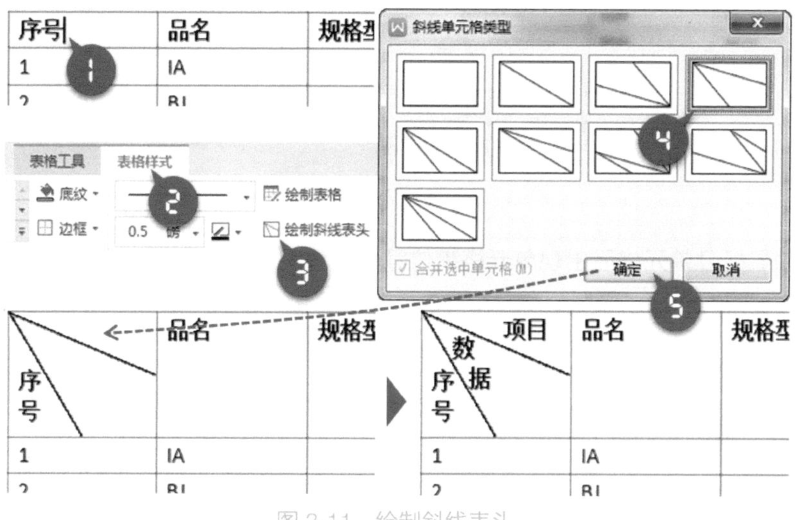

图 3-11　绘制斜线表头

3.1.6 单元格合并与拆分

在实际工作中，有时需要对单元格进行合并与拆分操作，如图 3-12 所示。

入职日期	工号	姓名	性别	学历	身份证号码	部门	职位

入职日期	工号	姓名	性别	学历	身份证号码	部门	职位
					123456789012345678		

图 3-12　单元格拆分与合并效果

拆分单元格的操作方法，如图 3-13 所示。

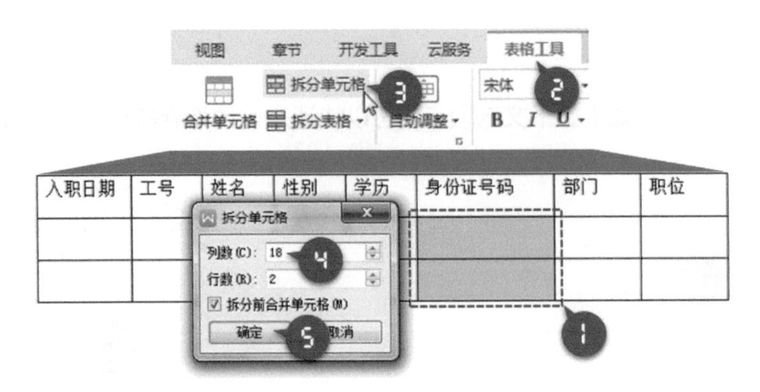

图 3-13 拆分单元格

如果拆分单元格后出现单元格错位等异常情况，建议先撤销操作，适当调整表格行列宽度或默认单元格间距后，再重新拆分单元格。

合并单元格的操作，略。

3.1.7 表格文本互转

WPS 表格转换成文本，如图 3-14 所示。

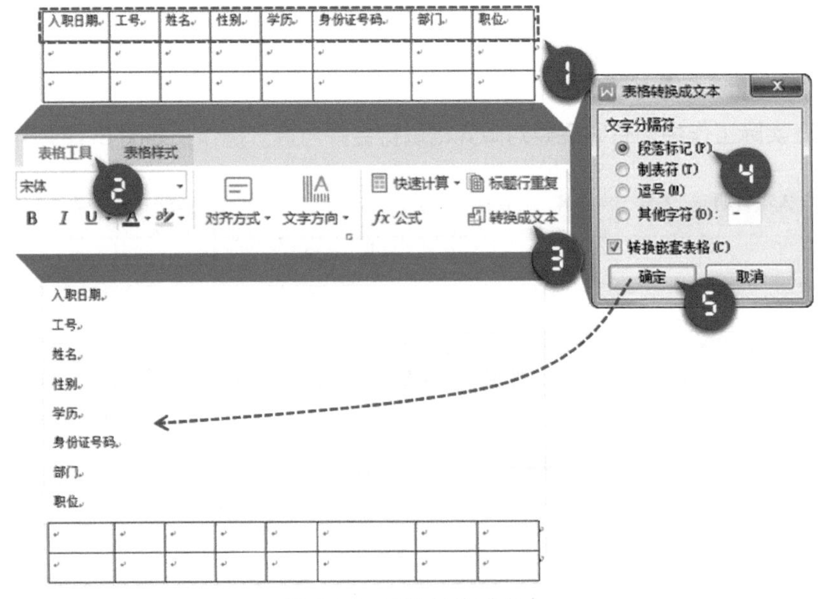

图 3-14 表格转换成文本

WPS 将文字转换成表格，如图 3-15 所示。

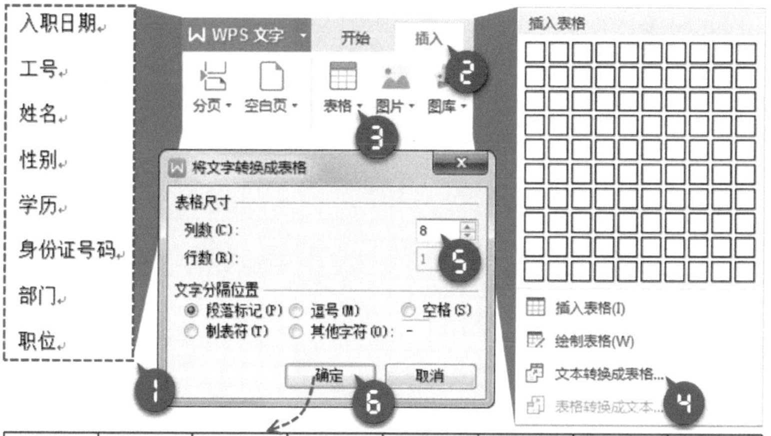

入职日期	工号	姓名	性别	学历	身份证号码	部门	职位

图 3-15　将文字转换成表格

3.1.8 更多功能

事实上，WPS 表格还有更多实用功能，例如，自动调整表格中的行与列，快速插入行与列，表格的绘制、擦除与删除，表格底纹、边框和样式的处理等。限于篇幅，不再赘述。

3.2 亮化信息图表

所谓信息图表，简而言之，就是数据和信息的可视化表达。

3.2.1 图表

WPS 文字软件中的图表，大部分操作与 WPS 表格软件中的图表相同。只要熟悉 WPS 表格中的图表，就会使用 WPS 文字中的图表。

在 WPS 中插入图表的方法如图 3-16 所示，只要单击【插入】选项卡中的“图表”命令，弹出【插入图表】对话框，选择合适的图表类型，单击【确定】命令即可。

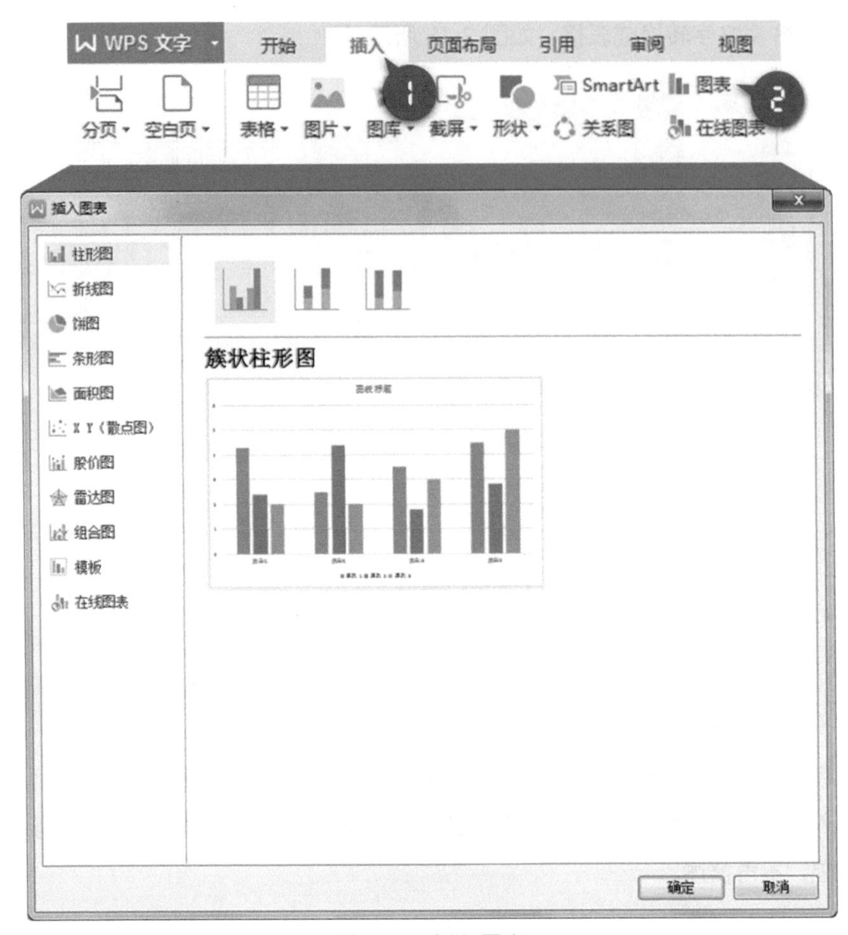

图 3-16　插入图表

充分利用【图表工具】、【绘图工具】和【文本工具】上下文选项卡，能满足对图表的日常操作，就像 WPS 表格中的图表一样。如果需要编辑或选择图表数据，则会自动跳转至 WPS 表格软件界面。具体操作，请参照第 11 章。

3.2.2 地图、几何图与二维码

在 WPS 中，可以快捷方便地插入条形码、二维码、几何图和地图（部分功能需要联网），如图 3-17 所示。

图 3-17　利用 WPS 图库在线制作多种类型的图片

你可以随心所欲地为文本、名片、Wi-Fi 或电话号码定制二维码，如图 3-18 所示。

图 3-18　插入二维码

你也可以轻松地在线绘制几何图，如图 3-19 所示。

还可以快速插入地图，不再赘述。

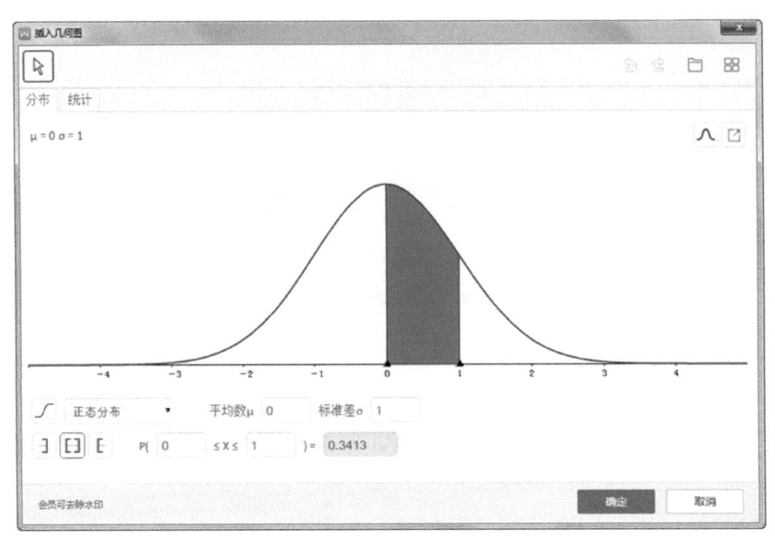

图 3-19　插入几何图

3.2.3 公式

为了满足专业用户对公式的处理要求，WPS 提供了实用的公式编辑器，如图 3-20 所示。

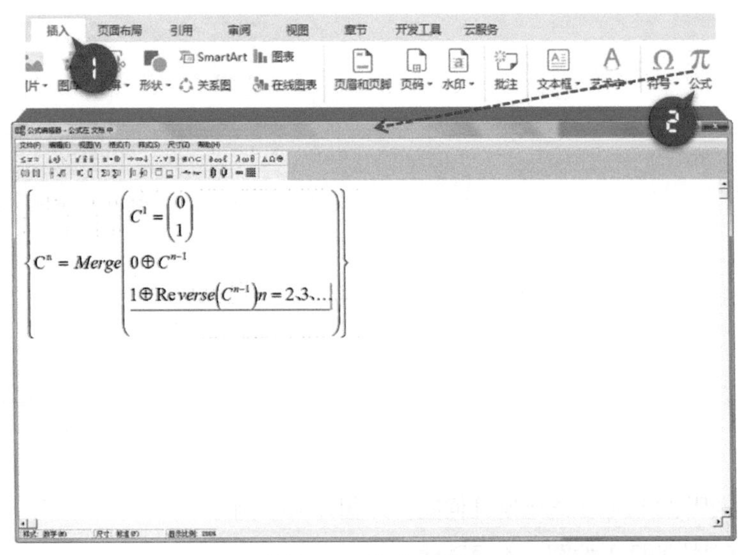

图 3-20　公式编辑器

如需对已插入 WPS 文档的公式进行修改，只要右击该公式，在弹出的对话框中单击【公式 对象】-【编辑】命令即可，如图 3-21 所示。

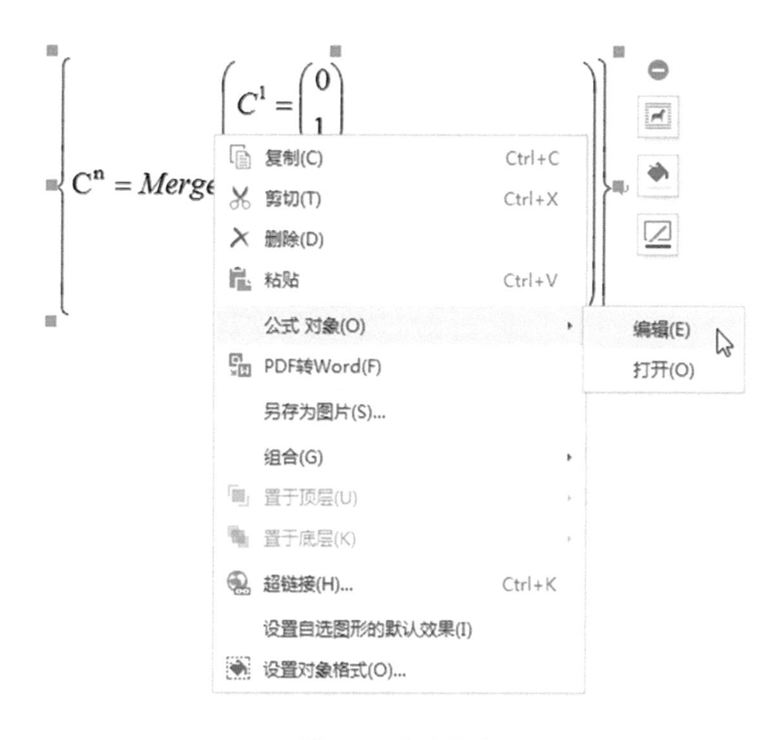

图 3-21　修改公式

3.3 亮化图片图形

一篇专业美观的 WPS 文档，往往会在适当的位置使用适当的图片、图形、图标或某些特定的符号。

3.3.1 图片

WPS 提供了丰富多彩的在线图库，你可以自由选择付费或免费图片，并可以使用关键字进行搜索，精准地找到合适的图片，收藏或插入 WPS 文档中，如图 3-22 所示。

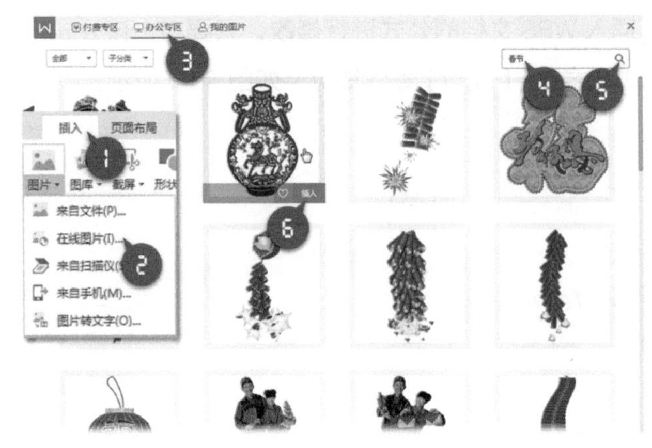

图 3-22　插入在线图片

如果你想在 WPS 文档中插入手机上的图片，只要用手机微信扫描二维码，然后在手机上选择需要的图片，再回到 WPS 中双击或右击导入的图片，就可以在文档中使用了，如图 3-23 所示。

图 3-23　插入手机图片

该功能同样适用于 WPS 演示与 WPS 表格。

3.3.2 图形

WPS 提供了丰富的图形功能，主要有形状、SmartArt、关系图等。

WPS 的形状主要有自选形状、预设形状、流程图、脑图等类型，其中，可以使用关键字查询并下载在线形状，如图 3-24 所示。

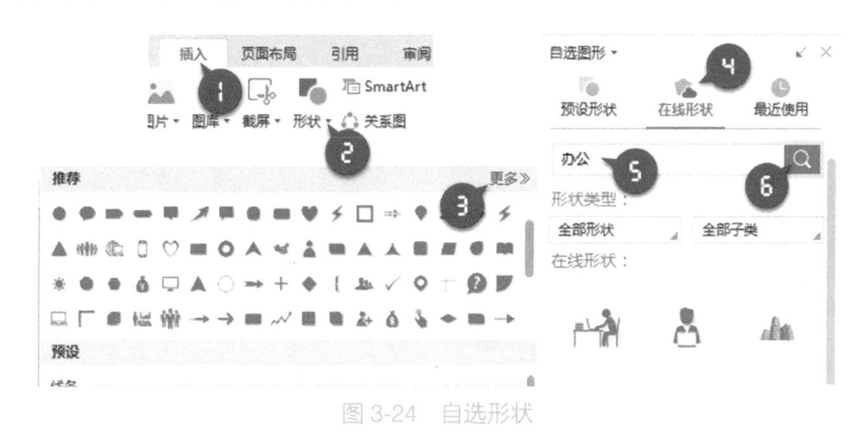

图 3-24　自选形状

SmartArt 图形是信息和观点的视觉表示形式。你可以选择合适的布局来创建 SmartArt 图形，从而快速、轻松、有效地传达信息，如图 3-25 所示。

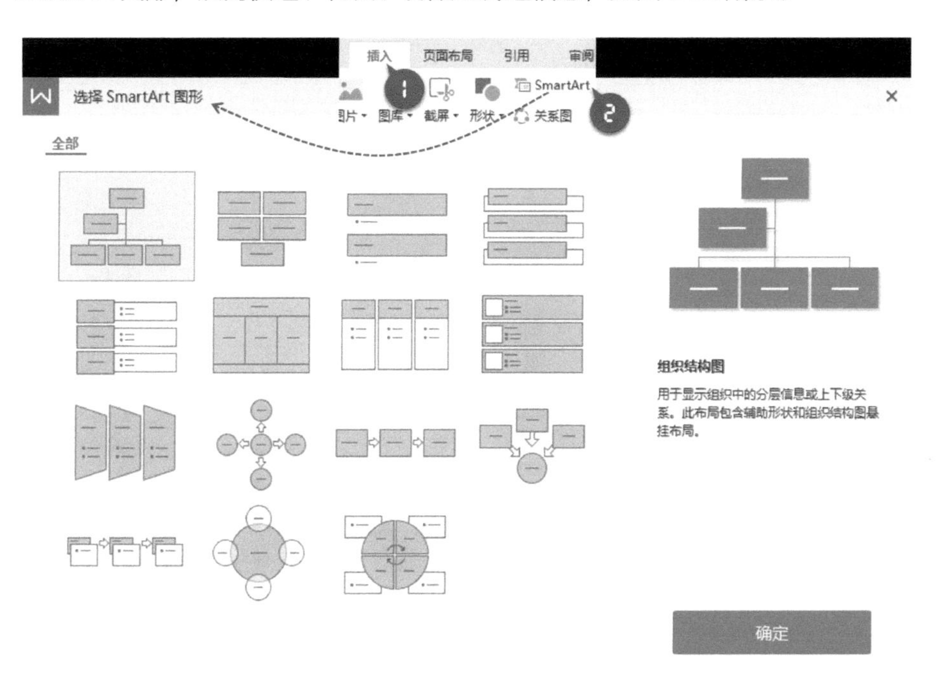

图 3-25　SmartArt 图形

关系图包括组织结构图、象限图、并列关系图、流程图、总分关系图等类型。插入关系图，便于读者更直观地理解信息关系，如图 3-26 所示。

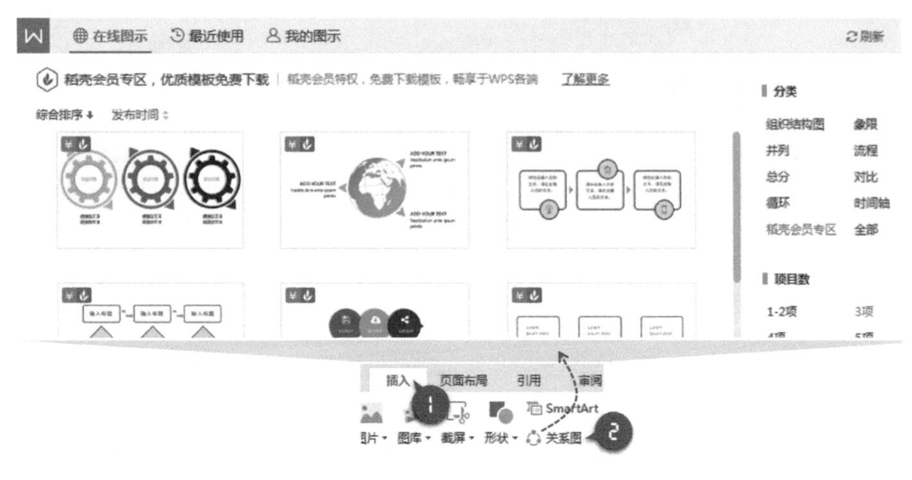

图 3-26　关系图

3.3.3 更多可视化表达

除此之外，WPS 还提供了文本框、艺术字、符号等其他可视化的表达形式，如图 3-27 所示。

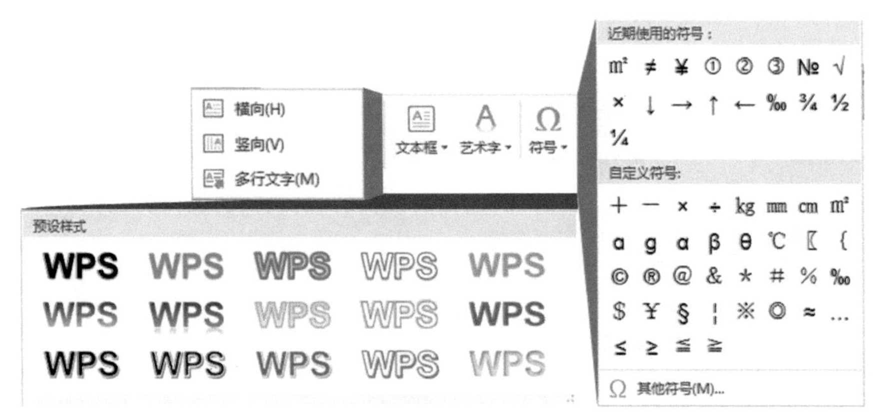

图 3-27　文本框、艺术字和符号

这些功能同样适用于 WPS 演示和 WPS 表格。限于篇幅，不再赘述。

第 4 章　进化

在日常工作中，有时需要对文档进行格式转换、审阅修订、共享协作等“进化”处理，WPS 的云服务和开发工具等功能，可以帮助你解决这些问题。

4.1 文档转化

4.1.1 图片转 Word

借助金山 OCR 文字识别软件，WPS 可以将图片识别并转存为 Word 文件，如图 4-1 所示。

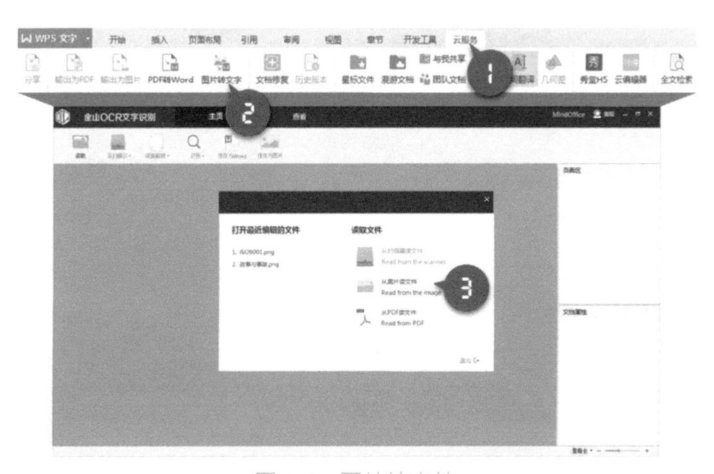

图 4-1　图片转文件

即使你不是会员，WPS 也将为你提供免费试用机会，体验文字识别的功能，如图 4-2 所示。

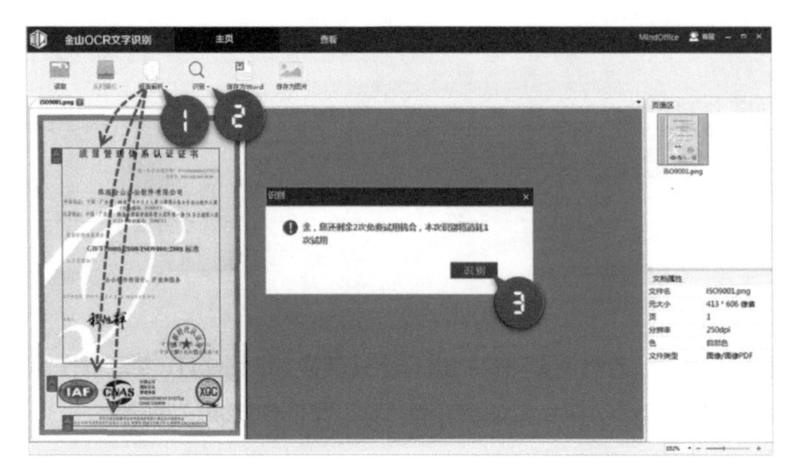

图 4-2　免费试用金山 OCR 文字识别

4.1.2 PDF 转 Word

在 WPS 的【云服务】选项卡还提供 PDF 转 Word 功能，操作非常方便，如图 4-3 所示。

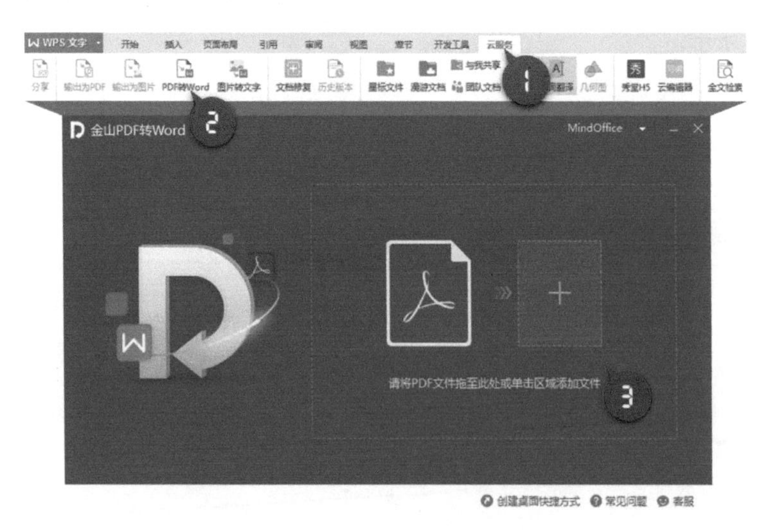

图 4-3　PDF 转 Word

即使你不是WPS会员，也可以免费转换5页PDF，同时WPS还提供PDF拆分、合并等配套功能，如图 4-4 所示。

图 4-4　金山 PDF 转 Word 的更多功能

4.1.3 Word 转 PDF

WPS 文档可以输出为 PDF，也可以对 WPS 文档进行分享、加密、备份或恢复，如图 4-5 所示。

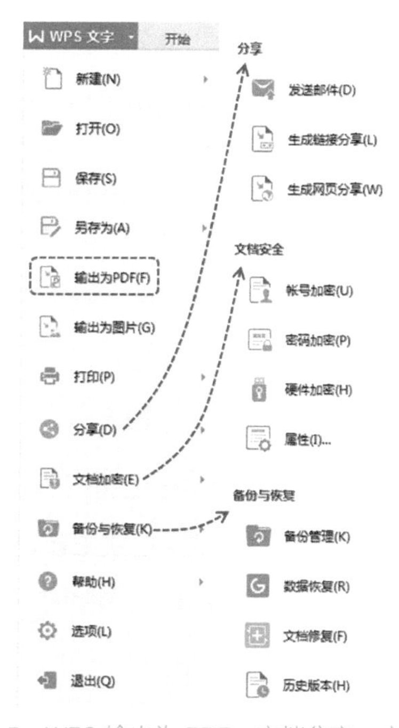

图 4-5　WPS 输出为 PDF、文档分享、文档加密、备份与恢复

4.2 文档审阅

在日常工作中，有时需要对中文进行简繁体转换，或需要多人参与文档的处理工作，并保留文档的修改痕迹，为此 WPS 提供了文档的审阅功能。

4.2.1 简繁转换

无论是中文简体转繁体，还是中文繁体转简体，在 WPS 中都很方便，如图 4-6 所示。

WPS Office 抢鲜版是金山 WPS Office 从 2011 年开始，新功能首发，长期、持续、免费发布的版本。可以实现办公软件最常用的文字、表格、演　　多种功能。

小巧、强大插件
间及文档模板、
支持阅读和输出 PDF 文件、全面兼容微软 Office97-2010 格式（doc/docx/xls/xlsx/ppt/pptx 等）独特优势。新功能，新改进，抢鲜体验，快人一步！

WPS Office 搶鮮版是金山 WPS Office 從 2011 年開始，新功能首發，長期、持續、免費發佈的版本。可以實現辦公軟體最常用的文字、表格、演示等多種功能。具有記憶體佔用低、運行速度快、體積小巧、強大插件平臺支持、免費提供海量線上存儲空間及文檔範本、支持閱讀和輸出 PDF 檔、全面相容微軟 Office97-2010 格式（doc/docx/xls/xlsx/ppt/pptx 等）獨特優勢。新功能，新改進，搶鮮體驗，快人一步！

图 4-6　中文简繁体互转

4.2.2 批注与修订

在文档审阅过程中，当审阅者需要对作者提出一些意见和建议时，可以直接在文档中插入批注，来表达自己的意思。

当作者在编辑自己的文档时，如果遇到一些有疑问或需要修改的地方，也可以通过插入批注的方法做记号，如图 4-7 所示。

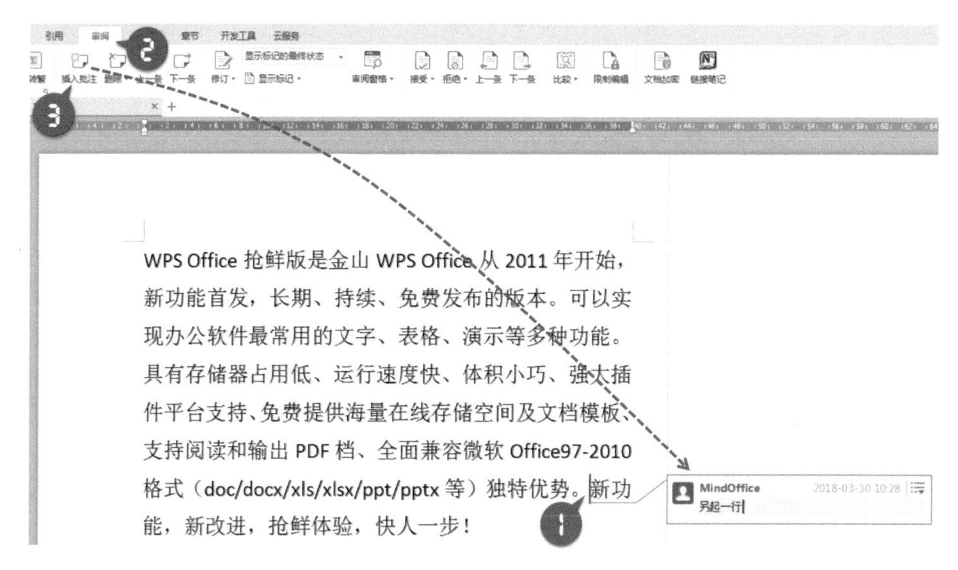

图 4-7　插入批注

单击【审阅】选项卡中的【上一条】与【下一条】命令，可以逐条查阅文档中的批注。如有必要，请删除当前批注，或删除文档中的所有批注，如图 4-8 所示。

WPS 的修订功能可以保留对文档的修改痕迹，直到完成对文档的审阅。

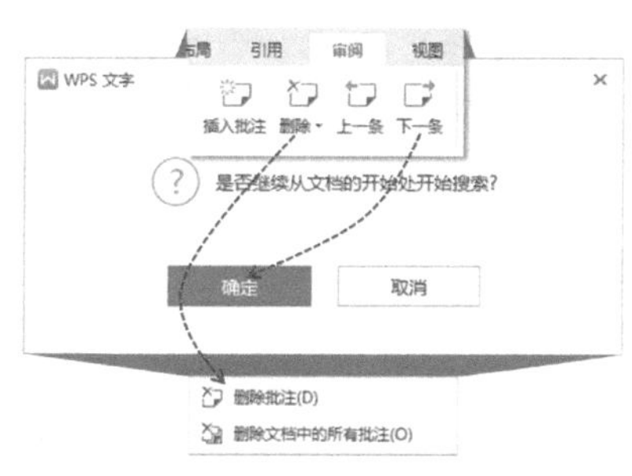

图 4-8　批注的检索与删除

当对文档进行修订并显示标记的最终状态时，修订的内容会突出显示，同时在批注栏中显示修改信息，如图 4-9 所示。

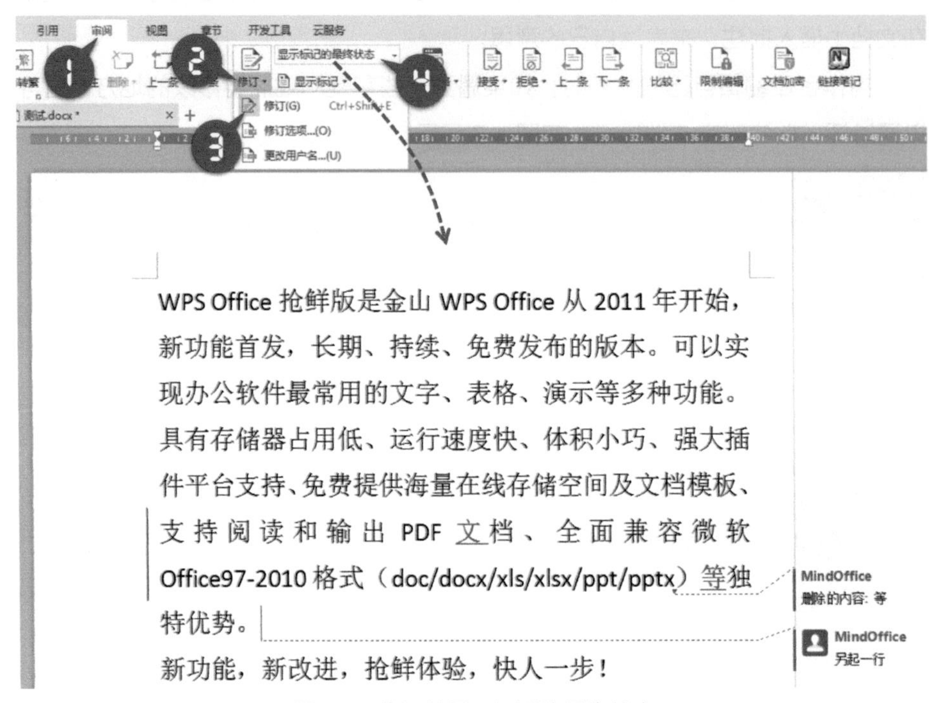

图 4-9　修订并显示标记的最终状态

你还可以根据自己的习惯，设置修订标记和批注框，如图 4-10 所示。

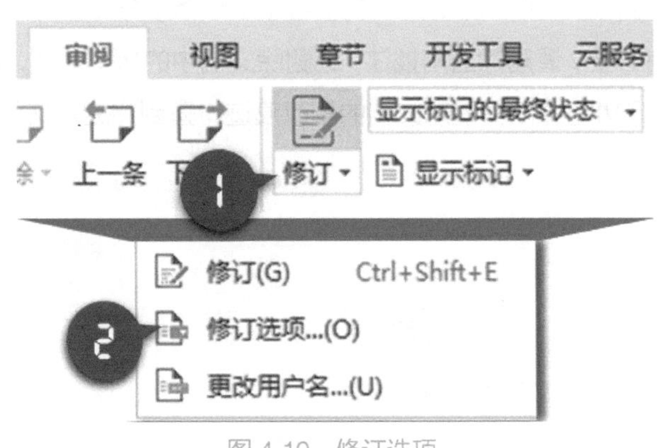

图 4-10　修订选项

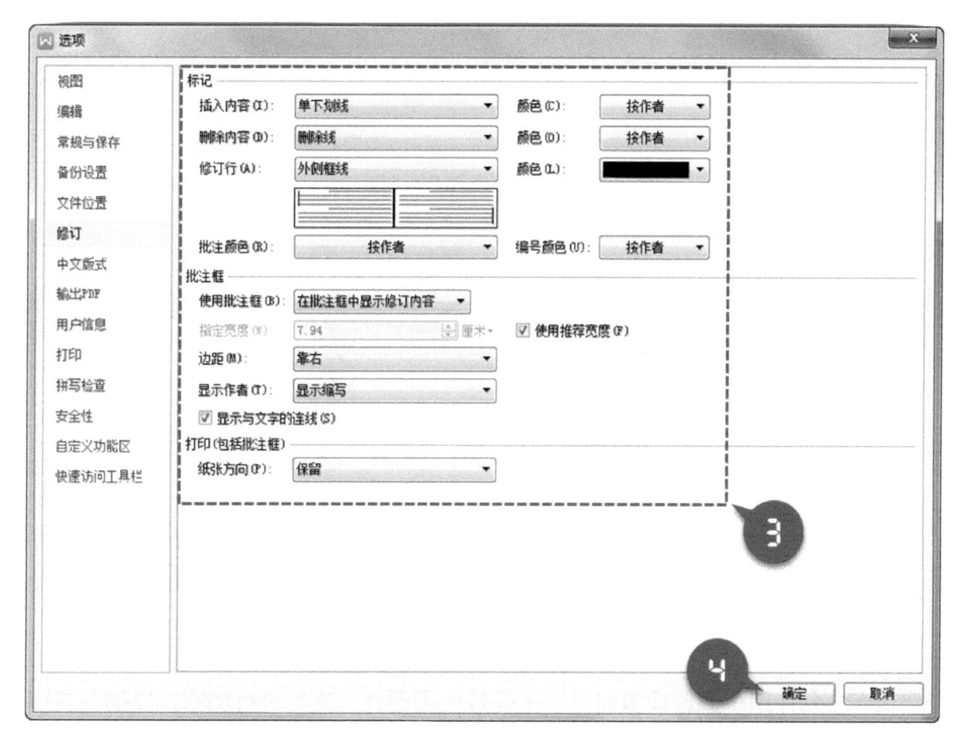

图 4-10　修订选项（续）

4.2.3 文档保护

文档保护主要用于限制他人对于整个文档或文档的局部进行编辑和格式设置。

如果不允许别人修改你的文档，只允许他人在你的文档中插入批注，只要如图 4-11 所示，限制编辑即可。

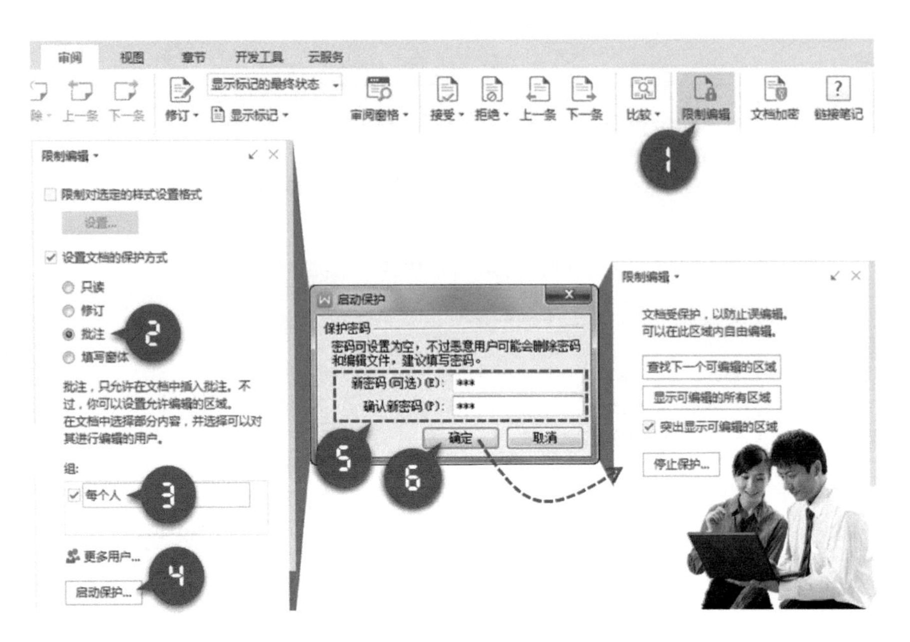

图 4-11　文档保护：只允许插入批注

WPS 允许用户通过设置账号、密码或使用硬件对文档进行加密，以确保文档的安全性，如图 4-12 所示。

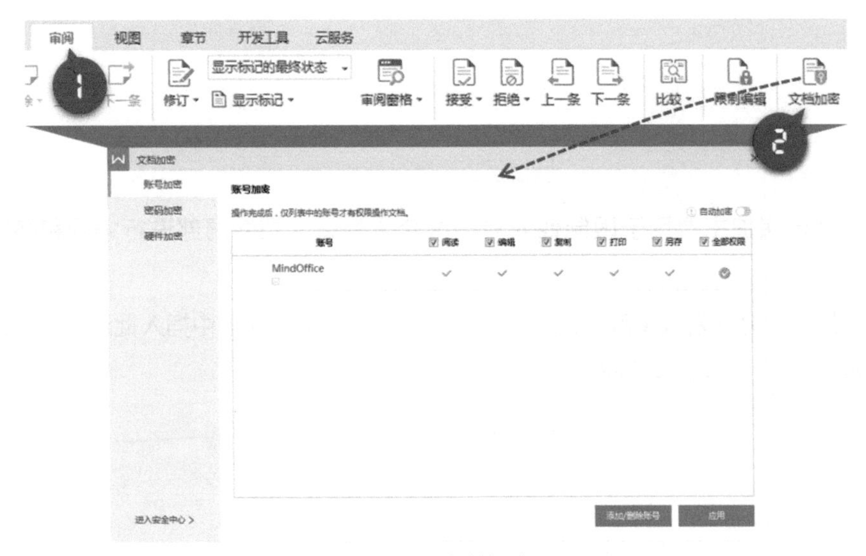

图 4-12　文档加密

在实际工作中，有时需要将 WPS 原始文档不同副本之间的修订或批注进行合并，以便在同一文档中统一审阅所有修订，这种情况就可以使用比较文档功能，如图 4-13 所示。

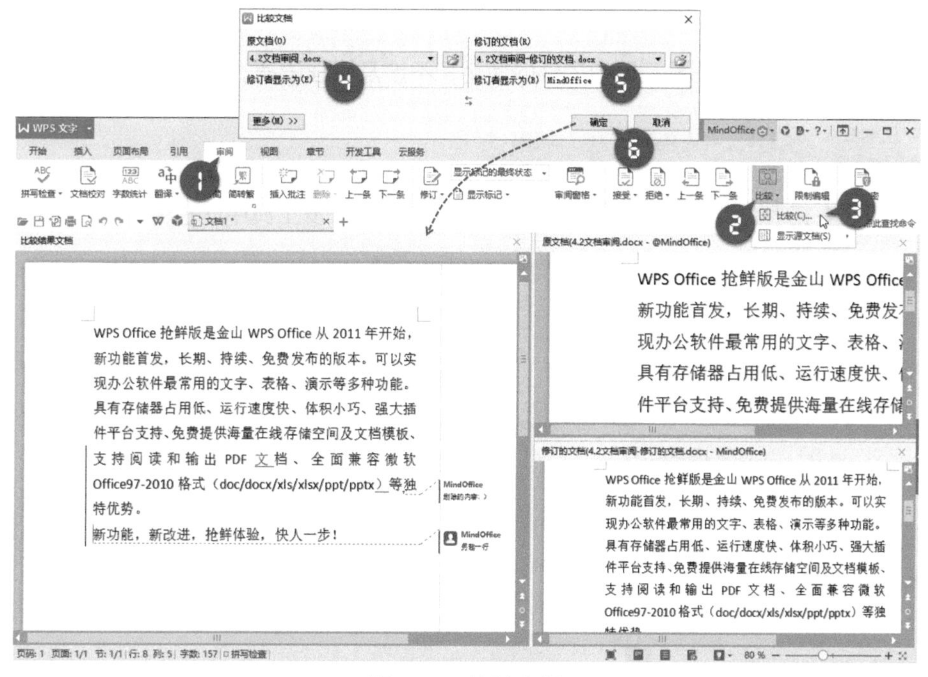

图 4-13　比较文档

如果只是查看两个 WPS 文档之间的差异，则可以使用并排比较功能，如图 4-14 所示。

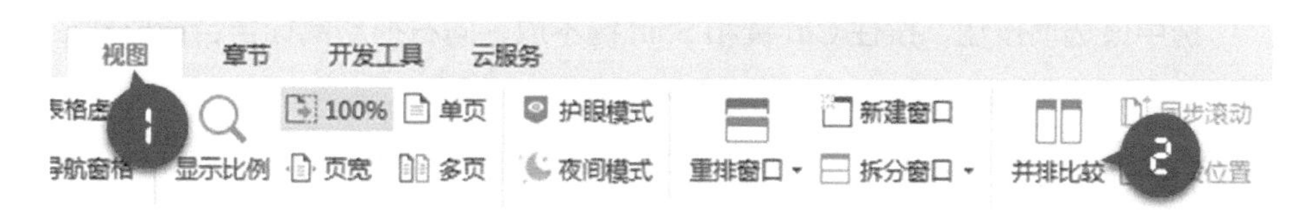

图 4-14　并排比较

4.3 开发工具

开发工具是对 WPS 应用程序功能的扩展，主要包括宏、VB 编辑器、加载项和控件等。

本节简单介绍开发工具中控件的使用，不涉及编程语言。

4.3.1 利用控件制作单选题

图 4-15 所示的单项选择题效果就是使用 WPS 开发工具中的控件实现的。

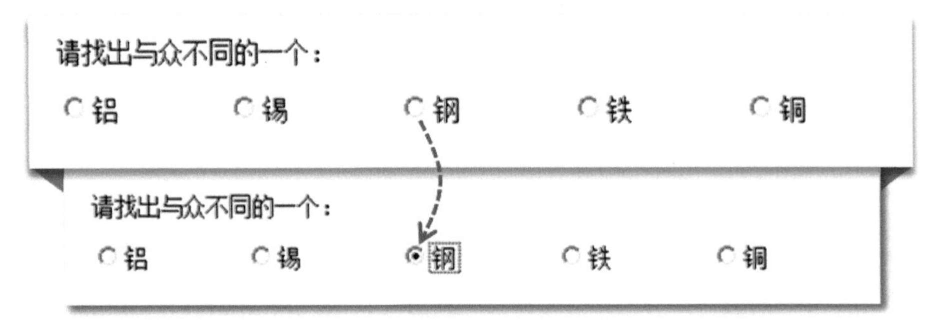

图 4-15　单项选择题

制作过程如下：

单击【开发工具】-【旧式工具】-【选项按钮】命令按钮，在 WPS 文档的合适位置插入选项按钮，右击弹出【属性】对话框，修改 Caption 与 GroupName 的值，如图 4-16 所示。

选中该选项按钮，按住 Ctrl 键和 Shift 键不放，向右拖动鼠标至合适位置，释放鼠标即可平行复制生成另一个选项按钮。

右击弹出【属性】对话框，修改 Caption 的值，而 GroupName 的值保持不变（同属于一个选项组），如图 4-17 所示。

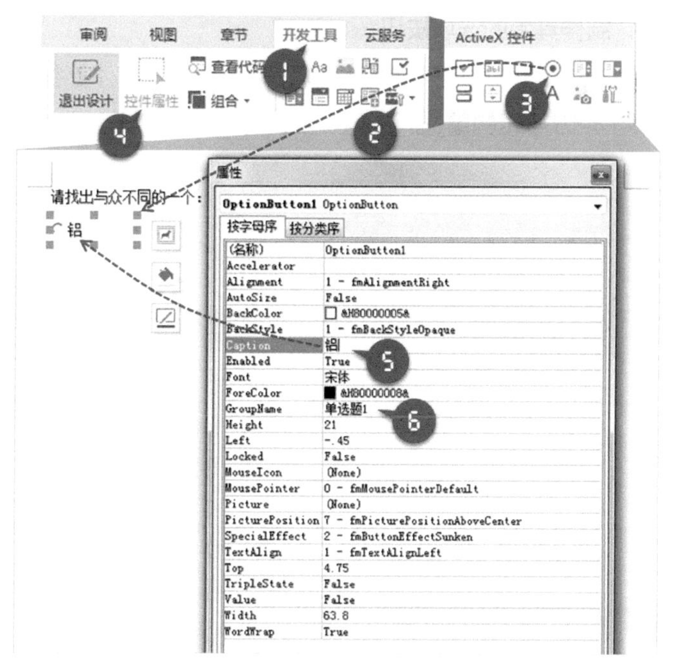

图 4-16　ActiveX 控件 - 选项按钮

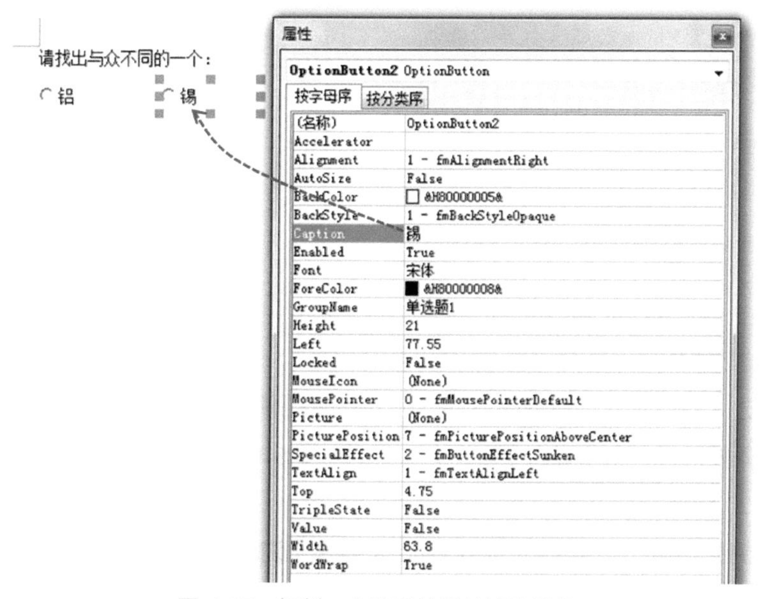

图 4-17　复制一个选项按钮并修改属性

依此类推，制作其余的选项按钮。

注：在【属性】对话框中，还可以设置选项按钮的尺寸、字体等参数，不再赘述。

要实现如图 4-15 所示的单选题应用效果，只要退出设计模式即可，如图 4-18 所示。

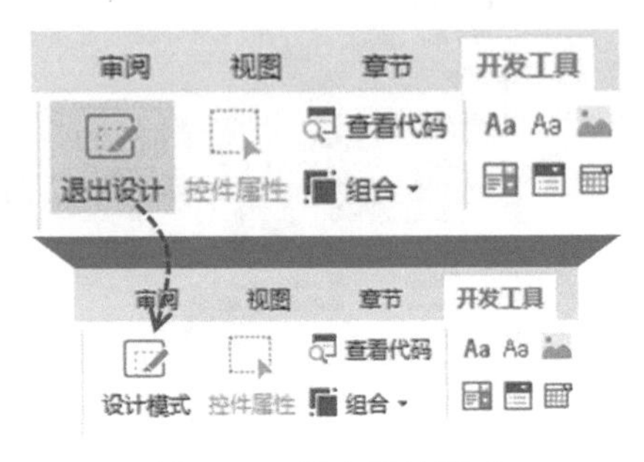

图 4-18　退出设计模式

4.3.2 利用控件制作多选题

多选题的应用场景如图 4-19 所示。

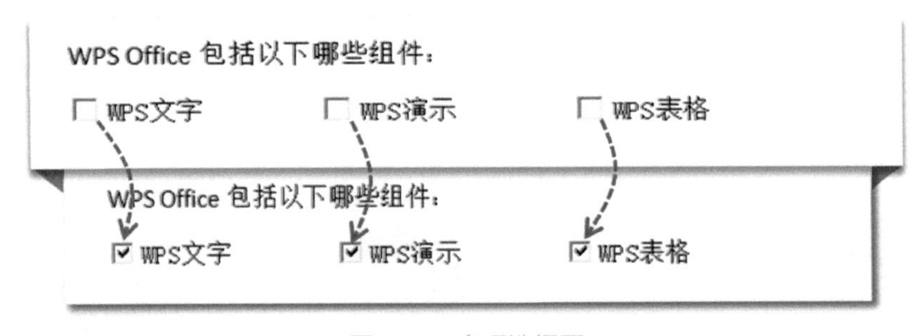

图 4-19　多项选择题

制作过程如下：

单击【开发工具】-【旧式工具】-【复选框】命令按钮，在 WPS 文档的合适位置插入复选框，右击弹出【属性】对话框，修改 Caption 与 GroupName 的值，如图 4-20 所示。

复制生成另一个复选框，右击弹出【属性】对话框，修改 Caption 的值，如图 4-21 所示。

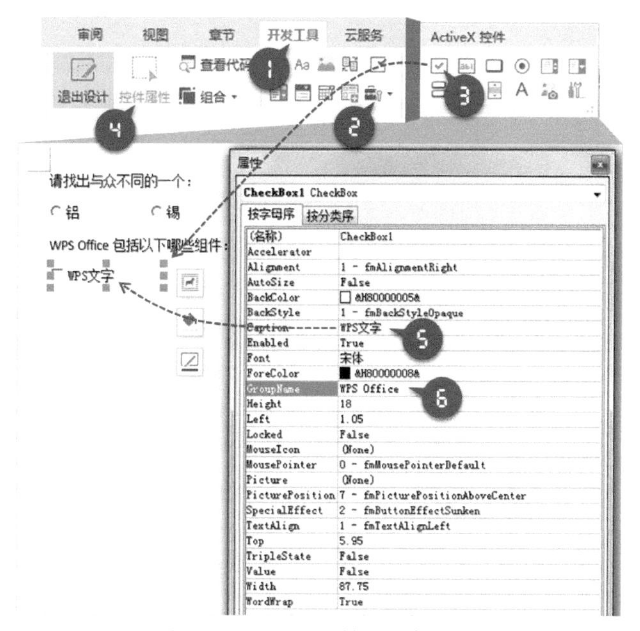

图 4-20　ActiveX 控件—复选框

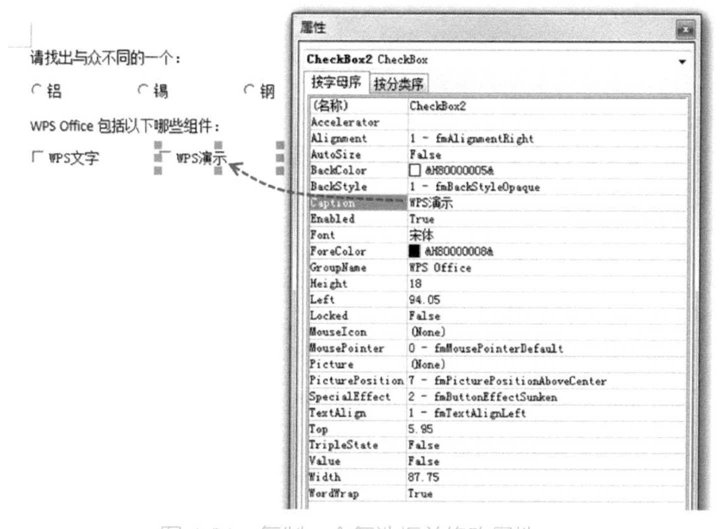

图 4-21　复制一个复选框并修改属性

依此类推，完成其余复选框的制作。

退出设计模式（如图 4-18 所示），就可以对多选题进行解答了。

WPS

演示

据说，这个世界上讨厌 PPT 的人和喜欢 PPT 的人几乎一样多。

虽然 PPT 已被广泛应用于工作汇报、企业宣传、产品推介、婚礼庆典、项目竞标、管理咨询、教育培训等各个领域，但往往事与愿违，很多 PPT 最终沦为视觉垃圾……

为什么好的 PPT 总是别人的？好的 PPT 又是怎样炼成的？演示的主角到底是谁？如何简化 PPT？如何美化 PPT？如何亮化 PPT？如何进化 PPT？本篇将为你抛砖引玉，助你开拓思路、举一反三，又快又好地搞定 PPT。

第 5 章　简化

俗话说：“磨刀不误砍柴工。”首先从设计思路和制作技巧两个角度，谈谈 PPT 的简化。

5.1 简化思路

PPT 的成功演示者主要依赖于创意、图形和现场发挥。精彩的视觉故事可以给受众传达明确的信息，而这需要合理的幻灯片布局作支撑。

5.1.1 结构化思维

在制作演示文稿前，我们首先要明确幻灯片的用途、需要演示的内容等，即所谓 5W2H，如图 5-1 所示。

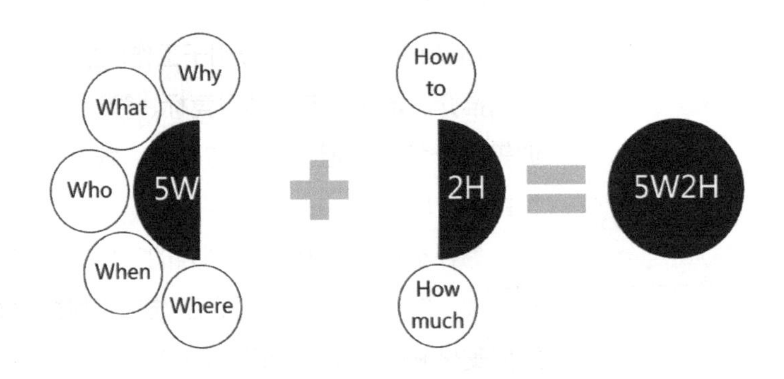

图 5-1　PPT 的 5W2H

换句话说，在“撸起袖子加油干”之前，最好先吃颗“五仁双黄”定心丸。

1. Why——为什么要演示？ What——演示什么？ Who——给谁演示？谁来演示？ When——何时演示？ Where——在什么场合演示？

2. How——如何演示？ How much——演示需要花费多少时间和成本？

内容是 PPT 的核心，那么应该如何厘清 PPT 内容之间的逻辑关系呢？

最经典的逻辑结构莫过于“总 - 分 - 总”，如图 5-2 所示。这种骨灰级的结构就像小学生的“老三段”作文，未必出彩，但足够安全，至少可以确保及格。

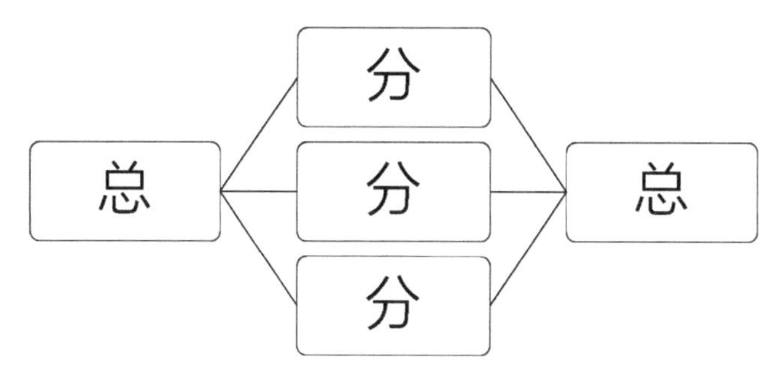

图 5-2　“总 - 分 - 总”结构

PREP 结构与“总 - 分 - 总”类似，如图 5-3 所示，首先开门见山摆明立场（Position），然后陈述理由（Reason），并列举实例（Example），摆事实讲道理，最后重申自己的立场或观点（Position）。

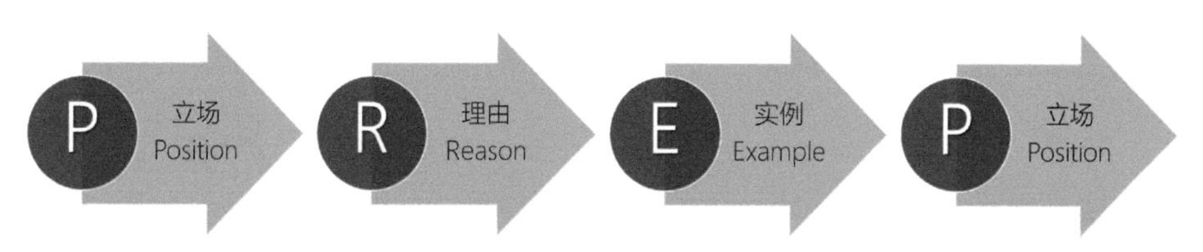

图 5-3　PREP 结构

SCQA 也是一种常用的逻辑结构。如图 5-4 所示，先导入观众熟悉的情景或事实（Situation），然后制造冲突（Complication）——“可现实残酷啊！”接着提出疑问（Question）——“怎么办？”最后解决问题（Answer）——“挖掘机技术哪家强，中国山东找蓝翔”……

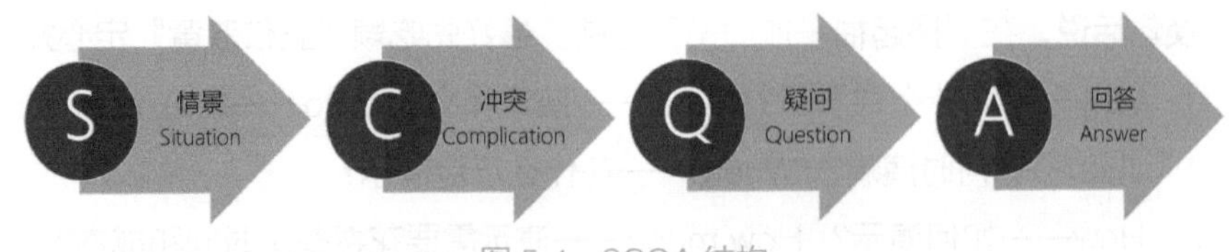

图 5-4　SCQA 结构

而 AIDA 结构的演示文稿则被广泛应用于产品发布会等各类营销场合，如图 5-5 所示，先吸引大家的注意力（Attention），再激发大家的兴趣（Interest），然后刺激购买欲望（Desire），最后促成购买行动（Action）。

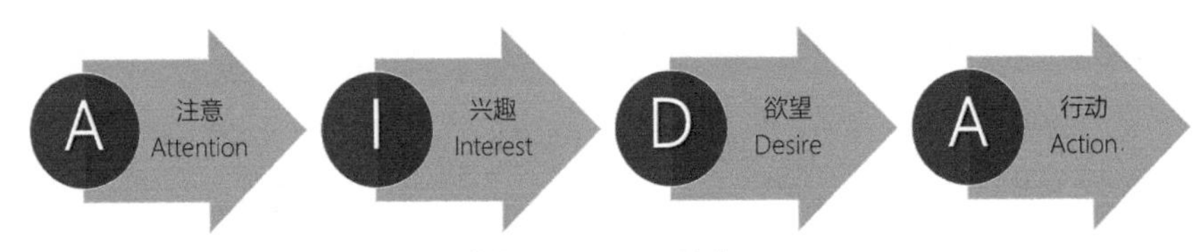

图 5-5　AIDA 结构

除此之外，还可以针对受众的痛点、泪点或笑点，归纳产品或方案的卖点、优势和价值，如图 5-6 所示。

图 5-6　FAV 结构

当然，PPT 的结构化思维方法还有很多，但归根结底，思维决定作为，思路决定出路。几乎每一场成功的精彩演示都是“按点准备，带点上场，逐点展开”的。

5.1.2 结构化工具

WPS 演示软件自带结构化工具——节。如图 5-7 所示，将演示文稿分成片头、目录、内容一、内容二、内容三、回顾、片尾等若干“节”，结构一目了然。

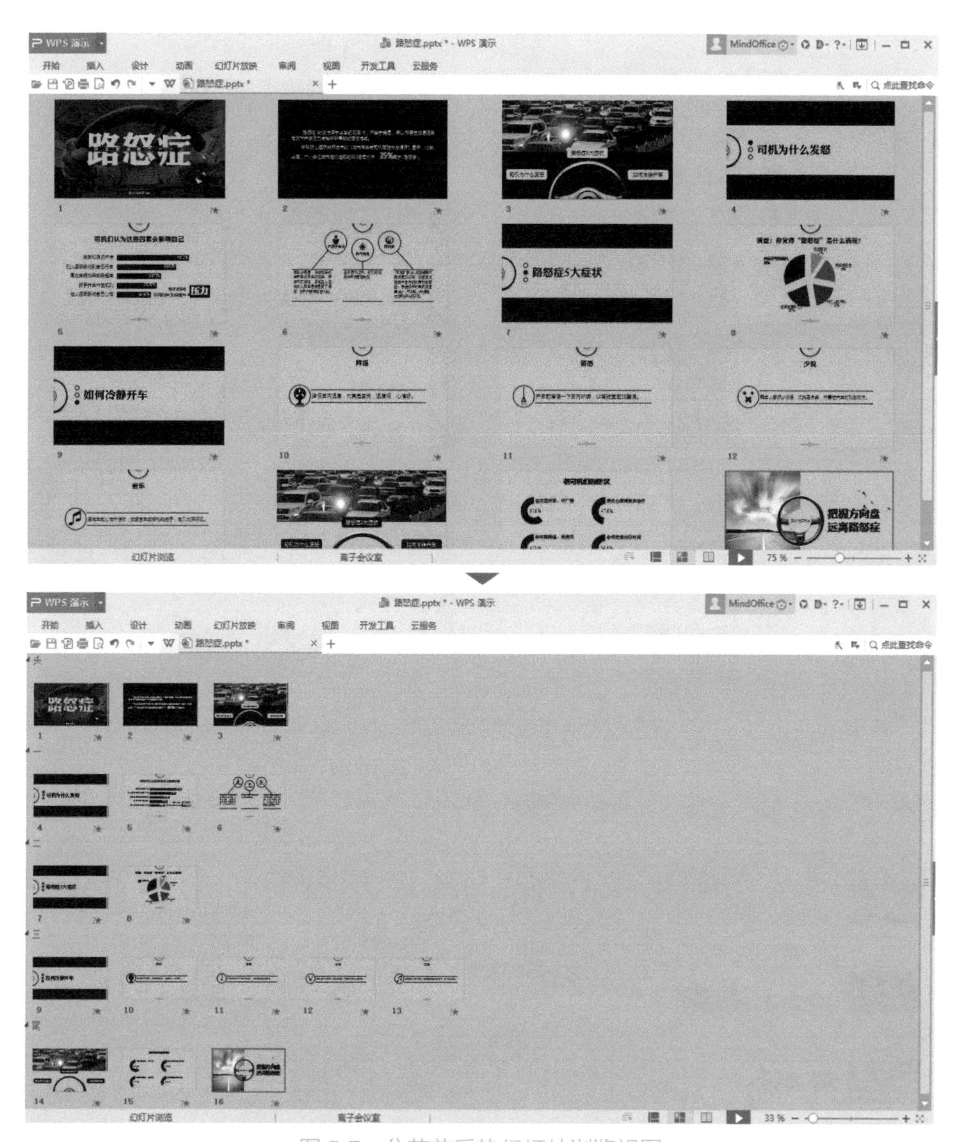

图 5-7　分节前后的幻灯片浏览视图

通过新增、重命名、移动、折叠、展开、移动等“节”操作，可以高效构建并随意调整演示文稿的结构，如图 5-8 所示。

值得一提的是，你也可以先用思维导图来构思，再利用分节功能结构化演示文稿，如图 5-9 所示。

图 5-8　WPS 演示结构化工具：节

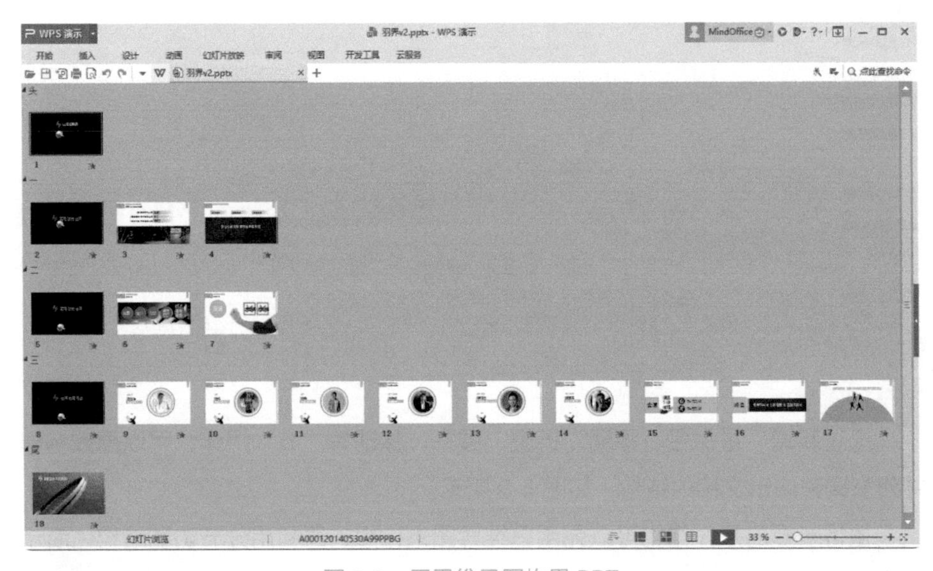

图 5-9　用思维导图构思 PPT

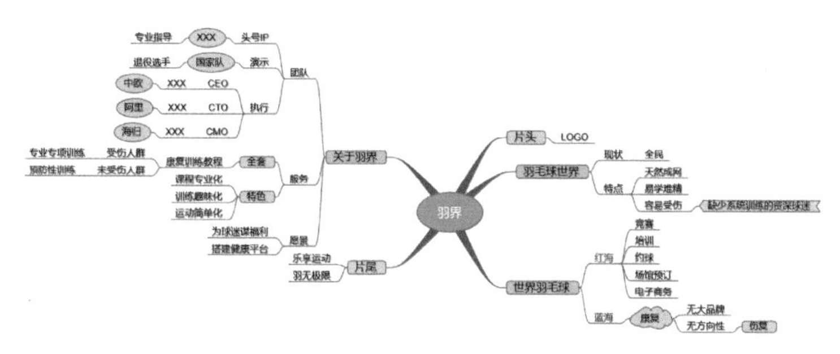

图 5-9　用思维导图构思 PPT（续）

使用思维导图可以让复杂的问题变得非常简单，简单到可以在一张纸上画出来，让人们对问题一目了然，并加以延伸。此外，思维导图还能将众多知识和想法连接起来，并有效地加以分析，从而最大限度地实现创新。

5.2 简化技巧

如图 5-10 所示，WPS 演示文稿默认使用目前主流的宽屏（16:9）尺寸，在正式制作演示文稿前，请先确定幻灯片的尺寸，以免因中途变更导致无谓的返工。

图 5-10　设置幻灯片尺寸

为了简化演示文稿的制作，可以充分利用 WPS 提供的海量在线模板和素材，如图 5-11 所示。

图 5-11　WPS 的在线资源

这些资源既有免费的，也有收费的，用户可以结合自己的实际需求，自由选用。

5.2.1 用好模板与主题

在新建 WPS 演示文档时，你可以方便地选用在线模板，如图 5-12 所示。

图 5-12　新建文档时应用在线模板

选中某个模板后，可以导入该模板的全部或部分页面，如图 5-13 所示。

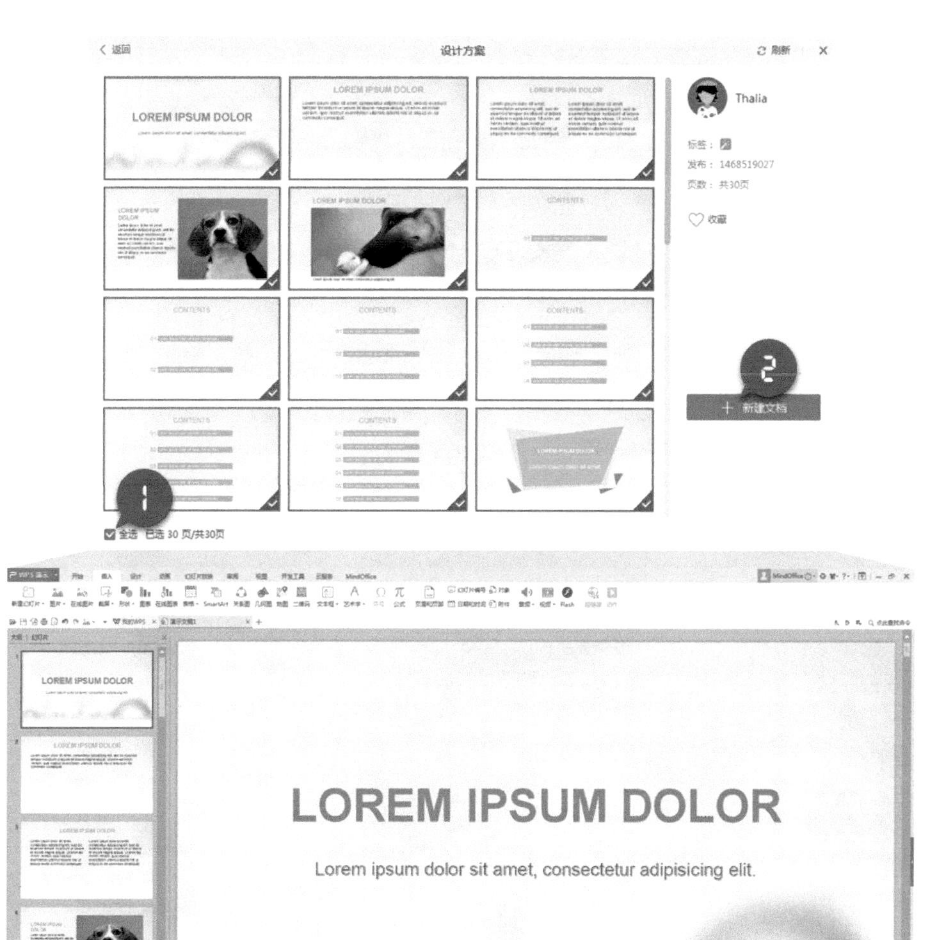

图 5-13　应用模板时可以导入全部或部分页面

如果想更换演示文稿的设计风格，如图 5-14 所示，又该如何快速实现呢？

图 5-14　更换演示文稿的主题风格

其实只要利用 WPS 演示的设计功能，就能轻松搞定，如图 5-15 所示。

还可以输入关键词，检索更多 WPS 在线模板和设计方案，或按指定的风格、用途和颜色进行分类查询，如图 5-16 所示。

当然，你也可以从自己的电脑导入模板，如图 5-17 所示。

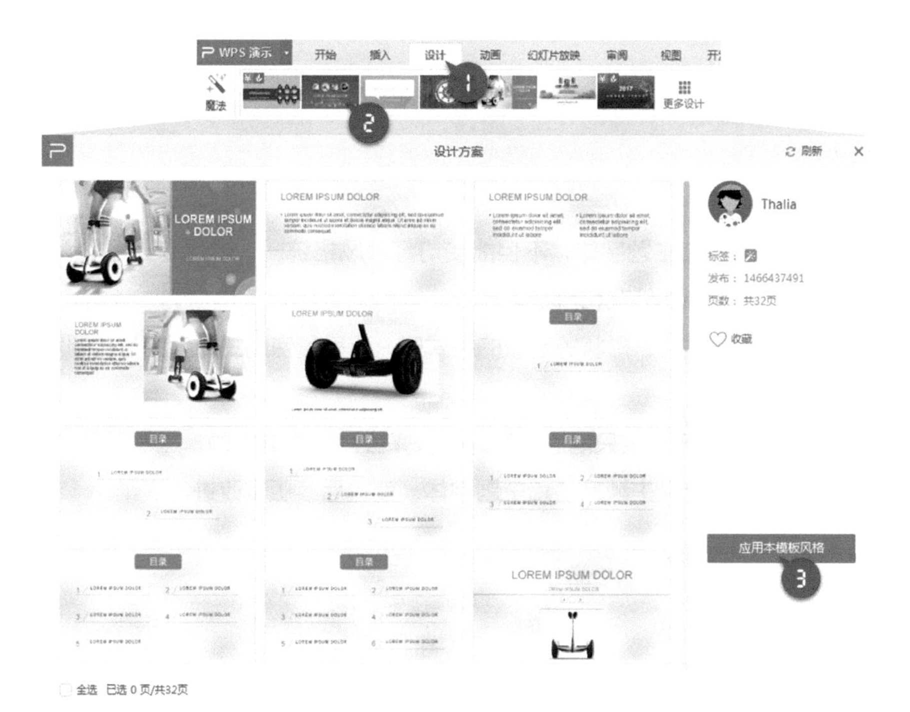

图 5-15　快速更换演示文稿的设计风格

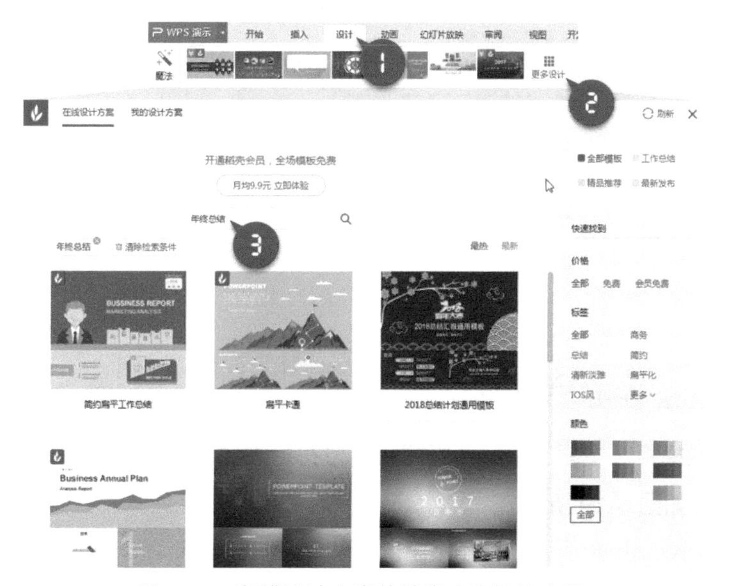

图 5-16　在线设计方案的检索查询快捷方便

图 5-17　应用本地模板

应用主题颜色和主题字体，不但能使幻灯片风格统一，体现专业性，而且便于整体改变演示文稿的外观和风格。

因此，在设置文字、形状等对象的格式时，请尽量使用主题颜色与主题字体，如图 5-18 所示。

遗憾的是，WPS 目前只能通过导入模板来应用其中的主题、主题颜色和主题字体，暂不支持自定义主题颜色和主题字体，期待后续版本改进。

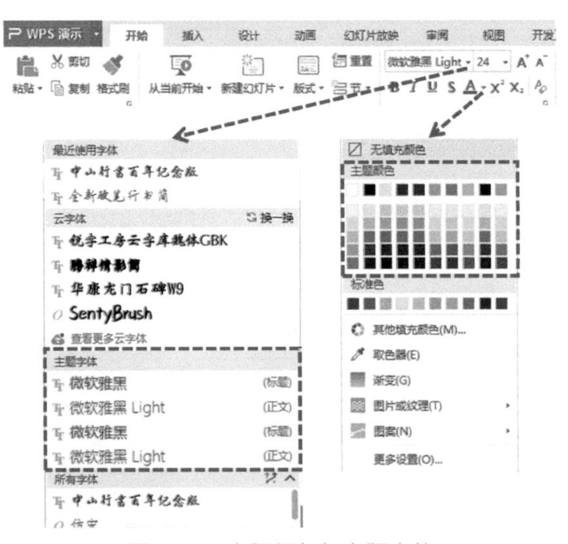

图 5-18　主题颜色与主题字体

5.2.2 妙用母版与版式

PPT 的模板、主题、母版、版式和占位符，大致可以用一张图来表示它们之间的关系，如图 5-19 所示。

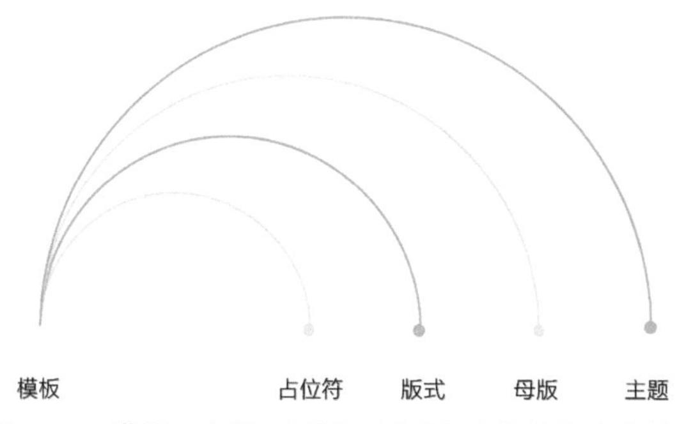

图 5-19　模板、主题、母版、版式和占位符的大致关系

母版主要是为了快速统一幻灯片中的元素，同时便于对演示文稿进行批量修改。同一个演示文稿文件允许多个母版共存。而版式的设计和编辑，是在母版视图[1]中进行的，如图 5-20 所示。

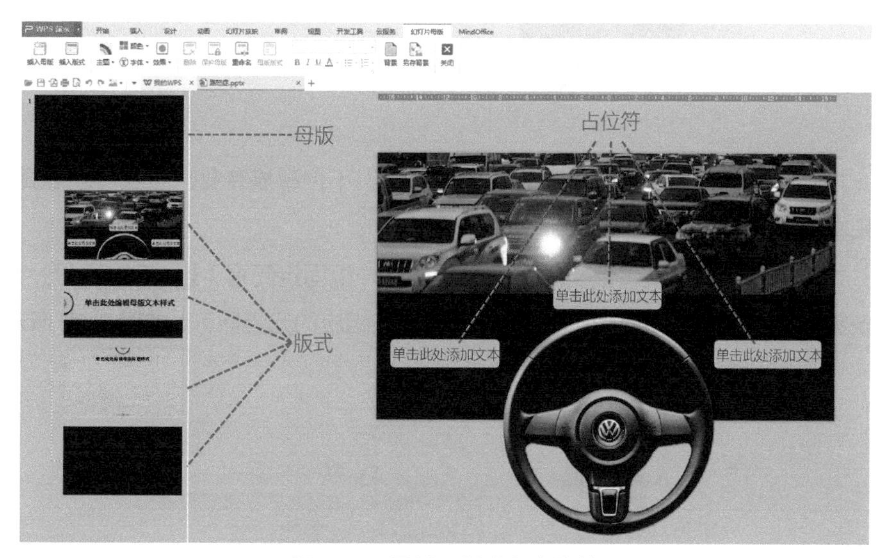

图 5-20　母版、版式和占位符

一个完整的演示文稿通常会应用若干版式，例如：片头（片尾）、目录（回顾）页、转场（章节过渡）页、内容页等。如果这些页面风格统一协调，就会给人以专业的感觉，如图 5-21 所示。

[1] 按住 Shift 键不放，单击状态栏中的【普通视图】命令按钮，可快速切换到母版视图。

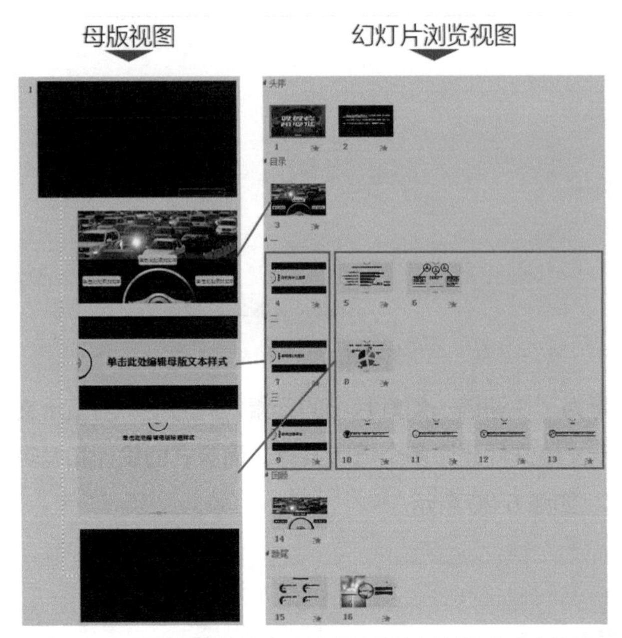

图 5-21　母版视图和幻灯片浏览视图中的版式对应关系

换句话说，在演示文稿中设计和套用版式，不但彰显专业，而且可以提高制作和修改的效率。

如果需要为演示文稿批量添加同一个或同一组固定元素（如 LOGO、图片、线条等），只要切换到母版视图，在母版中添加相应的元素即可，如图 5-22 所示。

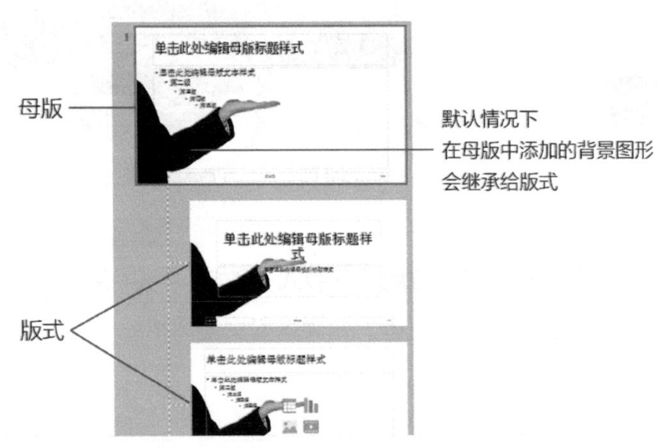

图 5-22　版式中默认显示母版中的背景图形

如果某些版式（如封面）不需要显示母版中的背景图形，只要勾选“隐藏背景图形”即可，如图 5-23 所示。

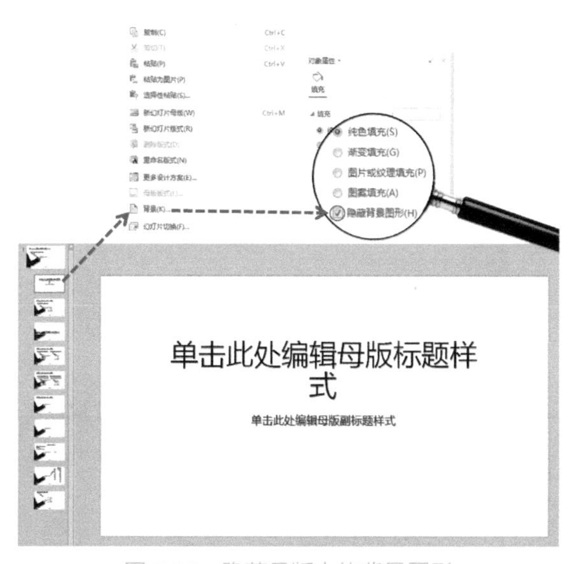

图 5-23　隐藏母版中的背景图形

默认情况下，母版或版式中有标题、文本、日期、页脚和幻灯片编号等占位符，如图 5-24 所示，可以根据需要对其进行添加、删除、移动、编辑等操作。

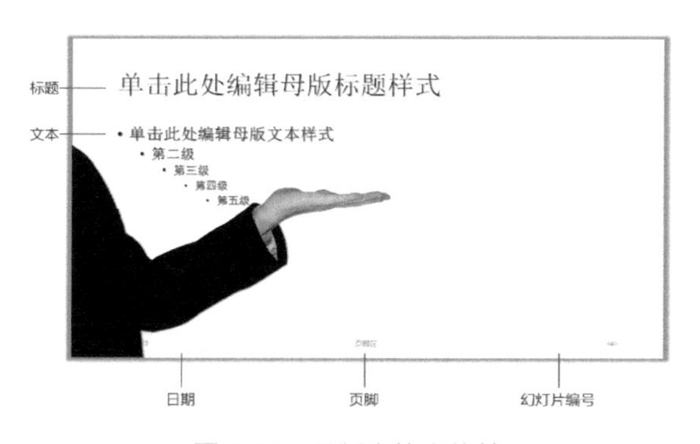

图 5-24　母版中的占位符

在工作型 PPT 中，除了片头、片尾、目录页、章节过渡页等特殊页面，其他页面通常需要显示页码（幻灯片编号），以便演示文稿的阅读者进行记录和提问。

那么，如何批量插入演示文稿的页码呢？如图 5-25 所示。

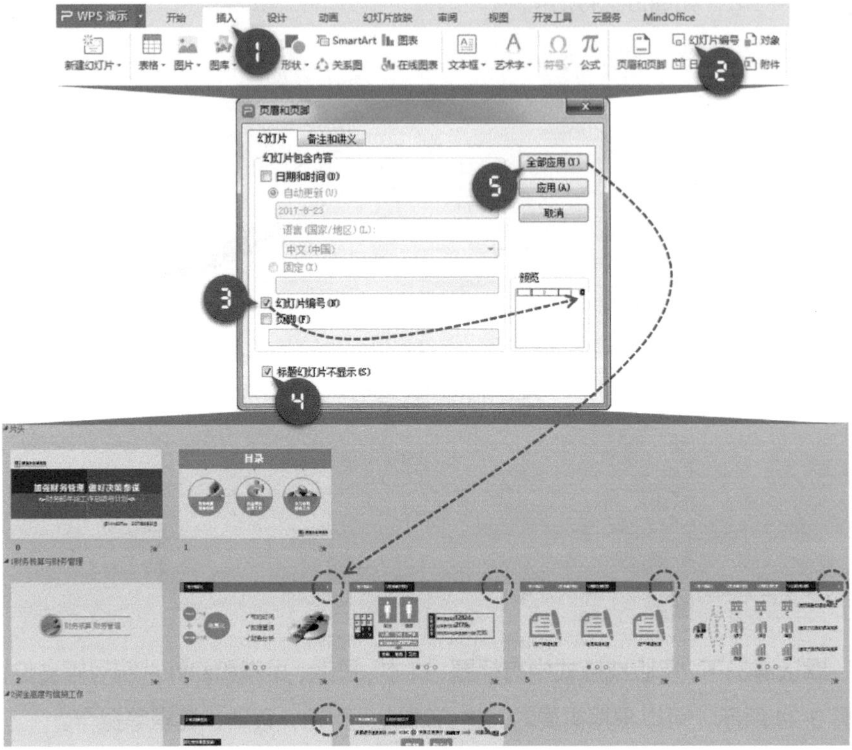

图 5-25　自动添加幻灯片编号

5.2.3 快速访问工具栏与快捷键

你可以将一些常用的命令（如插入图片）添加到快速访问工具栏，以便减少操作步骤，提高软件的使用效率，如图 5-26 所示。

WPS 目前只能将指定的若干选项添加到快速访问工具栏，期待在后续版本中能够允许用户在快速访问工具栏中添加更多功能选项。

除此之外，还可以通过自定义功能区，新建属于自己的选项卡和选项组，并在其中添加命令选项，以便随时调用，如图 5-27 所示。

为了提高 PPT 的制作效率，建议你熟练掌握一些常用的快捷键，如图 5-28 所示。

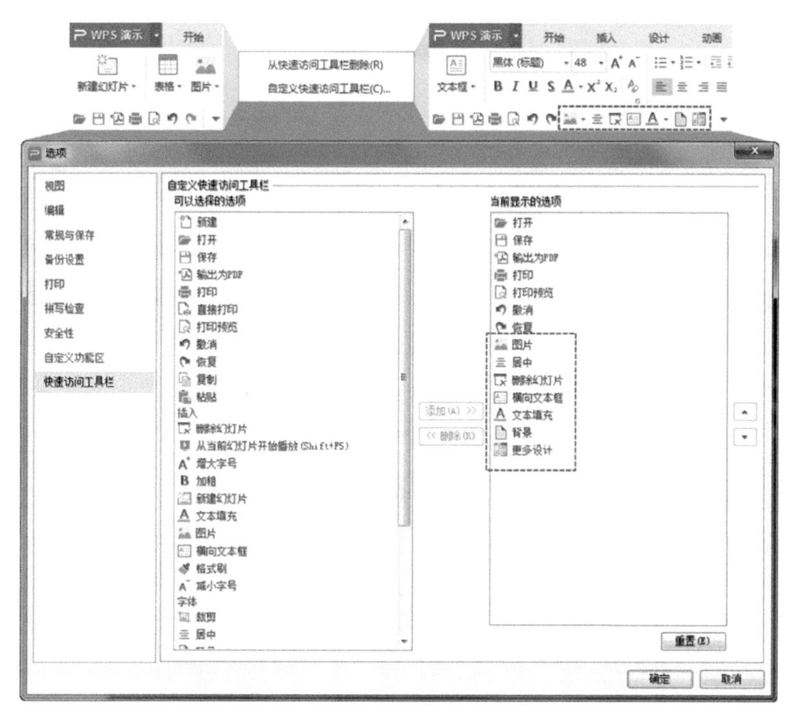

图 5-26　自定义快速访问工具栏

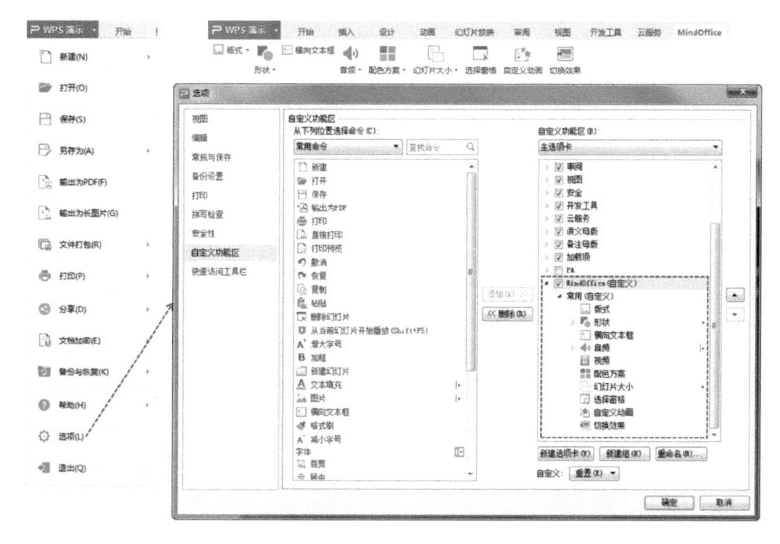

图 5-27　自定义功能区

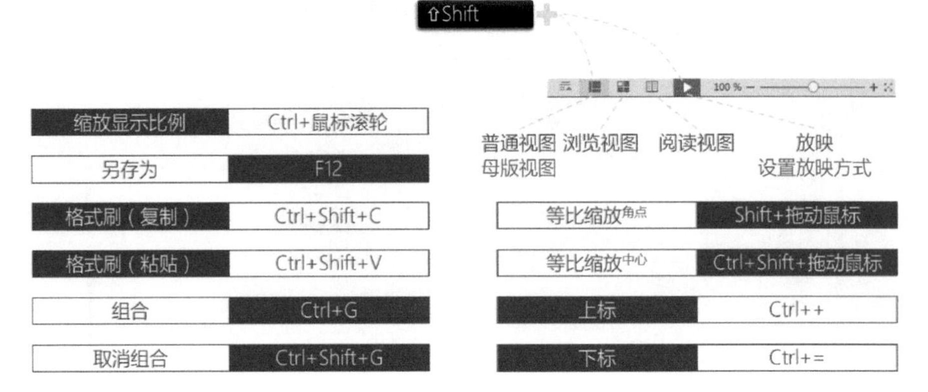

图 5-28　PPT 实用快捷键

俗话说：勤能补拙，熟能生巧。更多简化技巧，需要你在使用软件的过程中不断归纳总结，化繁为简。

第 6 章　美化

幻灯片的制作不外乎素材、排版、配色与动画的有机组合。PPT 好看固然很重要，但合适合理更重要！

6.1 美化技巧

如果不了解 PPT 的设计理念和排版原则，就很难又快又好地搞定 PPT。换句话说，PPT 的美化也是有一定技巧的。

设计来源于生活，在 PPT 的排版和美化过程中，对齐、对比、重复、分类、平衡、留白等设计手法往往相辅相成，需要融会贯通，灵活运用。如图 6-1 所示，就用到了对齐、重复、分类、平衡、视线流等多个排版原则。

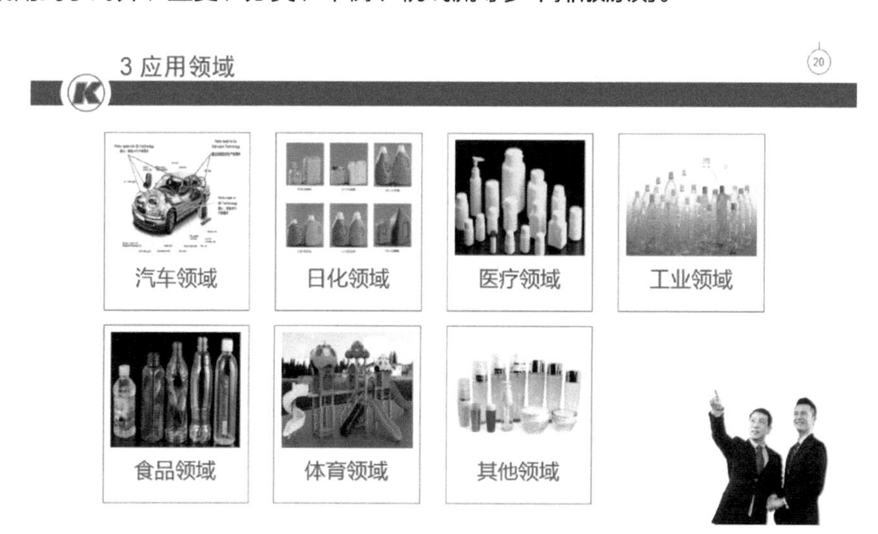

图 6-1　几乎每页 PPT 都会用到多个排版原则

6.1.1 对齐

对齐意味着有序，而人类的眼睛喜欢看到有序的事物，对齐给人以稳定、安全的感觉。

WPS 提供了方便快捷的对齐工具，当选中多个对象[1]时，通常会浮动显示对齐工具，如图 6-2 所示。

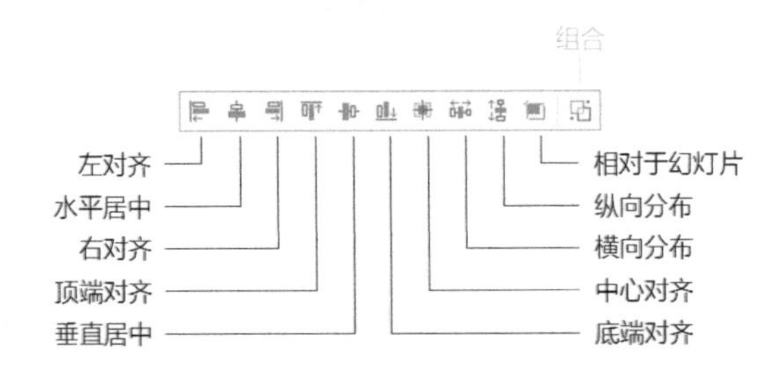

图 6-2 WPS 浮动显示的对齐工具

利用对齐工具或【绘图工具】上下文选项卡中的对齐命令，可以快速精确地实现各种对齐效果，如图 6-3 所示。

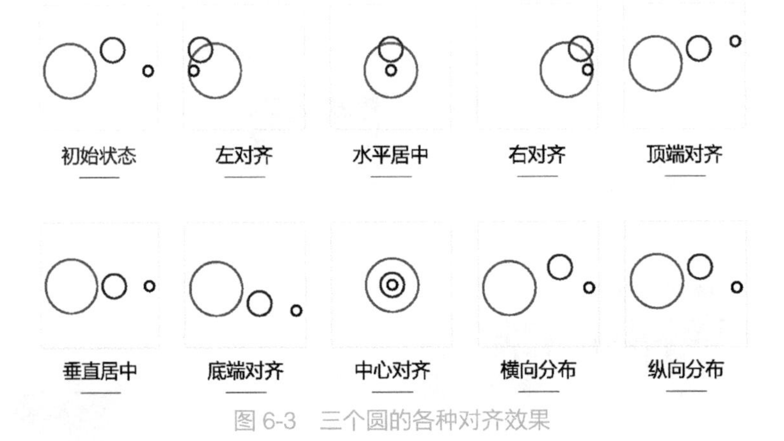

图 6-3 三个圆的各种对齐效果

[1] 选择多个对象常用的三种方法：❶ 按住 Ctrl 键选择，❷ 矩形（拉框）选择，❸ 利用选择窗格进行选择。

6.1.2 对比

如果说在日常生活中，“没有对比，就没有伤害”，那么在 PPT 中则是“没有对比，就没有重点”。

对比的主要目的就是突出重点。你可以通过颜色、大小、形状、字体、图片等多种方式进行对比，强调重点，如图 6-4 所示。

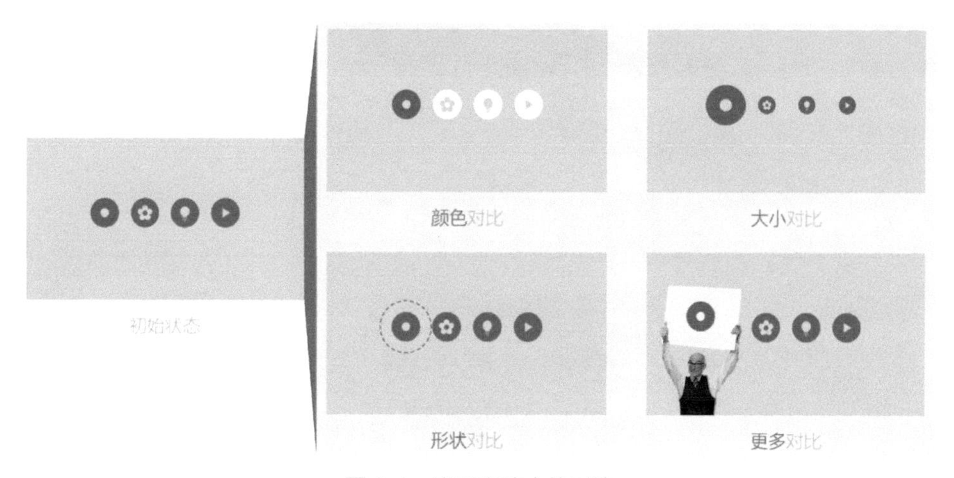

图 6-4　演示文稿中的对比

6.1.3 重复

重复原则是指设计中的某些元素（颜色、字体、形状等）在整个作品中反复出现。

模板的使用就是重复原则的经典运用。合理的重复可以使演示文稿具有整体性，甚至当别人看到这种重复时，就知道这是你的作品。

在某一页或整个演示文稿中，相同层次的内容使用相同的格式，会让观众更容易明白这些内容之间的层次关系，如图 6-5 所示。

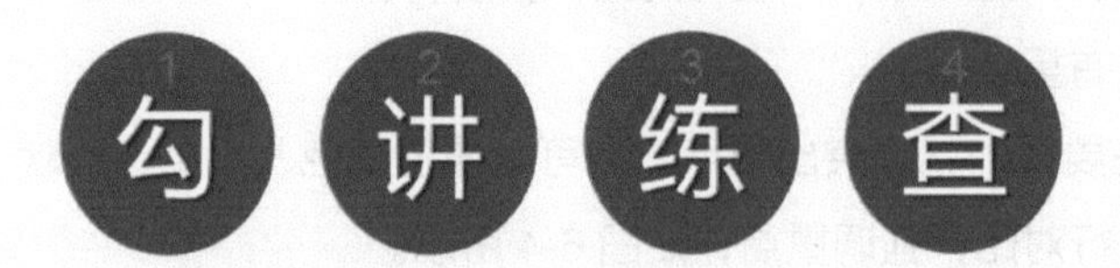

培训不是一个事，是一个流程，是一个套路

一勾二讲三练四查

培训不是一个事，是一个流程，是一个套路。

图 6-5　演示文稿中的重复

6.1.4 分类

物理位置的接近，往往意味着亲近和亲密；否则，就意味着异类或有差别。

分类原则也叫聚拢原则、亲密原则，是指在 PPT 设计过程中，将彼此关联的内容放在一起，并按一定的层次关系进行排列，从而有效减少视觉干扰，以便观众能更好地接收并组织信息。

即使是文字型的页面，如果能熟练应用分类原则，也有助于更好地构建 PPT 的逻辑关系，如图 6-6 所示。

这页 PPT 的标题与副标题聚拢在一起，同类的内容也聚拢在一起，从而构建形成“标题 + 图标（关键字）+ 内容”的逻辑关系，使得整页 PPT 清晰明了，便于解读。

图 6-6　演示文稿中的分类

6.1.5 平衡

在人们的日常生活中，平衡无处不在，无论有意还是无意，平衡感对人们的视觉判断都会产生非常深刻的影响。

在制作PPT的过程中，平衡感往往意味着PPT页面的合理布局。如图6-7所示，虽然原稿的排版可圈可点，但总感觉美中不足，有点重心不稳。这时，只要添加一个合适的视觉元素，就能使整个 PPT 页面看起来稳定协调。

图 6-7　演示文稿中的平衡

6.1.6 留白

为了突出核心信息，吸引观众目光，留白的艺术手法正在越来越多的演示文稿中应用。但留白并非只是留出空白，而是留出空间，留出焦点，留出呼吸，留出品味……

如图 6-8 所示，虽然原稿留出了很多空白，但还是感觉比较空洞、松散。如果注意观察页面中的素材，你可能就会发现，图片的背景颜色相对单一。因此，不妨将页面设计成全图形背景，并借助人物的目光、手势等视觉元素，将文字放置于合适的留白区域，然后适当拆分段落，调整字间距与行间距，最终通过“简约不简单”的留白设计，营造独特的视觉冲击力，并让观众一目了然。

图 6-8　演示文稿中的留白

6.2 版式美化

版式，简而言之就是演示文稿版面的样式。

设计版式时，可以运用占位符预制页面内容，规划设计版面。版式的背景、颜色、图形效果、字体、字号等都会影响幻灯片的效果。

用户可以在 WPS 内置版式的基础上进行“微创新”，借助主题颜色、主题字体、形状和图片等功能对版式进行高效美化。

以转场页版式的美化为例，如图 6-9 所示。

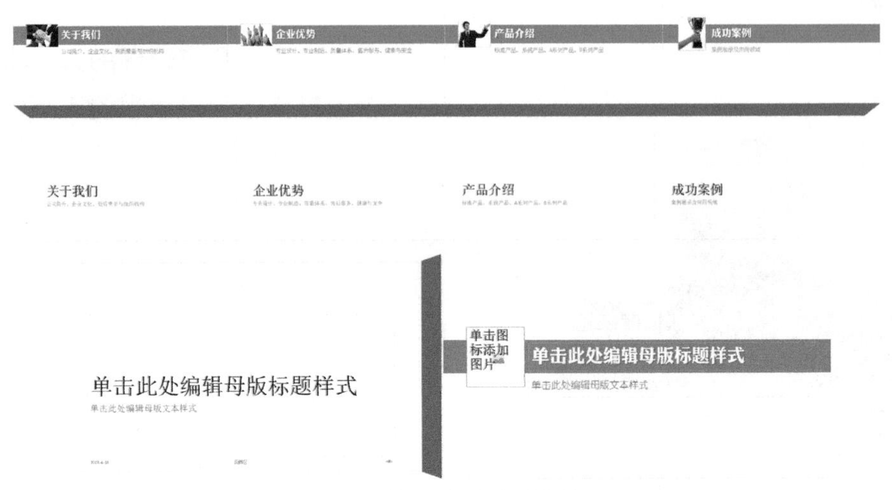

图 6-9　转场页版式的美化效果

具体做法示意如下，大致分成 6 步。

第 1 步，切换至幻灯片母版视图，设置主题颜色和字体，删除当前版式中的多余占位符，如图 6-10 所示。

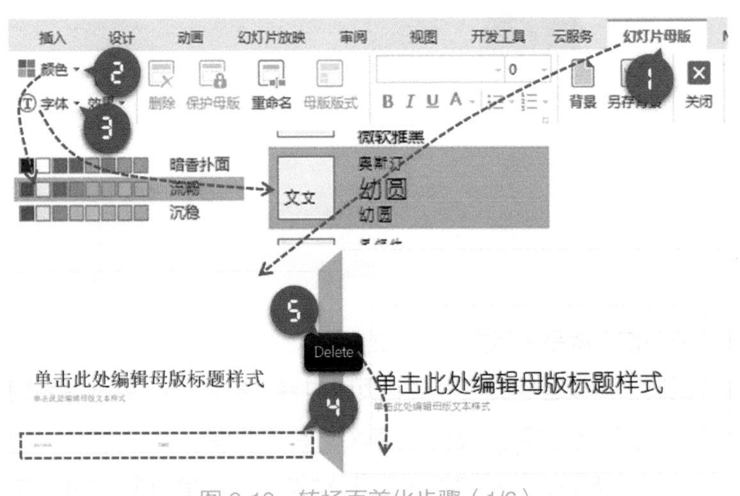

图 6-10　转场页美化步骤（1/6）

第 2 步，插入一个矩形，调整大小和位置，删除轮廓线，并置于底层作为标题文字的背景色块，如图 6-11 所示。

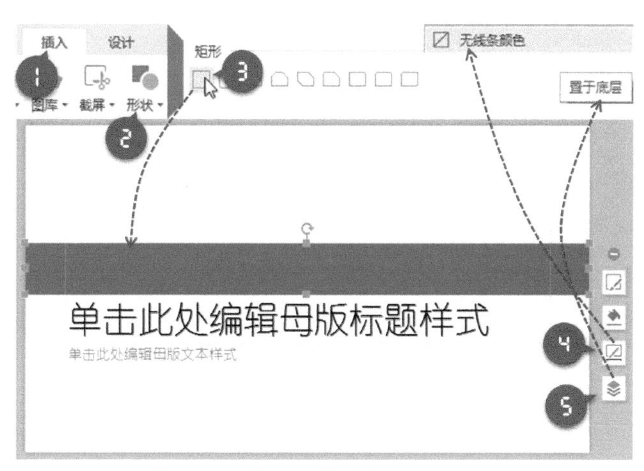

图 6-11　转场页美化步骤（2/6）

第 3 步，选中一个有图片占位符的版式，将其中的图片占位符复制到当前版式中，如图 6-12 所示。

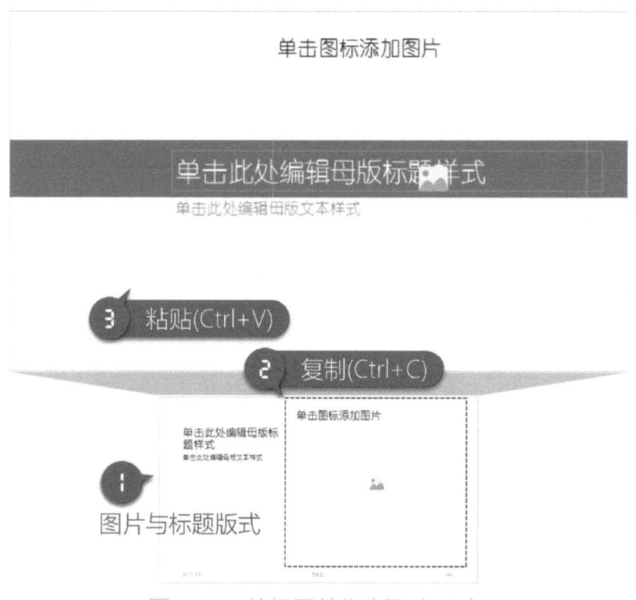

图 6-12　转场页美化步骤（3/6）

第 4 步，调整图片占位符的大小和位置，添加轮廓线，并将颜色改为与标题背景相同的颜色，如图 6-13 所示。

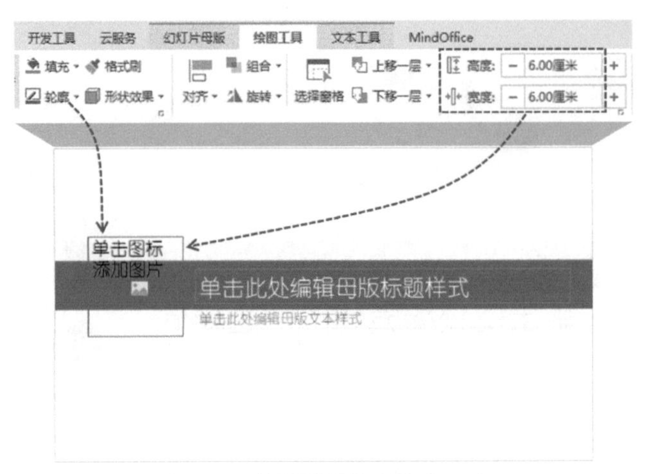

图 6-13　转场页美化步骤（4/6）

第 5 步，切换到普通视图（退出母版视图）。如果版式套用效果有延误，只要重新应用该版式即可，如图 6-14 所示。

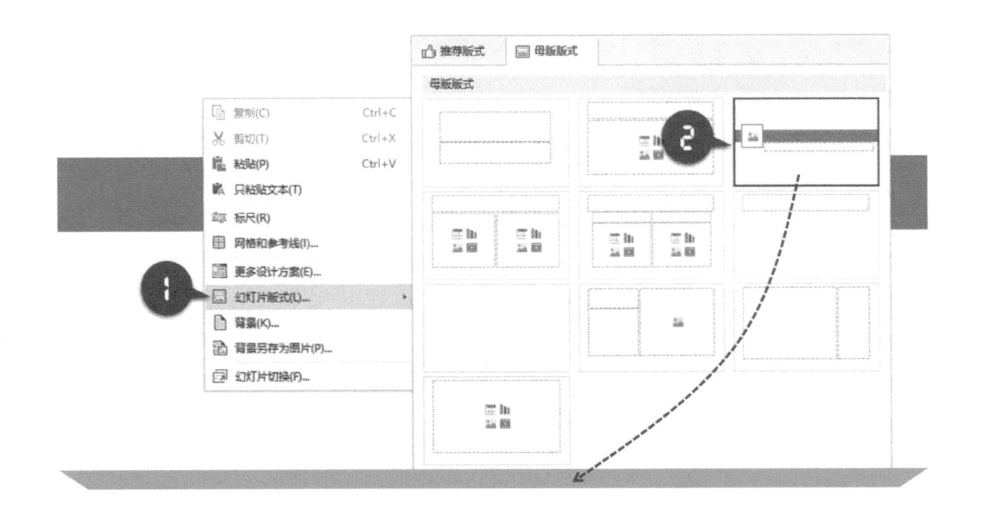

图 6-14　转场页美化步骤（5/6）

第 6 步，单击图片占位符添加图片。最终完成版式美化后的高效应用如图 6-15 所示。

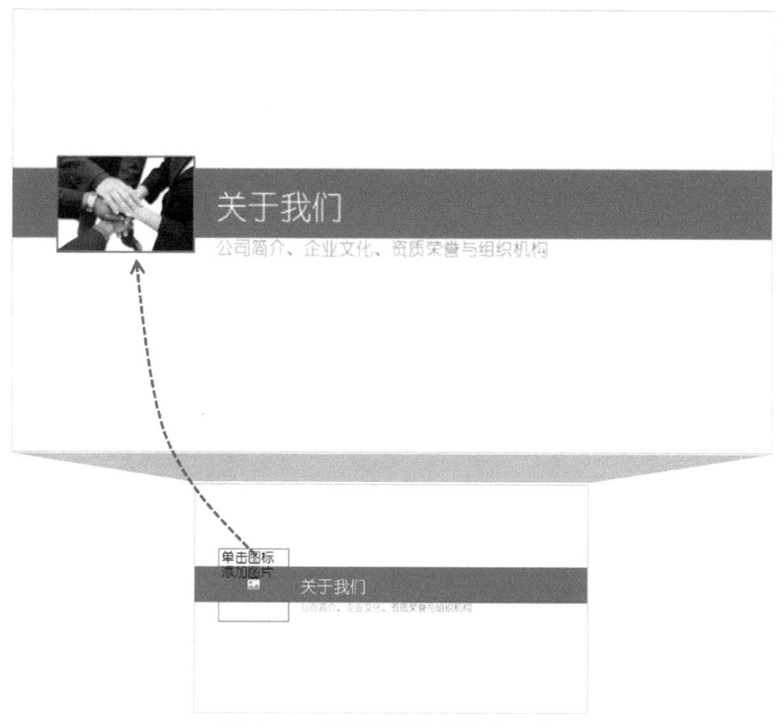

图 6-15　转场页美化步骤（6/6）

依此类推，举一反三，发挥你的创意，完成更多版式的美化。

小结：版式的美化，主要是对标题、图片、幻灯片编号等占位符的巧妙设置和处理，同时要充分考虑整个页面的和谐与平衡，必要时添加一些图形、线条等辅助设计元素，来进行合理的配套和修饰。

虽然版式设计美化过程略显复杂，但相对于版式应用的简单高效，实在算得上“小付出，大回报”！

6.3 版面美化

演示文稿的美化，除了版式，更多的是整个版面的图文搭配和美化。

从某种意义上说，图文排版是 PPT 设计制作中最难也是最重要的环节。其难点不在于技巧，而在于思路，如图 6-16 所示。

图 6-16　一样的素材，多样的排版

以全图型页面为例，一般而言，全图型页面的文字不宜过多，所以文字的排版并不复杂。但如果想让全图型页面看起来更专业更美观，就需要提升你的配图和构图能力，正所谓“一图胜千言”。为了烘托或突显文字信息，一般选择背景颜色比较单一的高清图片，将图片插入 WPS 后，往往还需要进行适当的加工处理，如图 6-17 所示，先将图片置于页面左侧。

为了弥补图片无法铺满整个页面的缺陷，可以绘制一个渐变色块，通过遮罩处理，构建全图背景。

具体方法如图 6-18 所示，在空白区域插入一个矩形，并设置为“渐变填充”（线性，到右侧），删除多余的停止点（也叫光圈），保留三个即可，在第一个停止点（位置约 50%）利用取色器取得图片的背景色，并将该颜色应用于第二个停止点（位置约 65%）和第三个停止点（位置约 80%）；最后从左到右将三个停止点的透明度分别设置为 100%、30% 与 0%[1]。

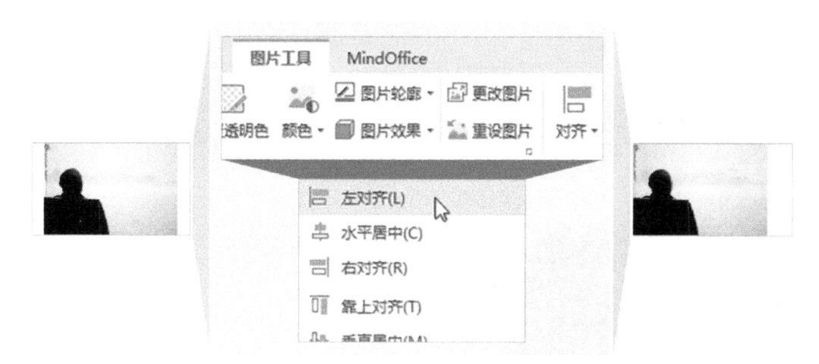

图 6-17　将图片置于页面左侧

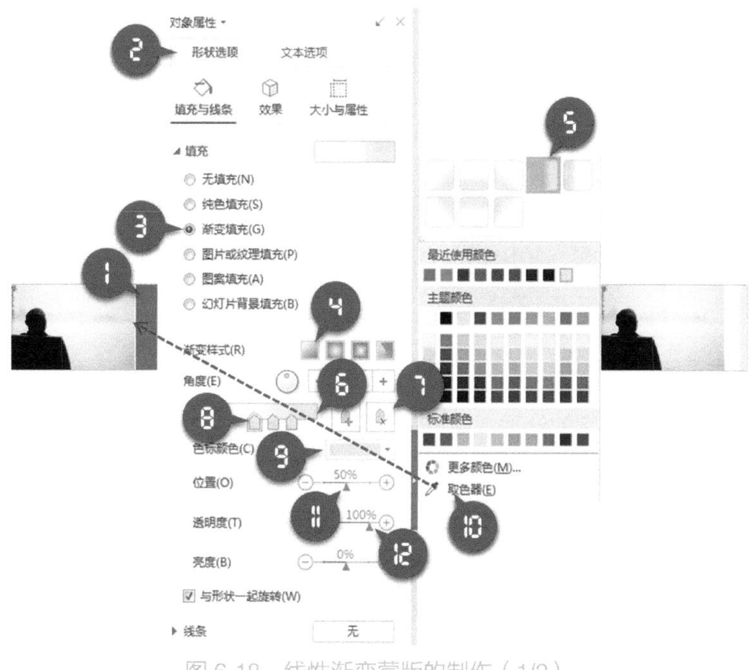

图 6-18　线性渐变蒙版的制作（1/2）

[1] 由于操作步骤太多，图 6-18 只显示了第一个停止点的位置（50%）和透明度（100%）；剩余两个停止点的参数，缺省。

拉伸调整该渐变色块的大小和位置，直到铺满整个页面，完成全图型背景的制作，如图 6-19 所示。

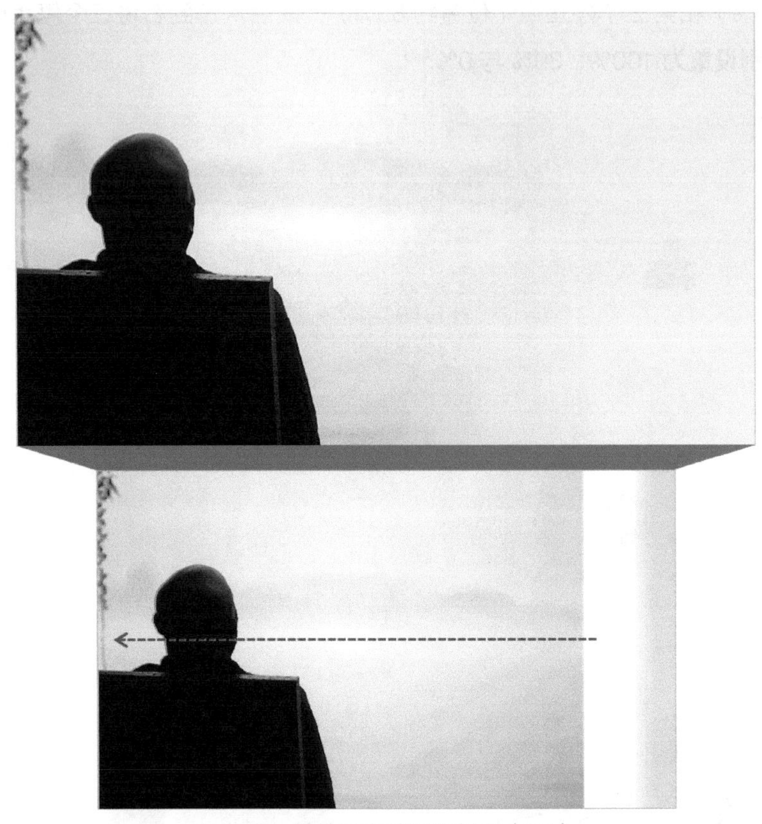

图 6-19　线性渐变蒙版的制作（2/2）

接下来就是对文字的处理。建议先对文字进行合理分段，再利用【文本工具】上下文选项卡，调整行间距、字体、字号、字间距等文本属性和参数，如图 6-20 所示，设置文本右对齐、1.3 倍行间距、“华康俪金黑”字体、白色、32 号字等。

最后处理细节，例如在文字下方添加一条短横线，让页面更稳定。总之，全图型的版面美化，注重的是背景图片与文字的和谐统一。

再以文字型页面为例，对于文字较多的幻灯片，必须充分考虑观众的阅读体验，进行合理的视觉化设计，如图 6-6 所示。具体方法如下。

第 1 步，对标题和段落进行拆分，对内容进行提炼，如图 6-21 所示。

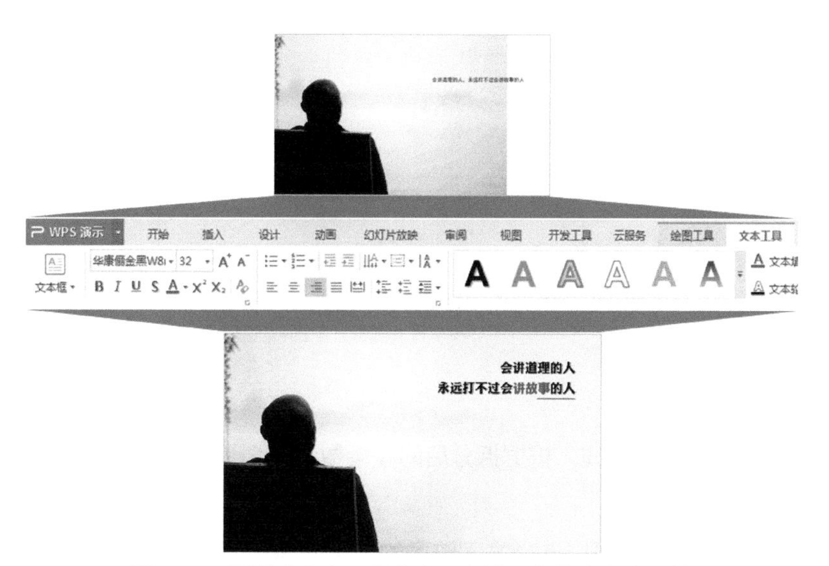

图 6-20　利用【文本工具】上下文选项卡修改文本属性

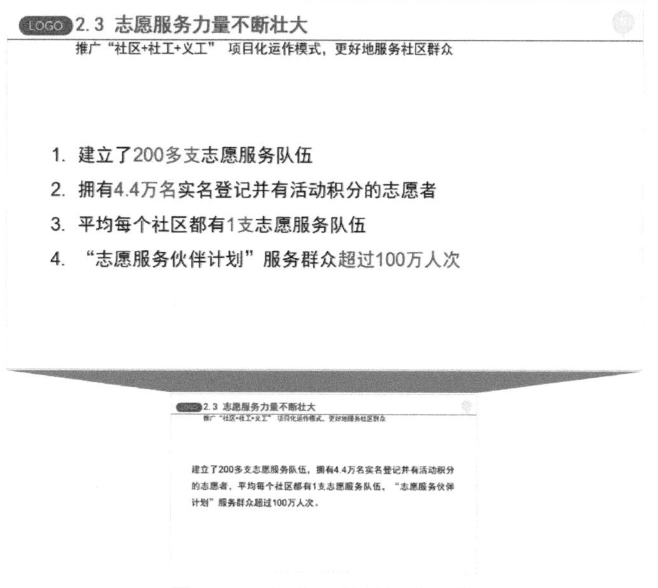

图 6-21　拆分段落并提炼内容

为了提高排版效率，建议在屏幕上显示绘图网格线和参考线，如图 6-22 所示。

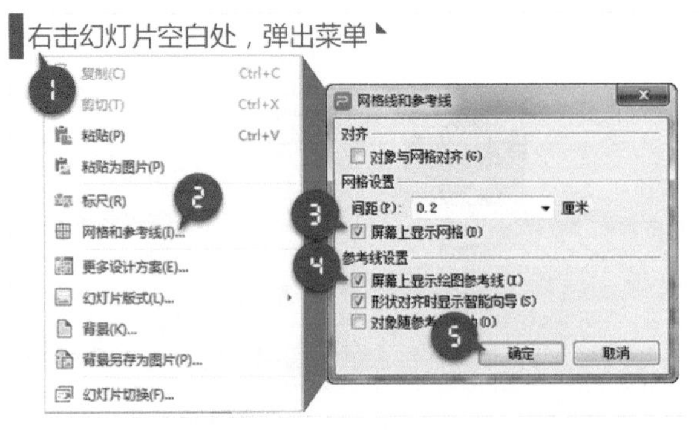

图 6-22　显示网格线和参考线

借助网格线和参考线，根据拆分后的段落数量规划设计草图，并测算所需的页面元素和排版对象。

如图 6-23 所示，可以选择文字较多的一个段落作为排版测试对象，拆分成上下两个文本框，对文本框的大小、位置、填充与轮廓、对齐方式、边距、行距、字体等属性进行合理调整，并在两个文本框中间预留一个正圆形，以便在其中添加该段落的图标或关键词。测试结果满意后，将多余的元素暂时移出页面，再复制生成另外几组排版对象。

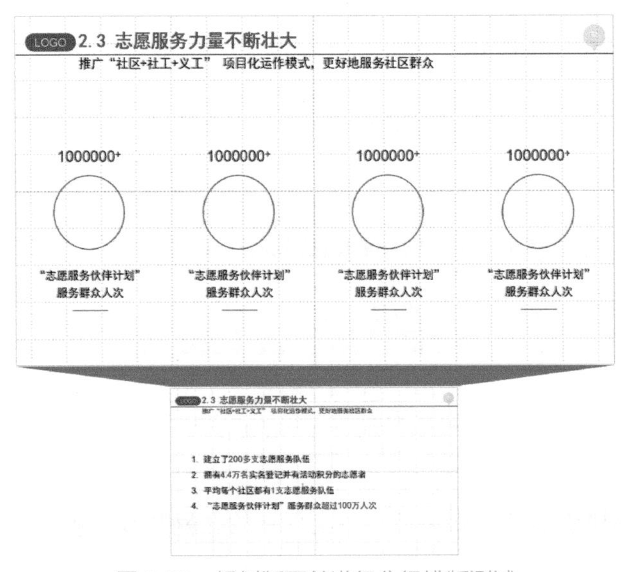

图 6-23　规划版面并进行分组排版测试

如果对某些对象（组）的大小和位置不满意，可以先临时进行组合操作，再进行对齐操作，最后取消对象组合即可，从而实现快速批量排版。

利用复制和选择性粘贴（粘贴成文本）等功能，对各组排版对象的内容进行编辑或替换，如图 6-24 所示。

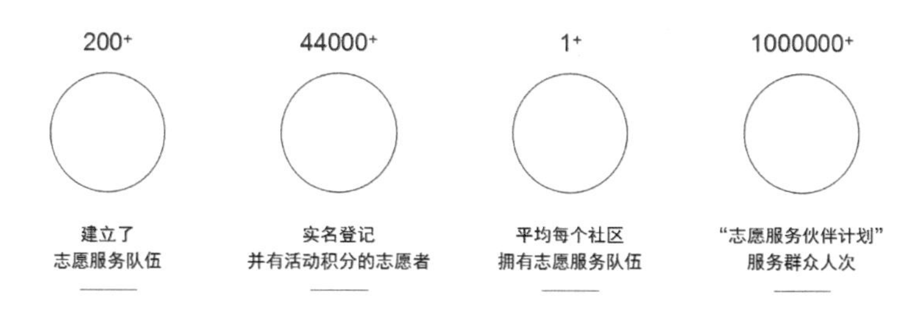

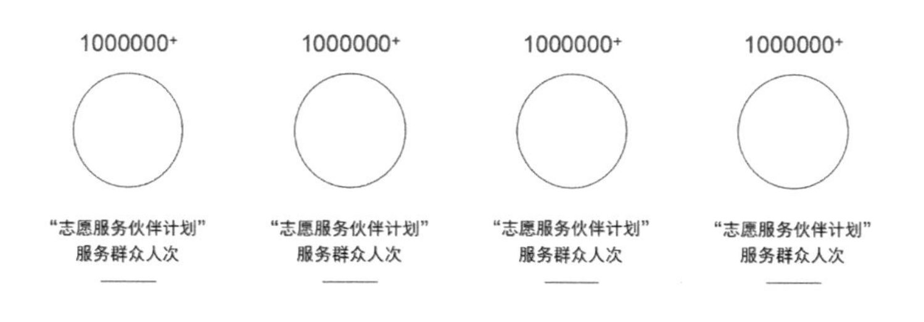

图 6-24　对各组排版对象的内容进行编辑

利用 WPS 的在线形状功能，插入与段落关键词相符的形状，如果形状不能直接用作图标，可以粘贴为图片，再将图片裁剪为合适的图标，如图 6-25 所示。

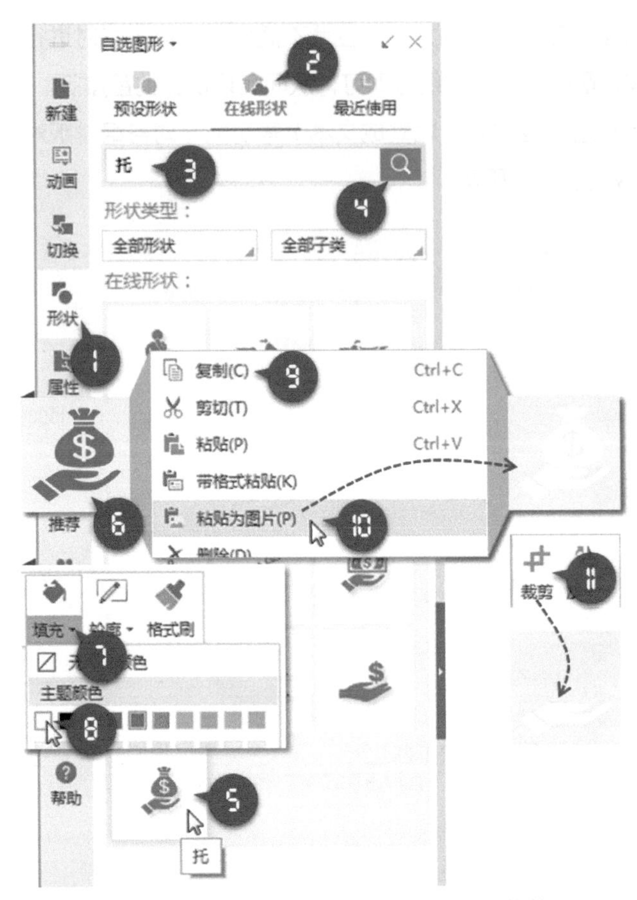

图 6-25 将在线图形粘贴为图片并进行裁剪

也可综合利用 WPS 的内置形状与在线形状功能，通过搭配组合生成图标，如图 6-26 所示。

图 6-26 在线形状与内置形状的搭配组合

最后，将图标（或关键词）调整到合适大小，置于预留的合适位置，并处理更多细节，最终完成文字型页面的美化，如图 6-27 所示。

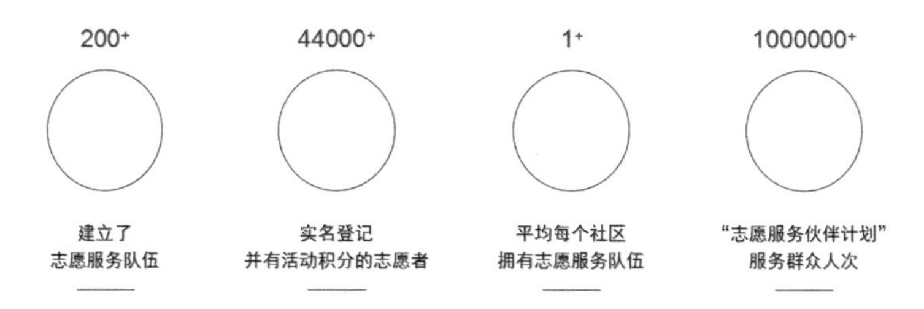

图 6-27　调整图标的大小、位置和更多细节

当然，PPT 的美化并无统一的评判标准，演示文稿的呈现方式也是多样化的，但万变不离其宗，PPT 美化的核心是为了更清晰有效地传达内容，表达观点，进而触动人心，促成购买或决策行动。

第 7 章　亮化

如果说，对演示文稿的美化主要是为了更有效地传达信息，那么，对演示文稿的亮化，则往往是为了营造特殊的氛围或意外的惊喜，通过动画、故事等设计手法，让观众眼前一亮，并留下深刻印象。

本章主要介绍 WPS 演示文稿中的动画设计和故事设计。

7.1 动画设计

知行合一，动静相宜。合理的动画可以有效地吸引观众的注意力，能帮助演示者更直观地描述某种现象，或模拟物理世界的某些动态效果，同时，合理的动画设计还可以帮助演示者有效把控演示的节奏和进度。

WPS 的动画效果分成两个大类：动画（内页动画）和切换（换页动画），如图 7-1 所示。

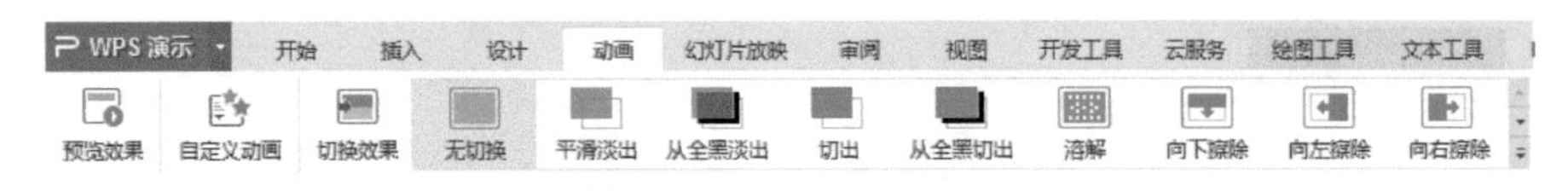

图 7-1　WPS 演示【动画】选项卡

7.1.1 切换

切换也叫换页动画或转场动画，是指页面与页面之间过渡时的动态效果。

WPS 演示内置了 5 大类、数十种切换效果，如图 7-2 所示。

下面以倒计时动画为例，为大家介绍切换效果的设置方法，如图 7-3 所示。

图 7-2　WPS 演示的切换效果

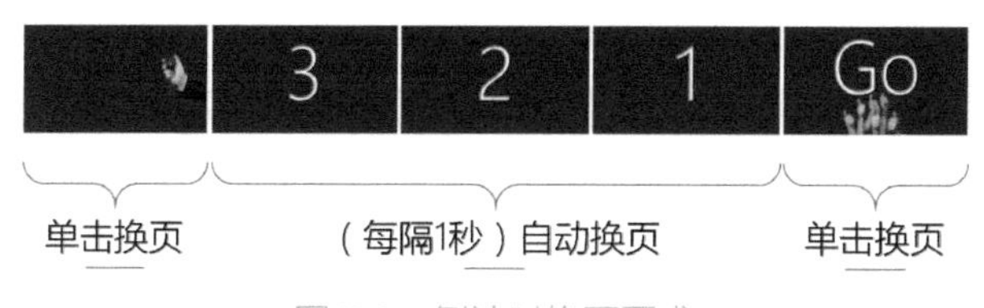

图 7-3　倒计时换页要求

你可以通过功能区的【动画】选项卡，或通过任务面板来设置切换效果，如图 7-4 所示。

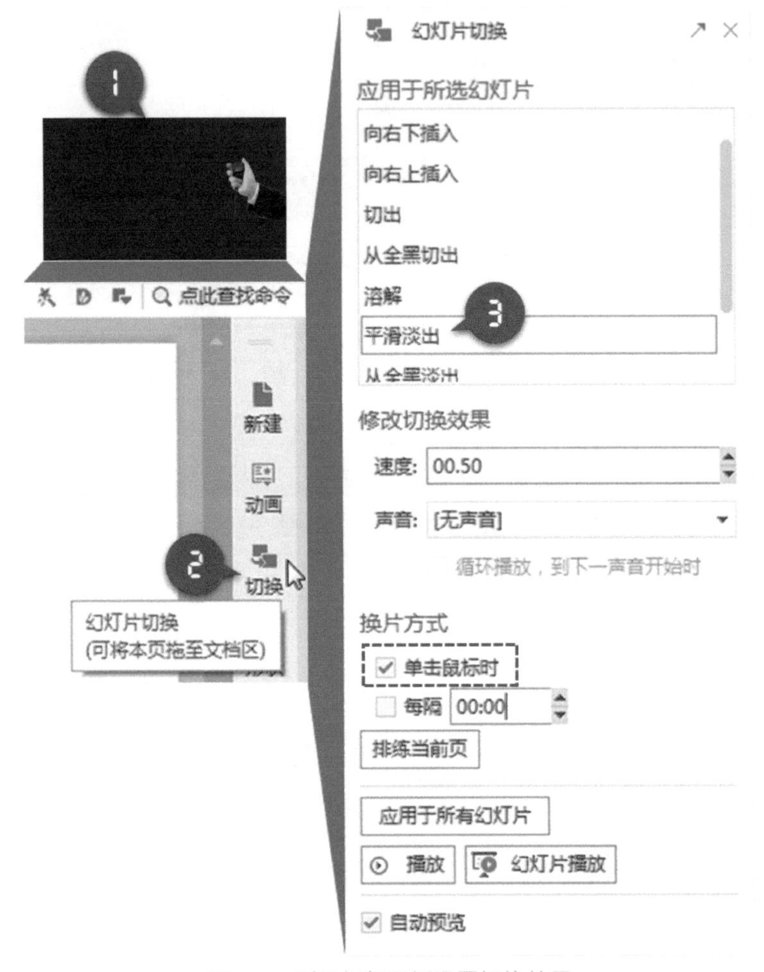

图 7-4　利用任务面板设置切换效果

如果使用默认的无切换效果，换页时会显得非常突兀和生硬。为了改善这种视觉感受，建议设置合适的切换效果（如“平滑淡出”），而默认的切换速度和换片方式通常比较合理，除非确有必要，一般不必修改。

为了实现精准的倒数秒动画效果，需要将换页总时间固定为 1 秒，而为了营造倒计时的紧张气氛，建议缩短切换效果的动画速度，比如设置为 0.1 秒，再由换页总时间（1 秒）倒推算出每隔 0.9 秒换片，如图 7-5 所示。

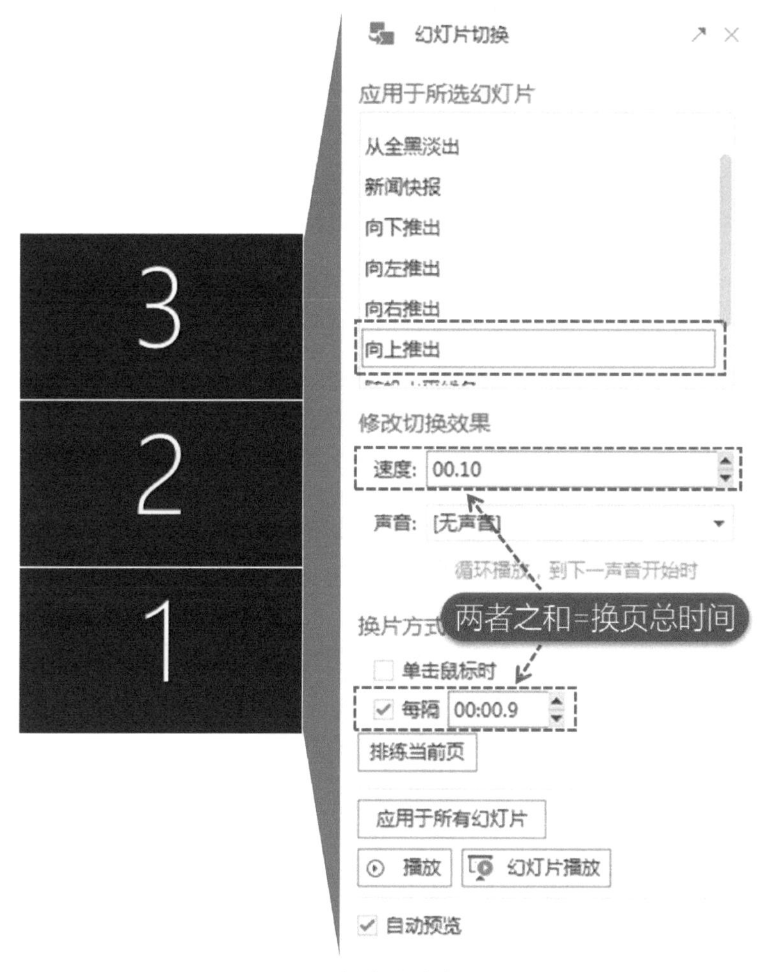

图 7-5　设置切换的速度和间隔时间

值得一提的是，取消勾选“单击鼠标时”，能有效解决因误操作（单击鼠标）而导致过早换页的问题。

大家可以依此类推，举一反三，添加更多幻灯片，实现倒数 10 秒甚至更久的动画效果。

由于在倒计时结束时，尾页需要画面停留，所以应该设置为“单击鼠标时”换片，如图 7-6 所示。

图 7-6　倒计时动画的末页切换效果设置

如果希望将某页幻灯片的切换效果复制到所有幻灯片，只要单击【应用于所有幻灯片】命令按钮即可。

此外，还可以对切换的声音等效果进行合理设置，限于篇幅，不再赘述。

7.1.2 动画

相对于切换（换页动画）而言，动画（内页动画）是指单个页面中某些元素的动态效果。

WPS 演示中的动画效果包括进入、强调、退出和动作路径 4 大类，如图 7-7 所示。

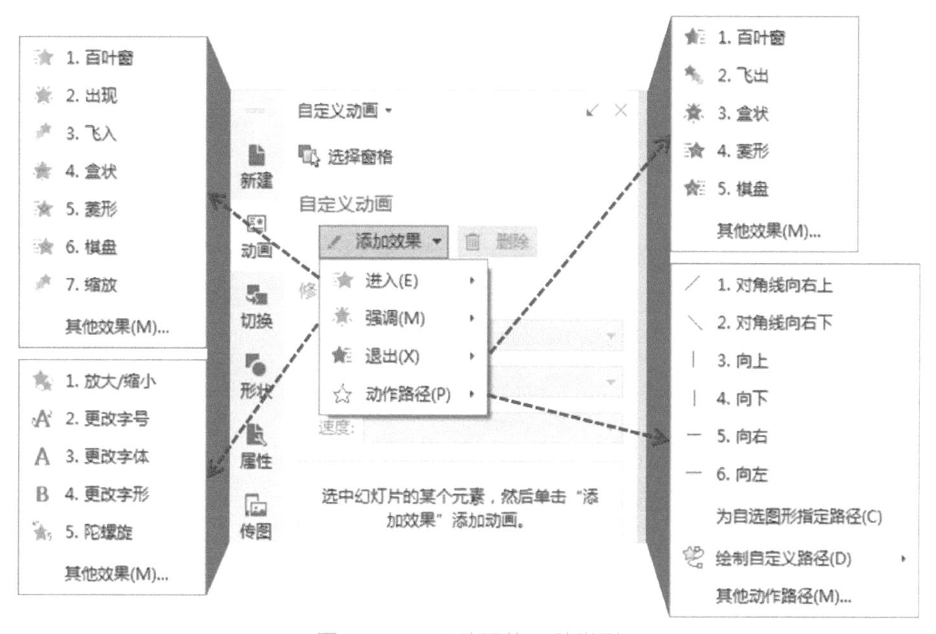

图 7-7　WPS 动画的 4 种类型

附赠一句让你秒懂的顺口溜："绿进黄闪红退出，再加路径到处飞。"

如果你想查看动画效果的明细分类与名称，只要单击【其他效果】或【其他动作路径】命令即可。这些看似纷繁复杂的动画效果，其实可以大致归纳为缩放、旋转、透明、变色与移位等 5 大变化。

你可以同时对多个对象添加动画效果，如图 7-8 所示。

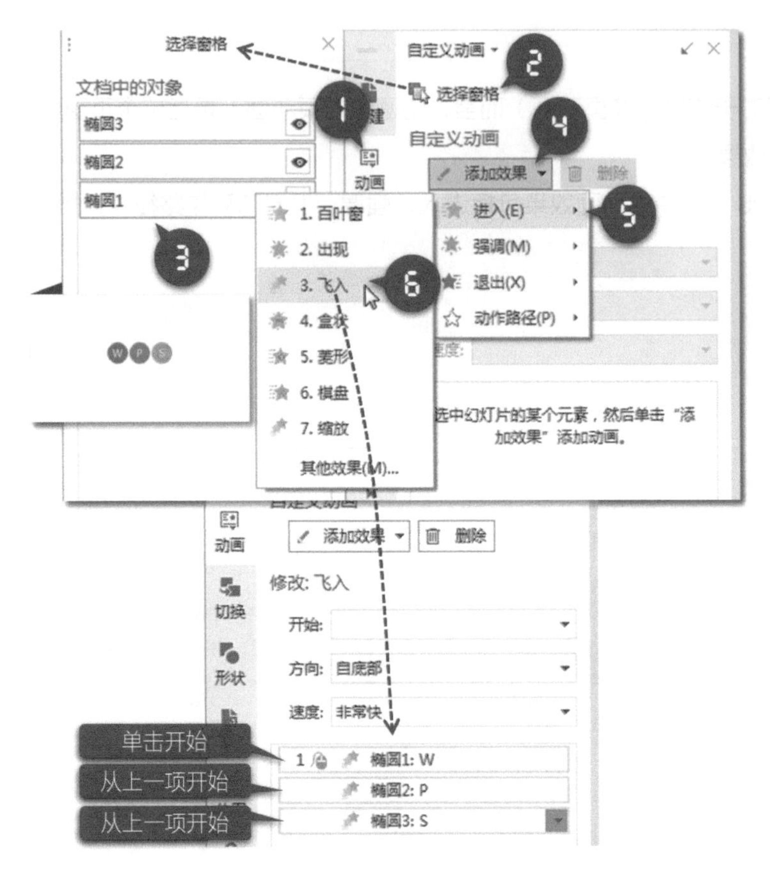

图 7-8　选中多个对象并批量添加动画效果

添加的动画效果会在【自定义动画】任务窗格中显示，并且按你选择动画对象的顺序排列。同时，请注意观察左侧的数字和图标，因为它们代表动画的开始方式，如表 7-1 所示。

表 7-1　动画效果前面的数字或图标对应的动画开始方式

数字或图标	动画的开始方式
0	自动
自然数（n）+ 鼠标	第 n 次单击鼠标时
	与上一项同时
时钟	从上一项之后

你可以右击这些动画效果，根据实际需要选择动画的开始方式，如图 7-9 所示。

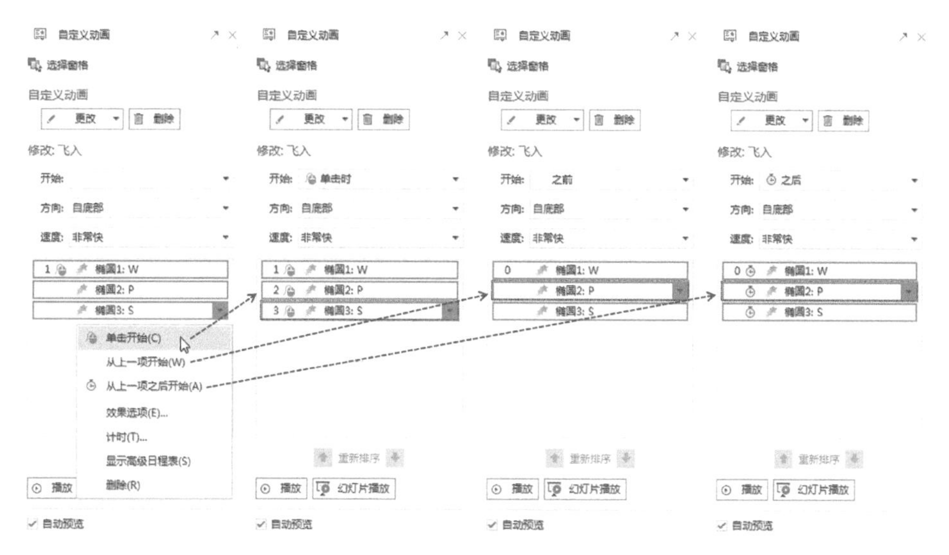

图 7-9　动画的三种开始方式

假如现在需要设计一个非常简单的开场动画，如图 7-10 所示（单位：秒），页面中的三个动画对象以不同的延迟时间和持续时间进入，那么应该如何对动画进行设置呢?

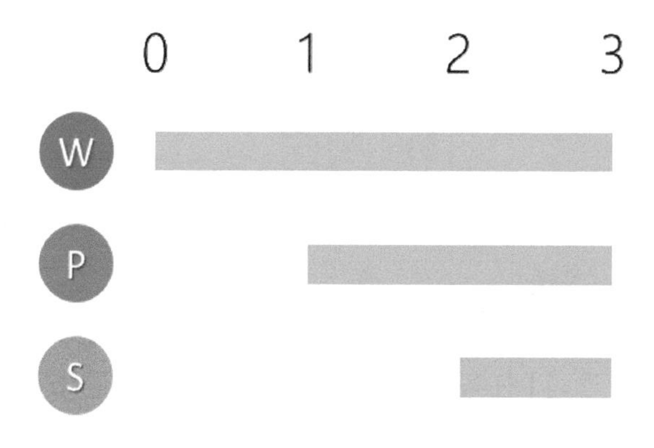

图 7-10　不同时开始但同时结束的三个动画

建议你先统一设置飞入的方向，再逐个设置动画的延迟时间与速度，具体方法如图 7-11 所示。

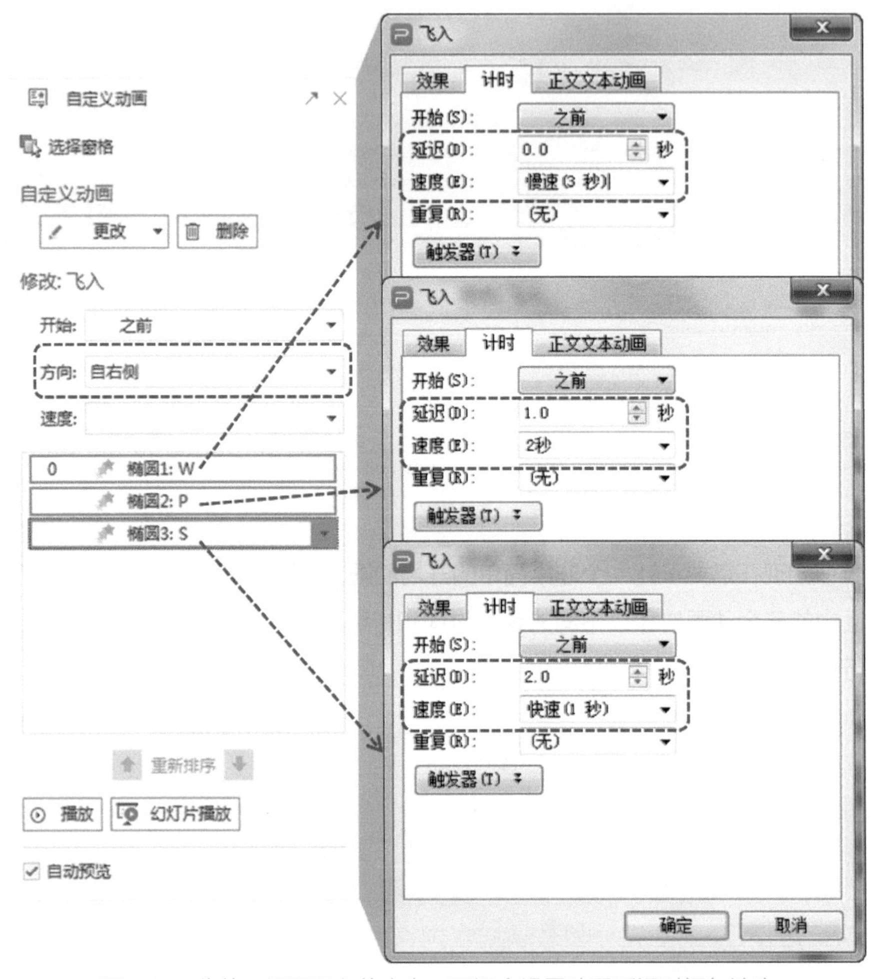

图 7-11　先统一设置飞入的方向，再逐个设置动画延迟时间与速度

默认情况下，每次完成动画效果的修改后，WPS 演示都会自动预览动画；你也可以单击【自定义动画】任务窗格左下方的【播放】按钮进行预览测试。

假如你觉得默认的飞入效果太突兀，不妨尝试勾选“平稳开始”和“平稳结束”，如图 7-12 所示。

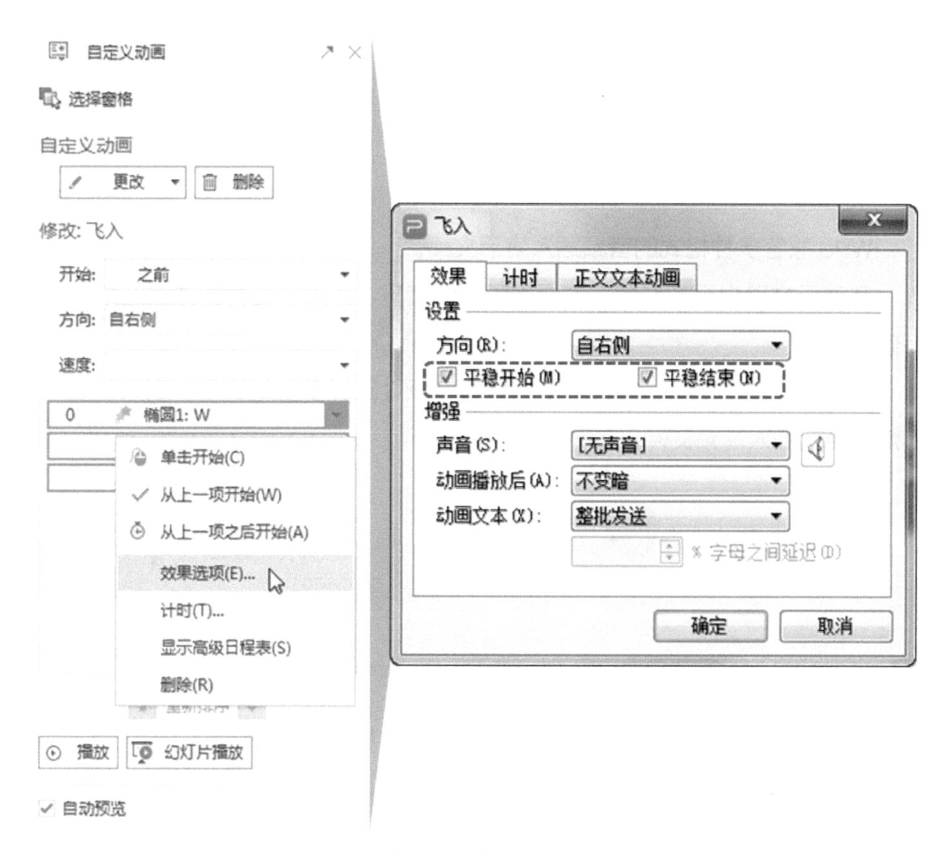

图 7-12　动画的平稳开始和平稳结束

预览一下修改后的动画效果，是否感觉舒服多了？至此，一个简单的开场动画设置完成。

除此之外，你还可以对动画进行删除、排序等操作。

总之，动画要为观看逻辑而设计，而不是一味追求炫酷。限于篇幅，不再详细介绍更多的动画效果。

7.1.3 多媒体

多媒体是 WPS 演示中一种比较特殊的元素，主要包括音频、视频和 Flash 动画等，如图 7-13 所示。

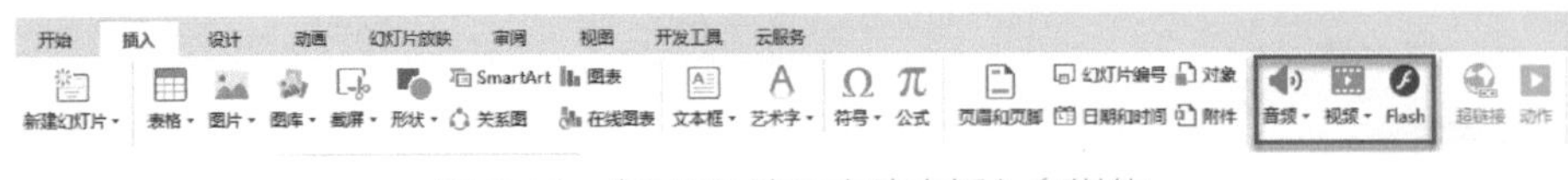

图 7-13 在 WPS 演示文稿中插入多媒体

7.1.3.1 音频

WPS 兼容多种格式的音频插入演示文稿。

在演示文稿中添加音频，主要用于背景音乐、播放录音片断或制造某种特殊音效。

以背景音乐为例，一般情况下，背景音乐会跨越多张幻灯片，例如在第一张幻灯片中就插入音频文件，如图 7-14 所示。

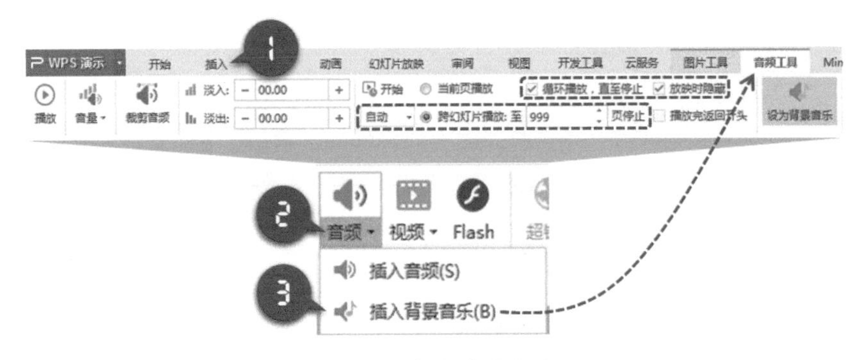

图 7-14 插入背景音乐

请注意察看【音频工具】上下文选项卡，因为插入的是背景音乐，所以其中的【设为背景音乐】命令按钮已自动开启，也就是说，“跨幻灯片播放”“循环播放，直至停止”“放映时隐藏”等背景音乐的选项已自动完成设置。

如果你只希望在演示文稿中播放一段音乐或声音，那么只要依次单击【插入】-【音频】-【插入音频】命令，并按实际需要进行相应的设置即可。

此外，你还可以通过【音频工具】上下文选项卡，对插入的音频进行裁剪、设置淡入淡出、调节音量等操作。

7.1.3.2 视频

在 WPS 演示文稿中添加视频的目的，通常是为了更直观、生动地描述某些场景，有效弥补文字、图片、图表等表达方式的某些不足，从而让演示更具说服力。

WPS 支持多种格式的视频插入演示文稿，你可以插入自己电脑里的视频，也可以插入网络视频，操作方法与插入音频类似，如图 7-15 所示。

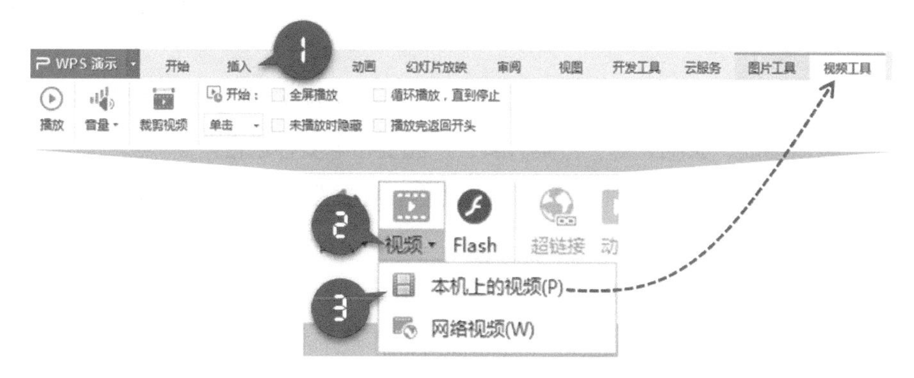

图 7-15　在演示文稿中插入本机上的视频

通过对【视频工具】上下文选项卡的设置，你可以选用全屏播放、循环播放、音量调节、视频裁剪等更多视频功能。

7.1.3.3　Flash 动画

Flash 动画是一种交互式的动画，能呈现高品质的动态效果，如图 7-16 所示。

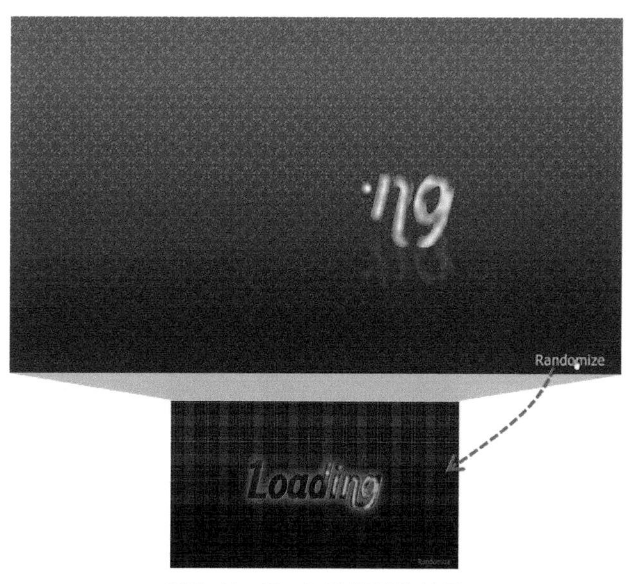

图 7-16　Flash 动画播放效果

在 WPS 演示文稿中插入 Flash 文件（*.swf）的方法与插入音频、视频类似，不再赘述。

7.1.4 交互设计

交互设计可以让你的演示文稿更具趣味性，更能调动观众的兴趣和积极性。适用于教育培训、头脑风暴、方案讲解、产品发布等多种场合。

在 WPS 演示中，主要利用超链接、动作、触发器等功能进行交互设计。

7.1.4.1 超链接与动作

超链接与动作的交互效果如图 7-17 所示。

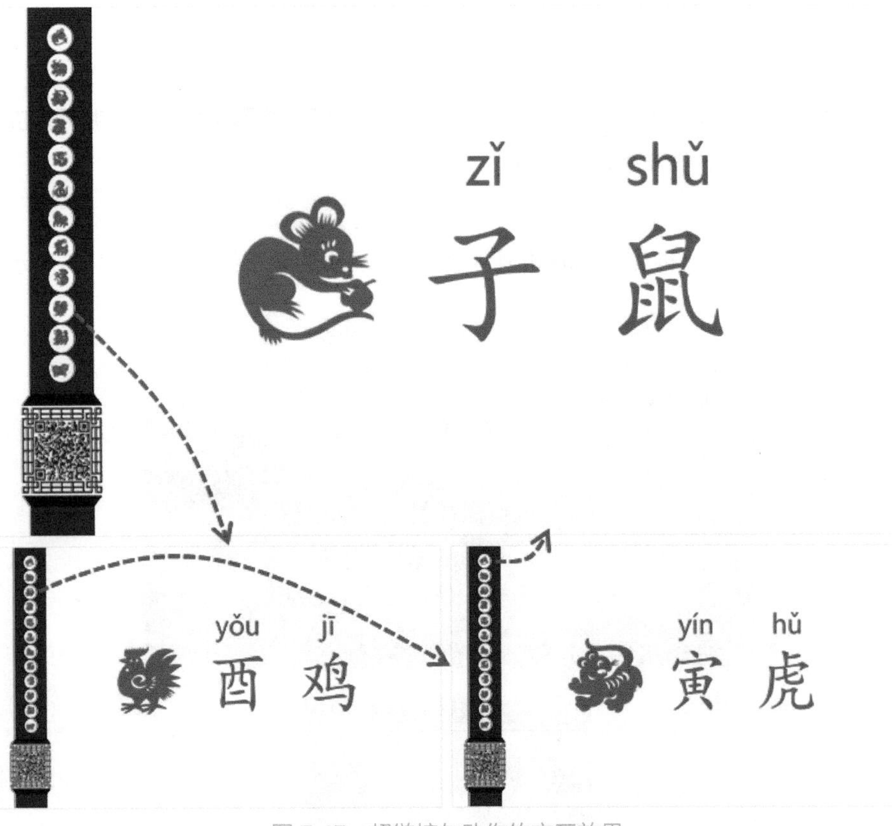

图 7-17　超链接与动作的交互效果

放映幻灯片时，单击左侧列表中的任意一个生肖图像，就会跳转到对应的幻灯片，并且可以反复操作，双向跳转。

具体做法如下：

先在普通视图中完成素材幻灯片的制作，并在母版视图中完成链接专用版式的制作（其中的每个生肖图标与素材幻灯片一一对应），如图 7-18 所示。

◢ 素材幻灯片（幻灯片浏览视图）

◢ 链接专用版式（母版视图）

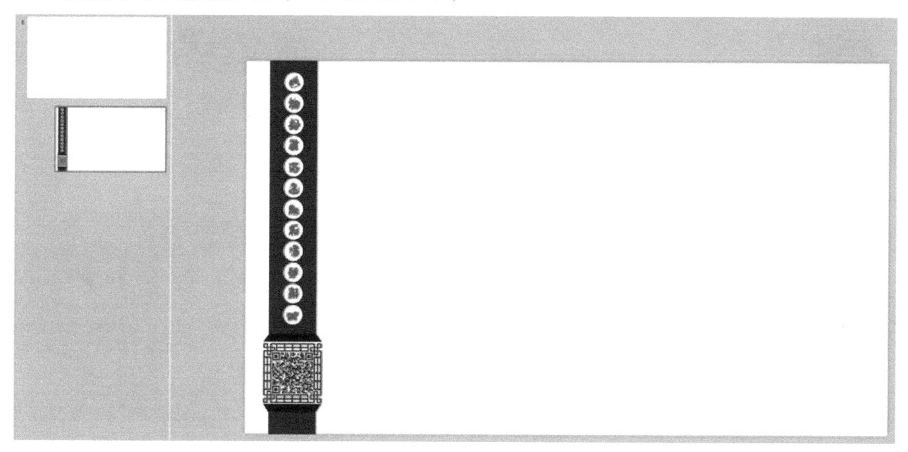

图 7-18　制作素材幻灯片和与之对应的链接专用版式

再到链接专用版式中设置动作与超链接，使之与素材幻灯片一一对应，如图 7-19 所示。

最后依此类推，完成所有动作与超链接的设置，放映测试，链接跳转无误即可。

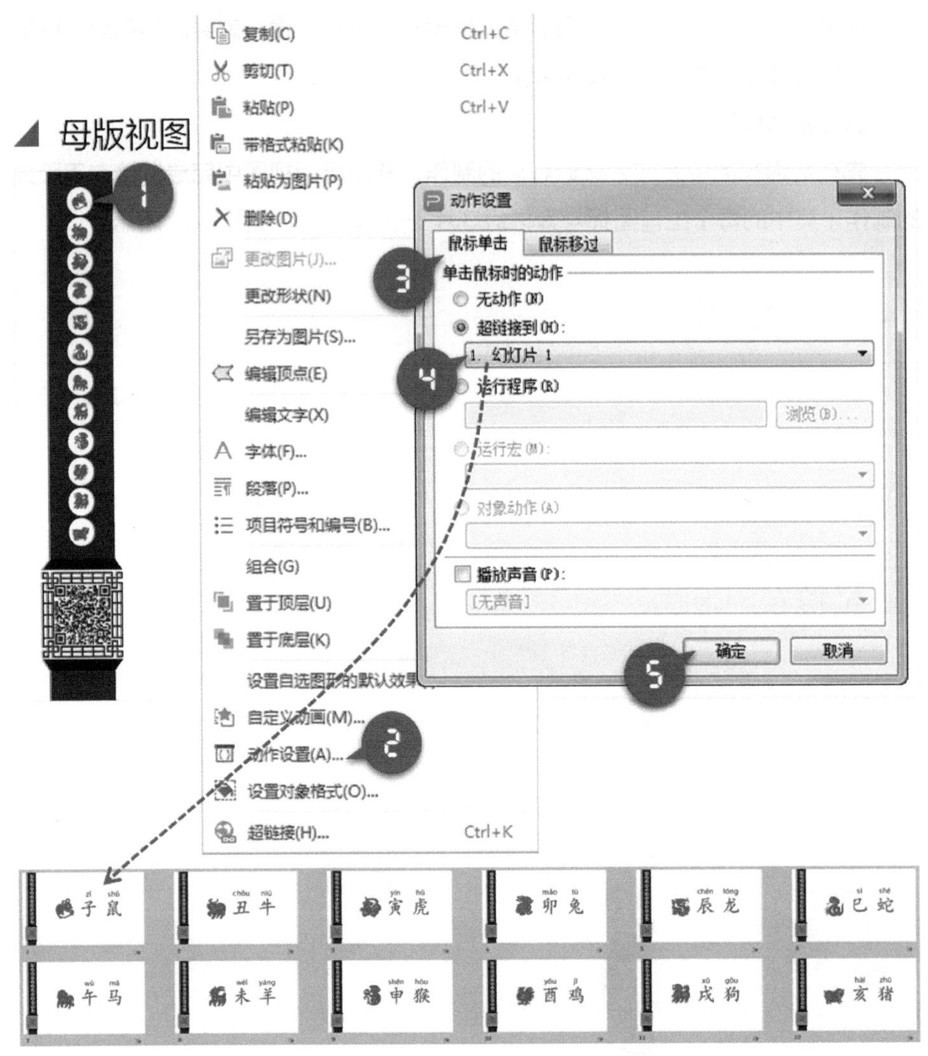

图 7-19 动作与超链接设置

7.1.4.2 触发器

触发器动画的交互效果如图 7-20 所示。

幻灯片放映时，只要将光标移至某个汉字，当光标变成手形时单击，就会出现该汉字的拼音；重复上述操作，则拼音消失。由此，可以通过反复单击汉字，来触发拼音的出现或消失。

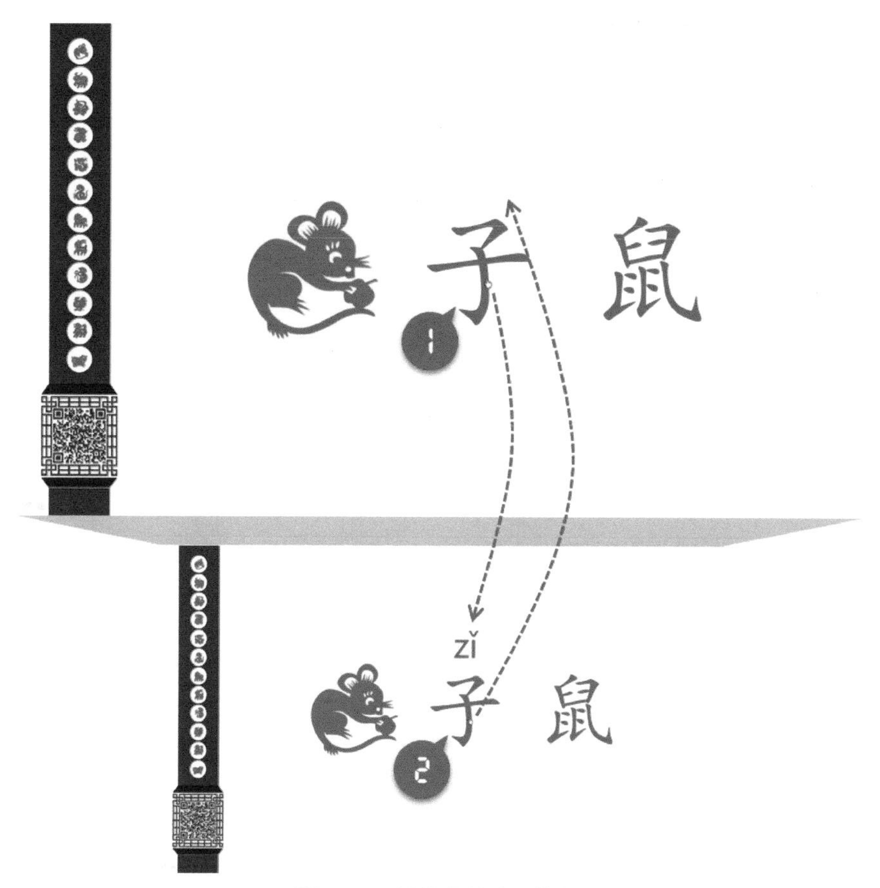

图 7-20　触发器的交互效果

那么问题来了，应该如何实现这种交互效果呢?

分析：

- 拼音为动画对象，汉字为触发对象。
- 一个拼音的两个动画效果（进入—出现、退出—消失），是由同一个汉字触发的。

制作：

为了精准设置触发器，建议先重命名触发对象与动画对象，如图 7-21 所示。

选中一个动画对象（如拼音“zǐ”），依次添加“进入—出现”与“退出—消失”两个动画效果，如图 7-22 所示。

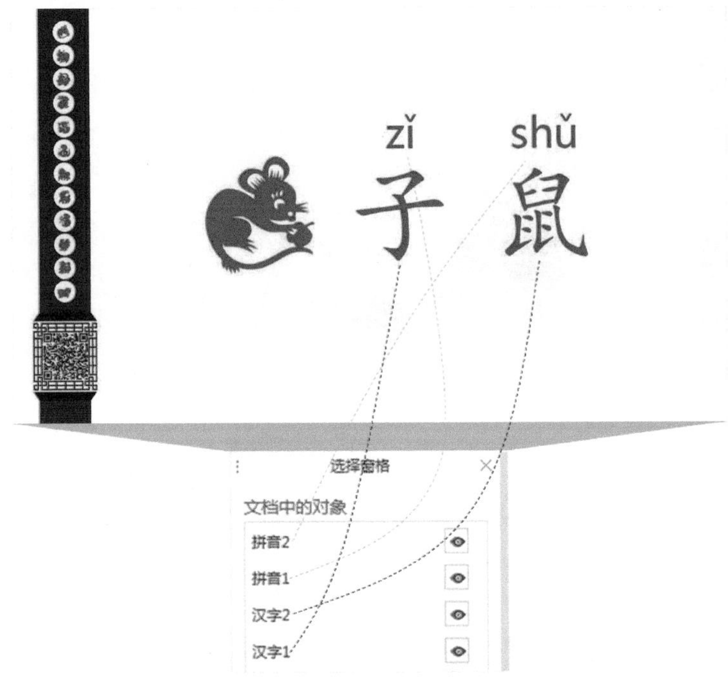

图 7-21　触发对象与动画对象的重命名

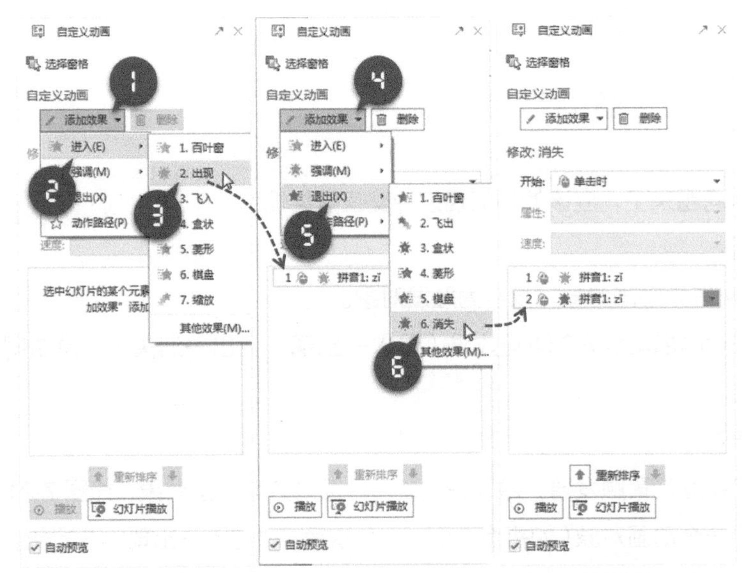

图 7-22　选中动画对象并添加“进入—出现”与“退出—消失”两个动画效果

因为这两个动画的触发对象是同一个，所以可以按住 Ctrl 键，同时选中这两个动画效果，统一设置触发器，如图 7-23 所示。

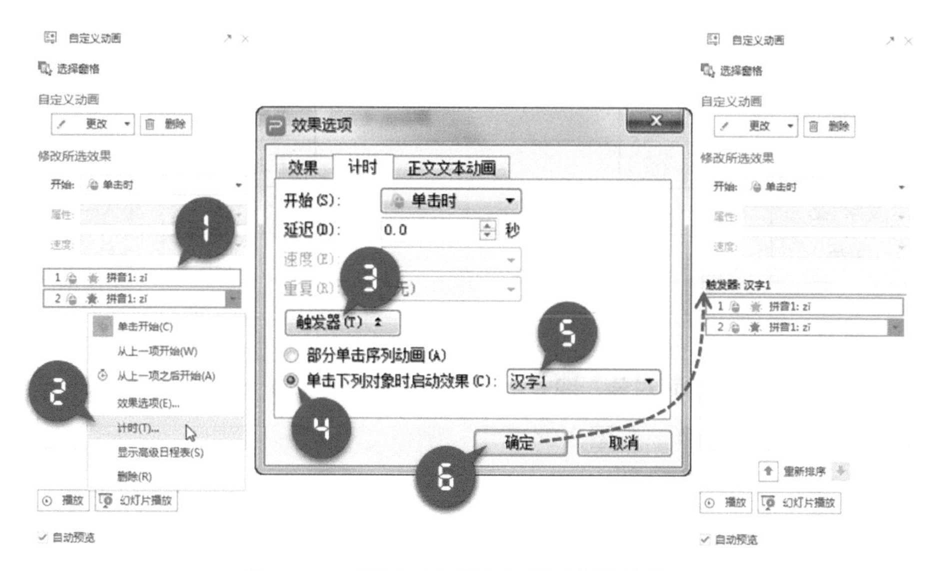

图 7-23　对两个动画效果设置同样的触发器

放映幻灯片，测试触发动画，效果无误即可。

依此类推，设置更多触发器动画。

顺便说一下，批量设置触发器动画，其实还有一种更讨巧的方法。只要按住 Ctrl 键，同时选中某组触发动画对象并拖动鼠标，将它们复制到合适位置，然后更改其中的文字、图片等内容即可。

7.1.5 动画组合

WPS 虽然内置了很多动画效果，然而，单个的动画效果显然不够丰富。因此在实际使用过程中，往往需要将多个动画效果进行有机组合并巧妙设置，从而设计出令人满意的动态效果和动画作品，这也是动画的魅力和难点所在。

以倒计时动画效果（见图 7-3）为例，除了使用切换功能实现之外，也可以使用动画组合功能来实现。

先理清动画制作的思路，如表 7-2 所示。

表 7-2　倒数秒的动画设置思路

	单击开始	0 秒	1 秒	2 秒	3 秒
计时器	退出 - 飞出				
数字 3		进入—飞入	退出—消失		
数字 2			进入—飞入	退出—消失	
数字 1				进入—飞入	退出—消失
文字 Go					进入—飞入
手势					进入—飞入

制作方法如下：

先准备好所有动画对象，即 4 个文本框（分别显示 1、2、3 和 Go）和两个图片（计时器和手势），如图 7-24 所示。

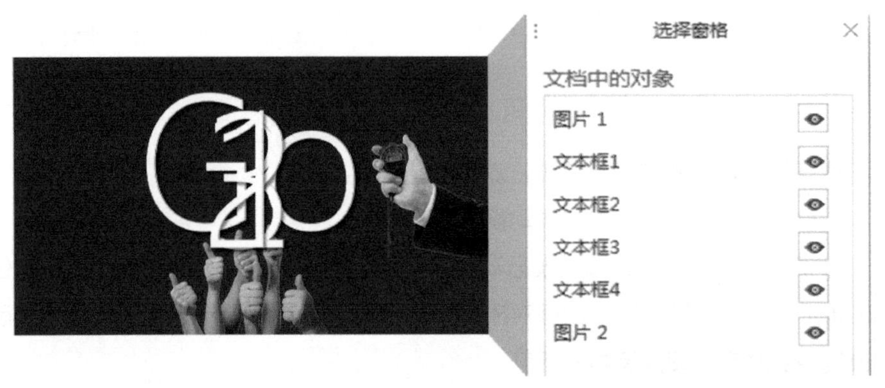

图 7-24　倒数秒（动画版）制作步骤 1：准备动画元素

先选中图片 1（计时器），添加动画“退出—飞出”效果，并修改动画方向，如图 7-25 所示。

为了让计时器在开始计时后立即移开，需要加快动画速度，如图 7-26 所示，将动画速度改为 0.1 秒。

按住 Ctrl 键，同时选中其他动画对象，统一添加动画“进入—飞入”效果；再将其中的三个数字同时选中，统一添加动画“退出—消失”效果，如图 7-27 所示。

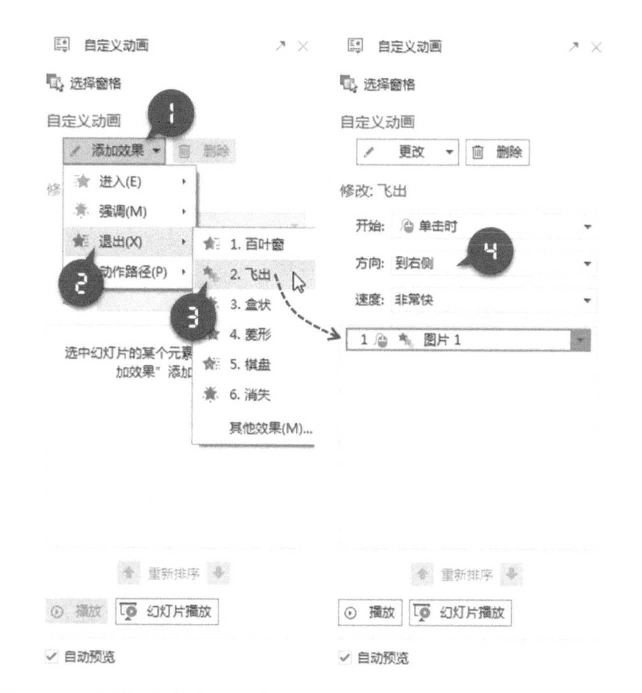

图 7-25　倒数秒（动画版）制作步骤 2：对计时器添加动画效果

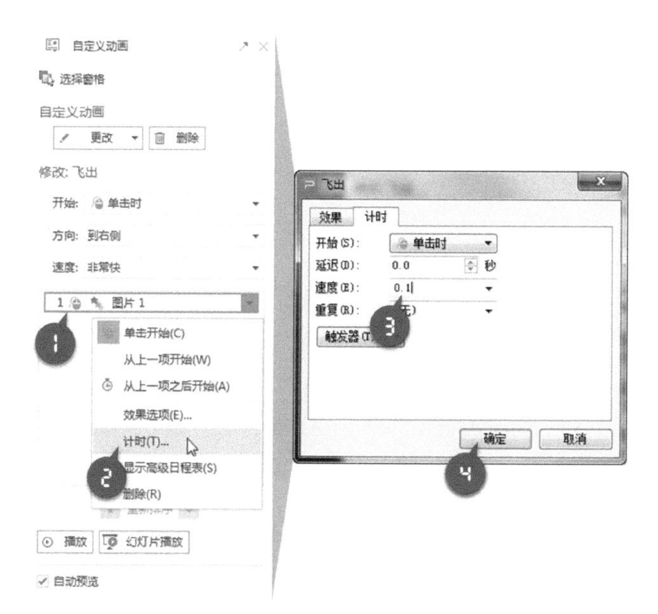

图 7-26　倒数秒（动画版）制作步骤 3：加快计时器退出的速度

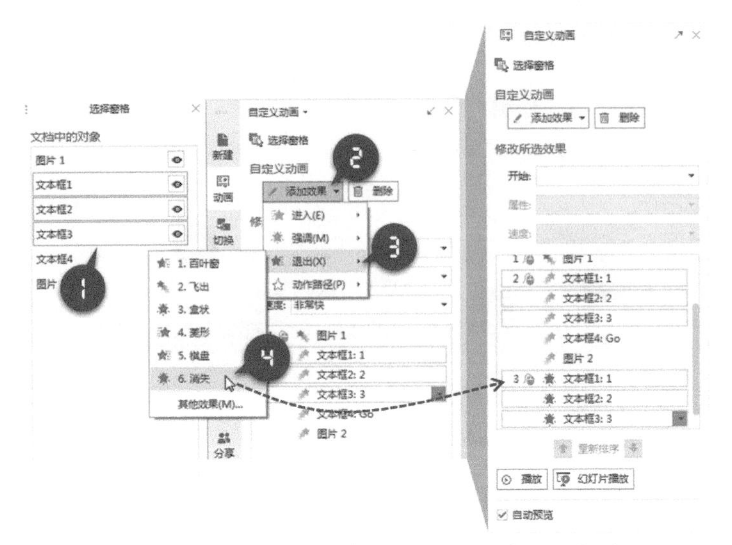

图 7-27　倒数秒（动画版）制作步骤 4：批量添加动画

按既定思路调整动画顺序，因为倒数秒必须自动进行，所以还要统一修正动画开始的方式，如图 7-28 所示。

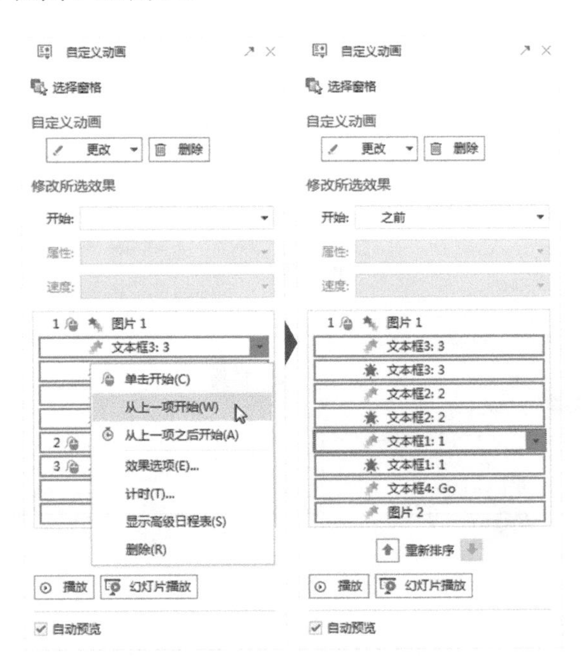

图 7-28　倒数秒（动画版）制作步骤 5：调整动画顺序并修正开始方式

为了营造倒数秒的紧张气氛，将所有“进入—飞入”动画的速度调整为“0.1 秒”，如图 7-29 所示。

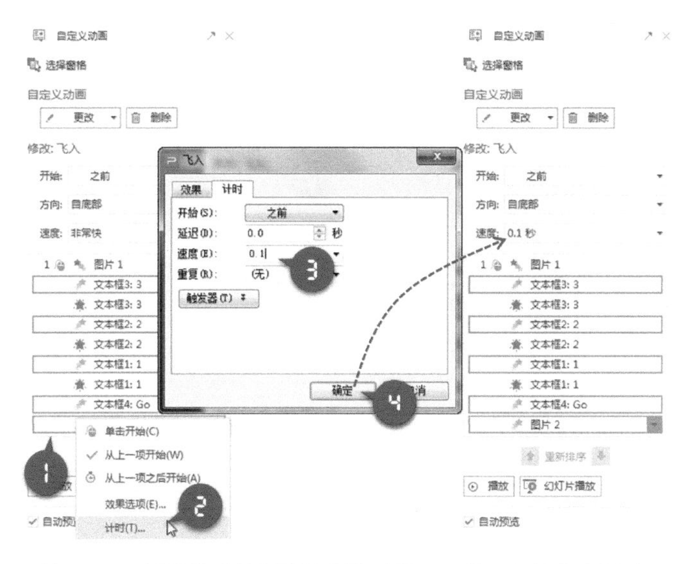

图 7-29　倒数秒（动画版）制作步骤 6：统一加快飞入速度

最后，分批修改动画延迟时间，如图 7-30、图 7-31、图 7-32 所示。

图 7-30　倒数秒（动画版）制作步骤 7：分批修改动画延迟时间（1/3）

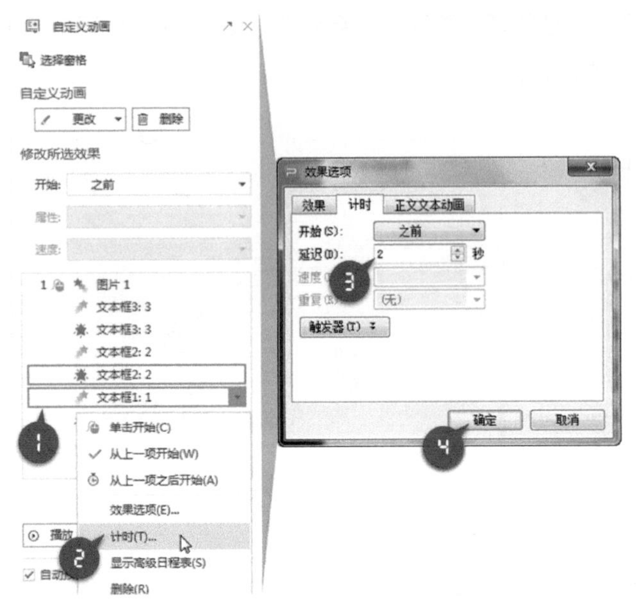

图 7-31　倒数秒（动画版）制作步骤 7：分批修改动画延迟时间（2/3）

图 7-32　倒数秒（动画版）制作步骤 7：分批修改动画延迟时间（3/3）

测试放映一下，动画效果是否与切换版几乎一模一样?

值得说明的是，上述倒计时的效果，全部使用 WPS 演示的动画功能来制作其实并不明智。因为如果要求倒数 10 秒甚至更长时间，动画设置所需的工作量和难度将会成倍增加；而相比之下，使用切换功能的制作效率要高得多。

总之，动画设计最关键的是思路，要根据内容展示的实际需要去选择合适的动画方案，而不是一味追求复杂的动画效果。相信大家通过不断练习，能够更深入地理解软件功能，同时要学会化繁为简，保持克制并灵活运用动画。

7.2 故事设计

如果想让观众对你的演示感兴趣，那么最好学会讲故事。

相对于枯燥的理论和概念，故事的生动性、场景感、画面感以及结构模型往往能够让观众秒懂，并迅速抓住观众的心。

举个例子，我曾经给某个大客户成功实施了一整套人才测评方案。在此之前，由于方案的概念比较复杂，我一直担心无法有效激发客户的兴趣和突显竞争优势，直至找到一则关于面试的小故事，才豁然开朗，如获至宝。最终，方案演示是以这则小故事开始的，取得了非常好的效果，并最终顺利促成了双方的合作。

具体做法介绍如下：

借助文本框、在线图片和动画等功能，对故事进行视觉化的设计。方案演示一开始，就先介绍这则面试小故事的背景，如图 7-33 所示。

图 7-33　用幻灯片讲故事（上）

当播放完这张幻灯片时，不急于翻页，而是先向观众提问：“各位，您觉得接下来会发生什么事？”通过互动，引发观众的思考，调动大家的积极性。

最后，当我在不经意间揭晓终极答案时，观众哄堂大笑，如图 7-34 所示。

应聘者摇身一变，从窗户飞了出去……

图 7-34　用幻灯片讲故事（下）

通过故事化的演绎，观众的笑点、泪点和痛点被一一戳中，以至于很多观众开始反思：“没想到人才测评这么重要啊！”由此平滑过渡到演示主题，同时有效提高演示的成功率。

第 8 章　进化

演示与演讲的不同之处在于，演示不但需要演讲，而且还需要幻灯片与演讲保持同步。而演示文稿除了用于辅助演讲之外，还能导成视频、讲义、PDF 或图片等，进行二次传播或其他用途，可谓物尽其用。

8.1 关于演示

8.1.1 演示者视图

通俗地讲，演示者视图就是投影幕（或为观众提供的其他显示器）上只能放映幻灯片，而演示者在自己的电脑屏幕上不但可以看到幻灯片，还可以使用备注、幻灯片缩略图、荧光笔、计时等实用功能。

你可以将演示者视图当作一个提示器，前提是已为每页幻灯片添加相关的备注，如图 8-1 所示。

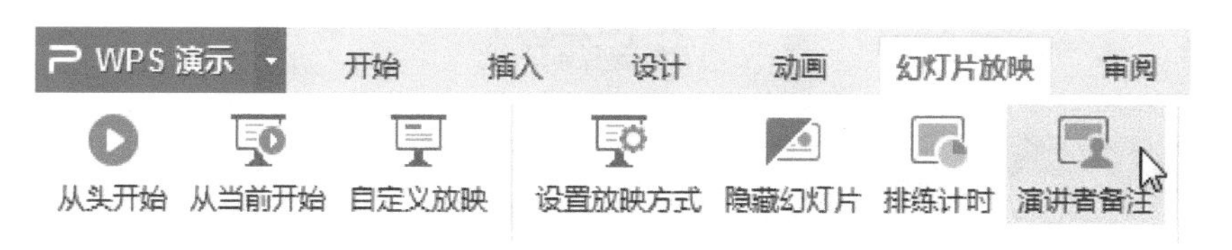

图 8-1　演讲者备注

演示者视图的设置方法很简单，先使用 Win+P 快捷键，将显示模式改为“扩展”，如图 8-2 所示。

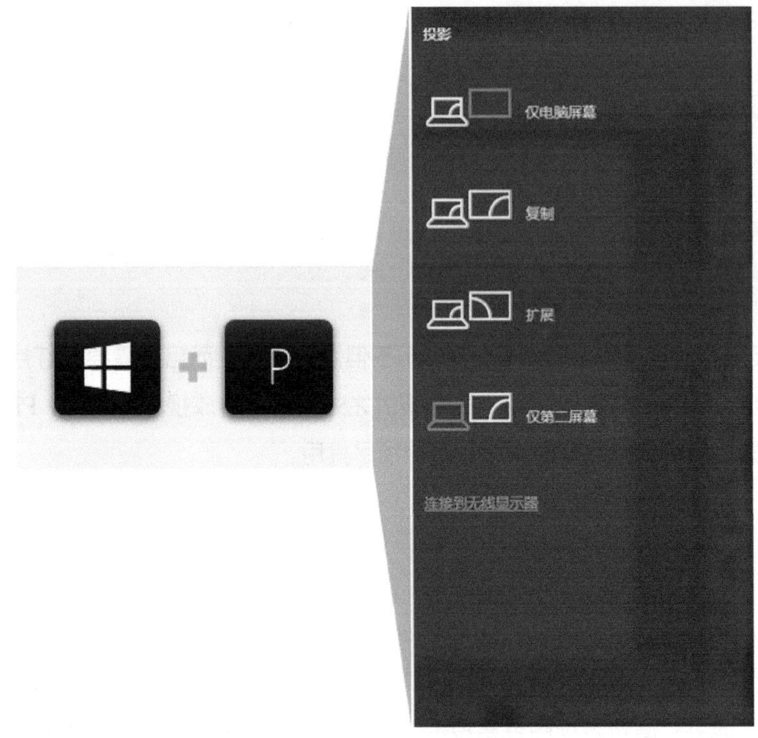

图 8-2　切换连接显示的模式

再设置好放映方式，放映幻灯片即可，如图 8-3 所示。

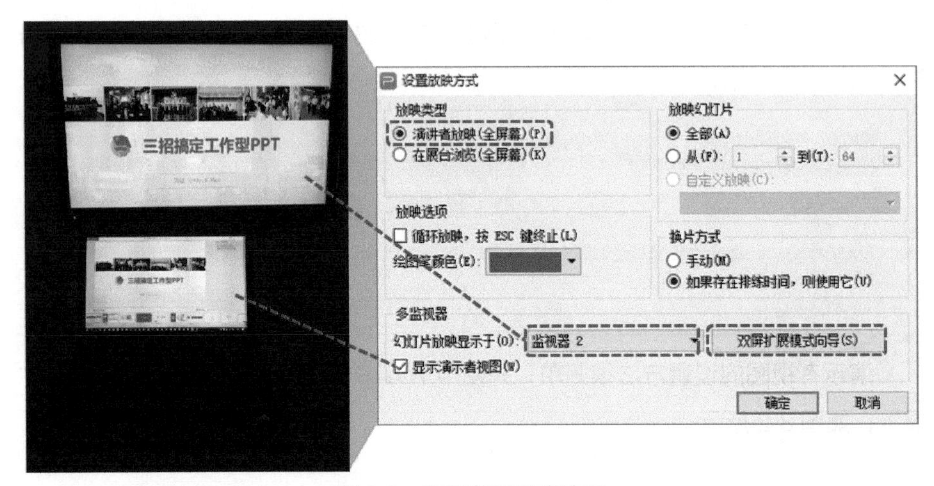

图 8-3　演示者视图的效果

利用演示者视图，演示者还可以在演示过程中对备注的字体进行缩放、浏览当前几页幻灯片的缩略图等，做到心中有数。

8.1.2 放映技巧与演示工具

目前，国内主流的投影幕或电子屏幕的宽高比是 4:3 或 16:9，而在某些特定的场合（如产品发布会），则可能是 6:1 或更奇特的屏幕尺寸。你需要提前确认幻灯片的尺寸，以免不必要的返工。

除此之外，还要注意与放映相关的其他重要事项，如演示的受众与场合。

如果屏幕距离最后一排观众比较远，那么你在制作演示文稿时，最好将字号放大些，保证每位观众都能看清幻灯片上的细节内容。

很多演示有严格的时间限制，如果幻灯片内容过多，就很可能超时，建议将部分内容（如可用于答疑的部分）隐藏，如图 8-4 所示。

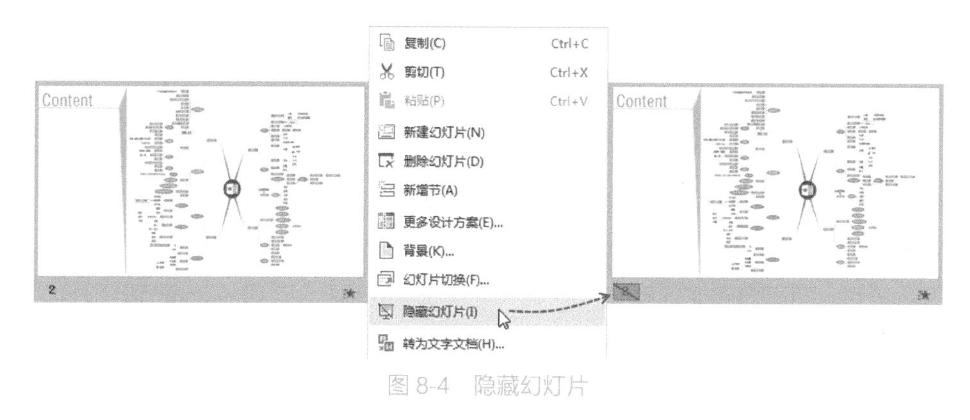

图 8-4　隐藏幻灯片

正常放映时会跳过隐藏的幻灯片；而一旦需要演示这些隐藏的内容，只要取消隐藏幻灯片即可。

在放映幻灯片时，右击鼠标将弹出工具菜单，或者你也可以直接使用快捷键，进行各项演示操作，如图 8-5 所示。

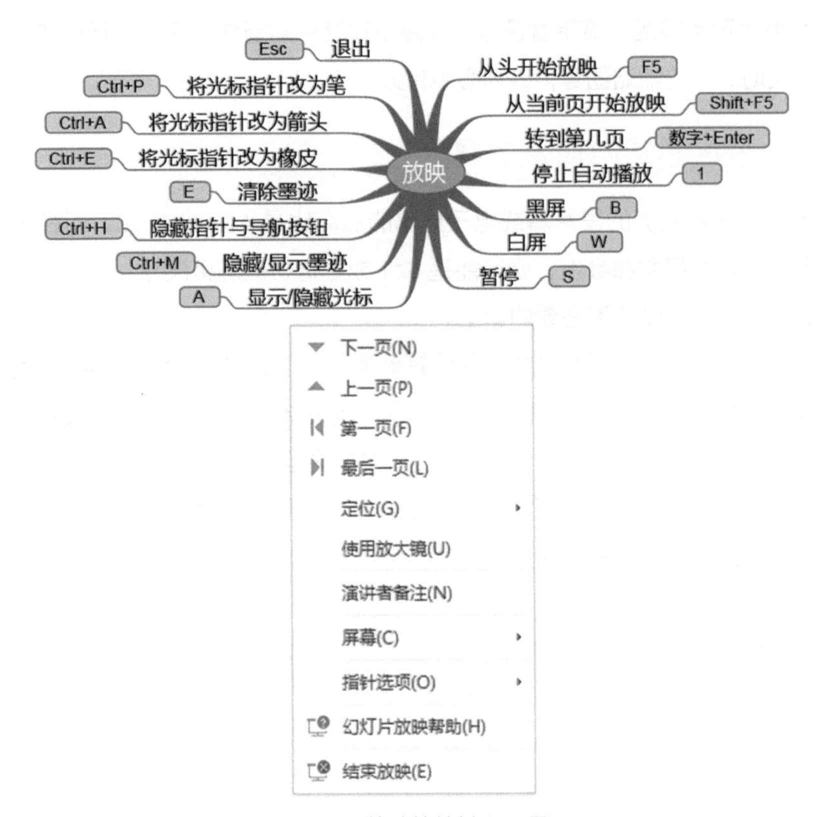

图 8-5　放映快捷键和工具

8.2 关于输出

WPS 演示文稿的转制和输出功能非常强大，你可以借助这些功能，对演示文稿的应用进行扩展。

8.2.1 文件保存

在开始制作演示文稿时，就应该考虑文件保存的问题，以免因兼容性和字体等问题影响演示。

在保存文件前，请确认保存选项和备份设置均已符合你的要求，如图 8-6 所示。

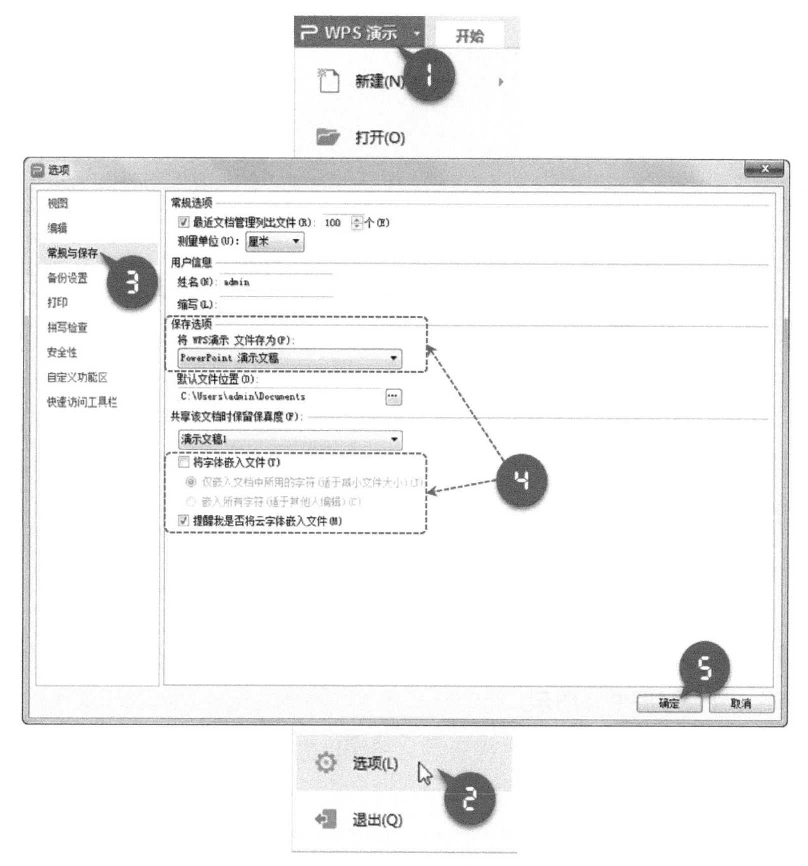

图 8-6　WPS 演示文稿保存选项

如果你在演示文稿中使用了第三方的字体，建议勾选“将字体嵌入文件”，以防这些字体在别的电脑上被自动替换为宋体。

8.2.2　输出成 PDF

你可以将演示文稿输出为 PDF 格式，甚至可以在演示文稿构思阶段就使用该功能，生成空白的讲义。

方法如下：

新建一个演示文稿（Ctrl+N），添加三页幻灯片，然后输出为 PDF，生成讲义（每页三张幻灯片），如图 8-7 所示。

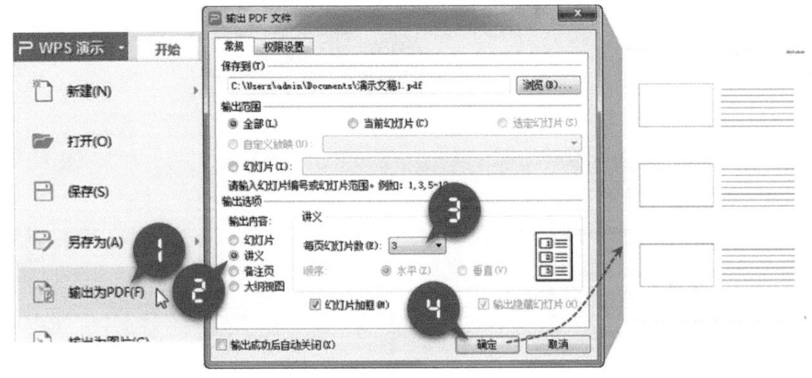

图 8-7　演示文稿输出为 PDF

现在只要用 A4 纸打印几份讲义，就可以大开你的脑洞，挥动你的神来之笔，开始 PPT 的草图构思和创作之旅啦！

8.2.3 输出为图片

WPS 演示文稿可以另存为多个图片文件（置于同一文件夹），也可以输出为一个长图文件，如图 8-8 所示。

如果你开通会员，还能直接将演示文稿输出为无水印高清图片。

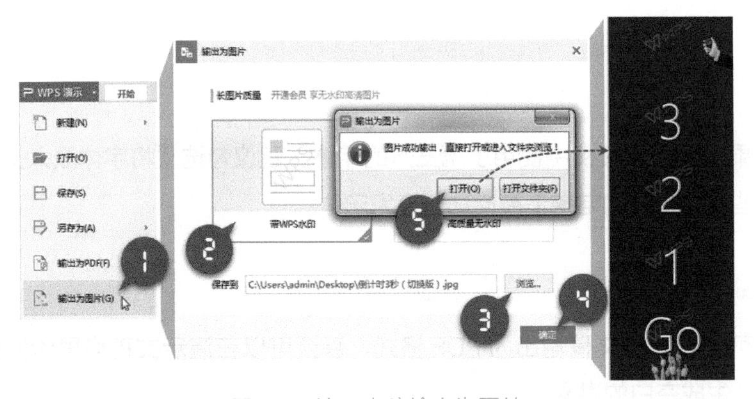

图 8-8　演示文稿输出为图片

8.2.4 输出为视频

你也可以将 WPS 演示文稿另存为 MP4 或 AVI 格式的视频文件，如图 8-9

所示。

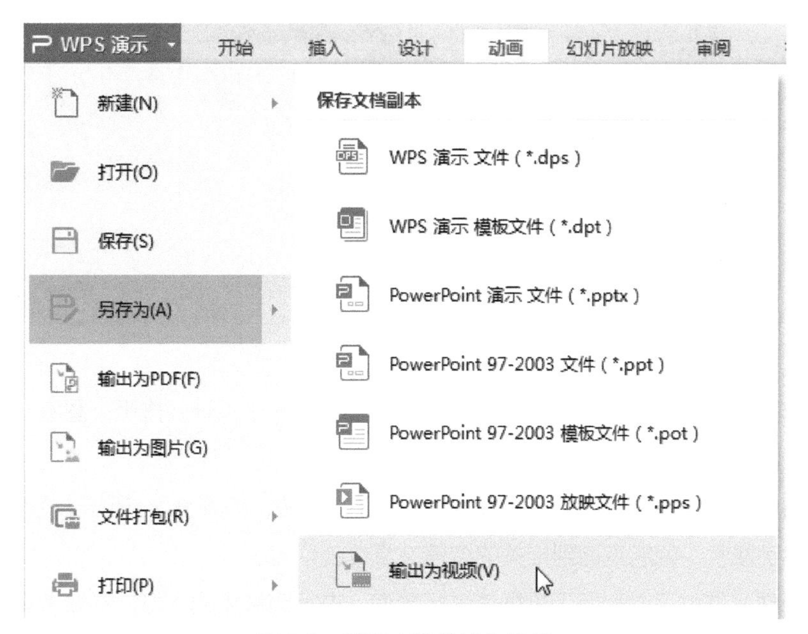

图 8-9　演示文稿输出为视频

8.2.5 更多输出方式

除此之外，你还可以利用【云服务】选项卡，将演示文稿转为文字文档、用手机遥控幻灯片（需要扫描并下载）或以链接方式分享演示文稿等，享受更多 WPS 的增值服务，如图 8-10 所示。

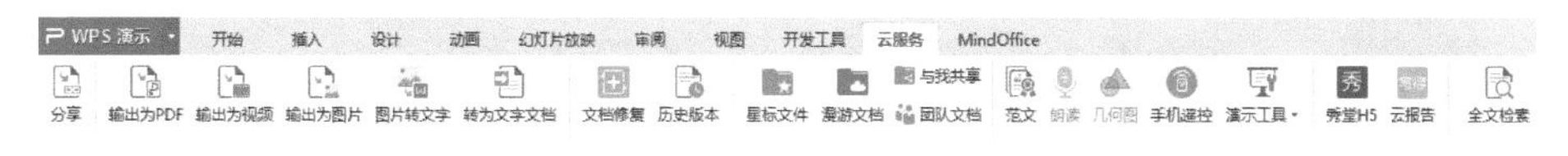

图 8-10　WPS 演示的云服务

8.3 关于资源

演示文稿设计和制作水平的提升，离不开专业的学习资源和日积月累的知识技能。那么，应该积累哪些知识技能，又去哪里学习这些知识技能呢？

先推荐两个导航网址，如图 8-11 所示。

图 8-11 设计师网址导航与小众实用导航

这些网站都做了专业的分类导航，而且很多是关于设计、排版、图库、配色、字体、音频视频素材等方面的资源，你可以按需查询。

再推荐一个查找微信文章或微信公众号的方法，如图 8-12 所示。你只要通过关键字搜索，就能查询到相关的微信文章或公众号。

当然，你也可以利用手机微信进行查询，进行碎片化的学习，步骤大同小异，不再赘述。

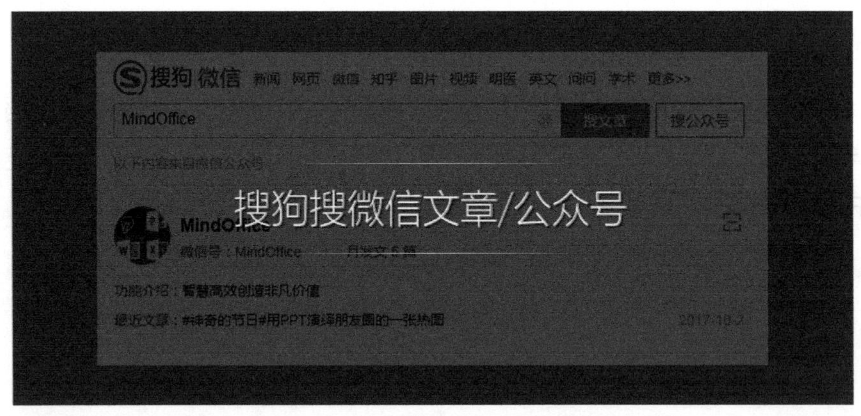

图 8-12 搜狗搜微信文章或公众号

8.3.1 设计资源

站酷网堪称中国人气设计师互动平台，聚集了众多优秀设计师、摄影师、插画师、艺术家和创意人，在设计创意群体中具有较强的影响力与号召力，如图 8-13 所示。

图 8-13　站酷网

你可以用关键字搜索网站上的原创设计作品和专业文章，如图 8-14 所示。

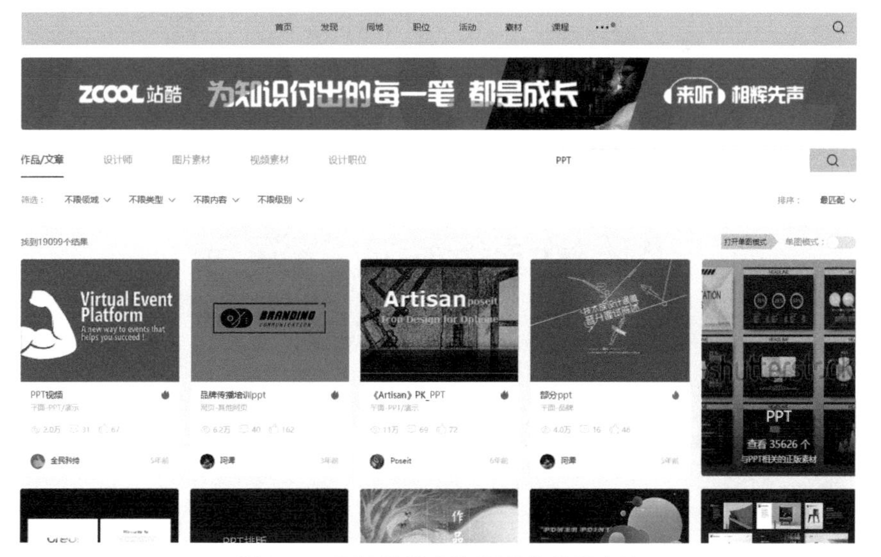

图 8-14　在站酷网查询 PPT 作品和文章

当然，专业的设计网站还有很多，例如花瓣网、presentationload、dribbble

等，你可以通过图 8-11 中的导航网站进行搜索、体验和收藏。

总之，通过不断的学习、模仿、借鉴和灵活应用，你的 PPT 设计水平将会得到潜移默化的提升。

8.3.2 配色资源

颜色大致可以分为有色彩（红、橙、黄、绿等）与无色彩（黑、白、灰）两大类。当两者有机搭配，就可以突出页面中的重点，如图 8-15 所示。

演示文稿中的颜色一般由主色、辅助色以及点缀色三部分组成。

其中：

- 主色影响整个演示文稿的风格，要与主题相契合。
- 辅助色能有效地衬托主色，并使画面更丰富、更完整。
- 点缀色的作用是画龙点睛，要注意细节，酌情添加。

推荐你使用 70% 主色、25% 辅助色、5% 点缀色的“黄金比例”。

颜色越多越难驾驭，要注意颜色的配比，否则画面会凌乱不堪。演示文稿的颜色宜少不宜多，“惜墨如金”的配色，会使画面更简洁，作品更成熟。

图 8-15　色彩与无色彩的有机搭配

如果你不知道如何把握颜色的冷暖、色相、色调和色彩的搭配，不妨使用千图网的配色表获取灵感，如图 8-16 所示。

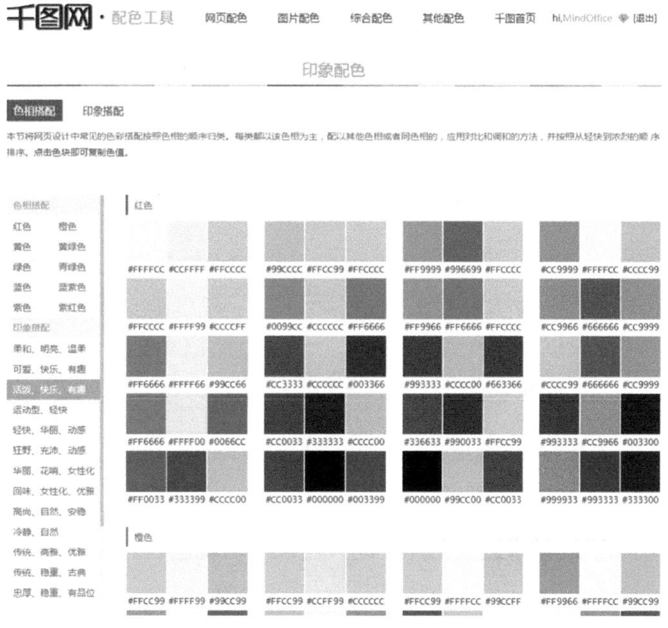

图 8-16　千图网印象配色

如果你的英语不错，那推荐你看看更专业的配色网站，如图 8-17 和图 8-18 所示。

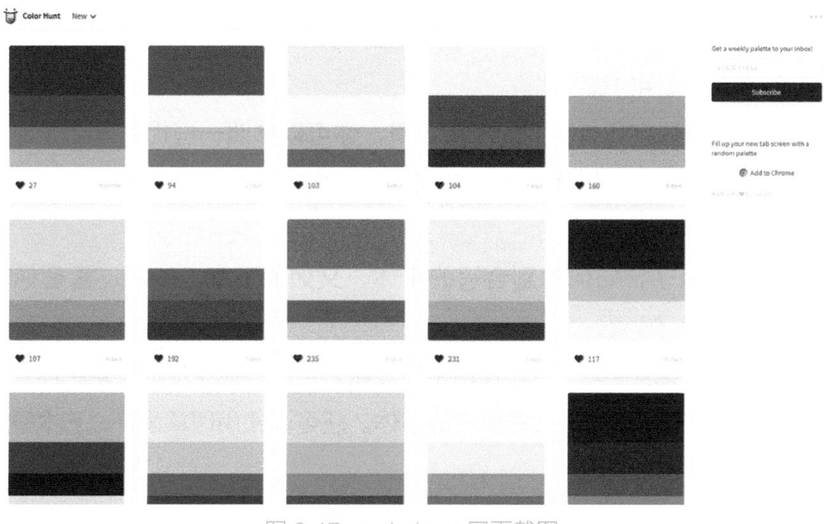

图 8-17　colorhunt 网页截图

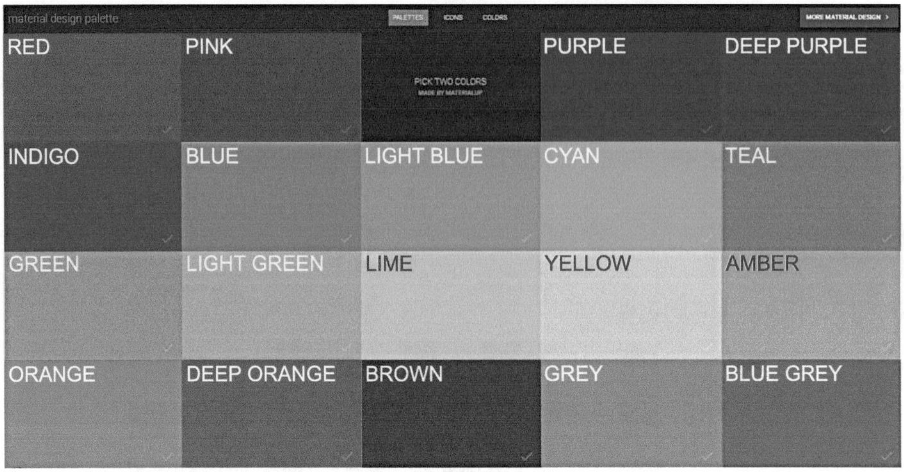

图 8-18　materialpalette 网页截图

最后，别忘了经常亲近大自然，向大自然学习配色。

8.3.3 字体资源

字体大致可以分为衬线字体与无衬线字体两大类：

- 衬线字体的笔划始末都有装饰，横细竖粗，具有文化感和历史感（如宋体）。
- 无衬线字体的笔划无装饰，粗细一致，具有时尚、现代和科技感（如黑体）。

在演示文稿中，考虑到观众的阅读感受，字体较小的正文宜用无衬线字体，字体较大的标题宜用衬线字体。

当然，不同的字体有不同的应用场景，你可以参照一些优秀作品或根据常识来选用合适的字体，以便让演示文稿的整体风格和单个页面都看起来和谐、美观。

那么问题来了，如何找到合适的字体，又如何下载、安装、管理你的字体呢?

建议你下载安装字体管家。使用字体管家，可以方便快捷地搜索字体并预览字体效果，一键安装、管理或备份你的字体。还可以使用印章设计、艺术签名等实用功能，如图 8-19 所示。

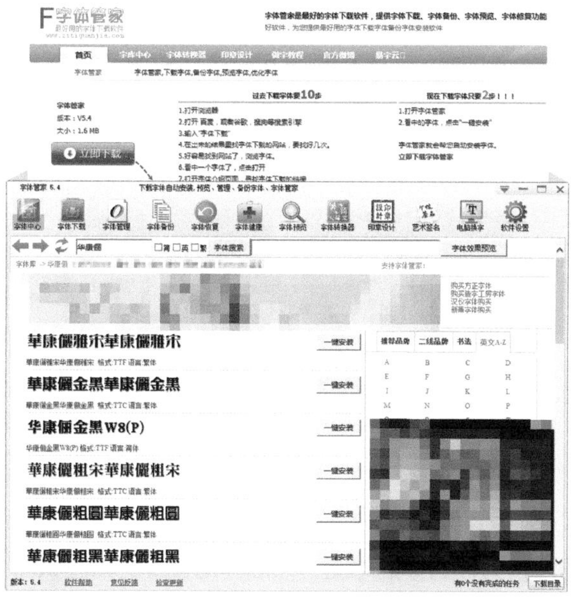

图 8-19　字体管家

8.3.4 配图资源

WPS 虽然提供了海量的在线图片，但仍然不能满足所有用户的需求。

如果你希望在演示文稿中插入一张适合页面内容的免费高清图片，建议到免费图片网搜索并下载，如图 8-20 所示。

图 8-20　免费图片网

值得说明的是，在这个网站你还可以搜索高清视频、插画、矢量图等，关键是统统免费。唯一遗憾的是，加载的速度可能会比较慢。

如果演示文稿中的图片有水印或分辨率太低，就很可能会影响演示效果，建议你替换图片，如图 8-21 所示。

图 8-21　图片替换前后对比

替换方法如下：

先右击该图片，另存到你的电脑，然后利用在线的以图识图（如百度识图）功能，找一张类似的无水印或相对清晰的图片，如图 8-22 和图 8-23 所示。

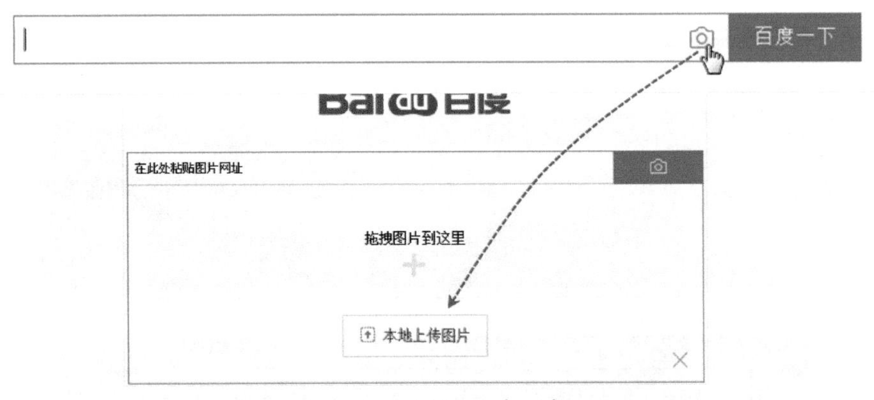

图 8-22　百度识图（1/2）

搜索到的图片可以按尺寸从大到小排列，以便快速下载合适的图片。如果你对搜索结果不满意，可以重新手动框选图，直到找到满意的图片为止。

图 8-23　百度识图（2/2）

8.3.5 配乐资源

在 WPS 演示文稿中插入的音频虽然可以裁剪，但有时为了追求更适合的背景音乐效果，我们需要找到一段精准的音频文件，爱给网就提供了这样的便利，如图 8-24 所示。

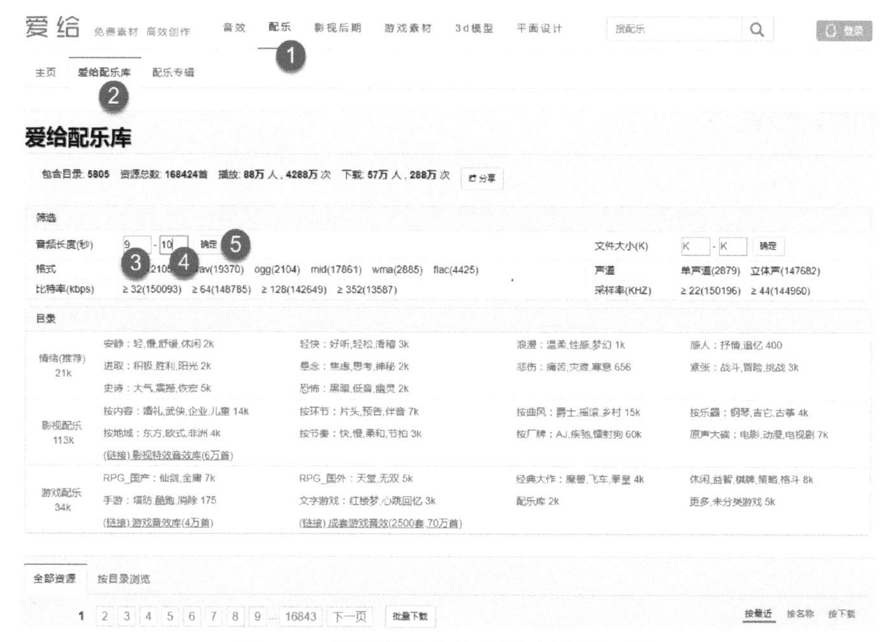

图 8-24　爱给配乐库的音频长度筛选功能

经过筛选，你可以随意地播放、下载或收藏列表中的音频，如图 8-25 所示。

图 8-25　播放、下载或收藏爱给配乐库中的音频

此外，爱给网还提供音效、矢量图、影视后期、3D 模型等多方面的素材下载和视频教程。

WPS

表格

电子表格的迷（恼）人之处在于强大的数据管理功能，尤其是函数，堪称电子表格的灵魂。而看似复杂的函数语法、林林总总的函数种类、殊途同归的函数嵌套等则让很多用户望而生畏。

我认为，与其说 WPS 表格是学出来的，不如说是玩出来的。不妨多一点娱乐精神——你以为我在学，其实我在玩；你以为我在玩，其实我在学。

第 9 章　好玩的数据

作为数据的载体，电子表格应该围绕数据的准确性而设计。确保业务基础数据的准确无误，是用好电子表格的前提。

9.1 从结构开始

在使用 WPS 表格时，有些用户喜欢制作多行表头或多列表头，但这种结构往往会给数据分析造成麻烦，并且不符合关系型数据库的要求，因此，非常有必要对表格结构进行优化和规范。

9.1.1 关系型表格

如图 9-1 所示，这种规范的表格结构俗称“一维表”，不仅有利于存储更多的信息，而且符合关系型数据库的表结构要求，具有容易理解、使用方便、易于维护等独特优势。

字段

日期	品名	数量	部门	领取人
2017/1/1	签字笔	2	人事部	鲁智深
2017/1/2	笔记本	2	办公室	石秀
2017/1/3	签字笔	2	销售部	宣赞
2017/1/3	签字笔	2	销售部	吴用
2017/1/3	签字笔	4	办公室	杨雄
2017/1/4	笔芯	2	销售部	阮小二
2017/1/4	笔芯	2	办公室	朱仝

标题
记录

图 9-1　“一维表”结构

如果用户需要直观地表达或展示数据，只要对“一维表”进行相应的分析处理并制作成报表即可，俗称“二维表”或“多维表”。

9.1.2 批量取消合并单元格

在实际工作中，为了直观地展示数据，很多用户喜欢合并单元格，但由此对数据计算分析造成诸多不便。那么问题来了，如何批量取消合并单元格呢?

方法如图 9-2 所示，主要利用 WPS 表格的定位和批量填充等功能。

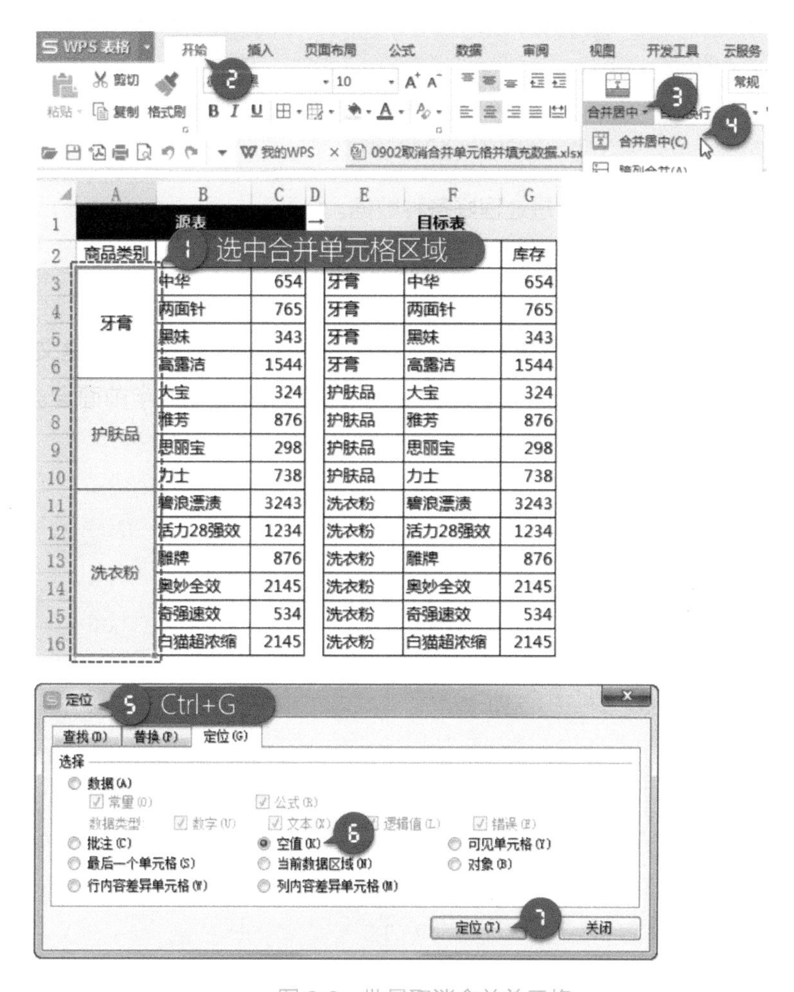

商品类别					库存
牙膏	中华	654	牙膏	中华	654
	两面针	765	牙膏	两面针	765
	黑妹	343	牙膏	黑妹	343
	高露洁	1544	牙膏	高露洁	1544
护肤品	大宝	324	护肤品	大宝	324
	雅芳	876	护肤品	雅芳	876
	思丽宝	298	护肤品	思丽宝	298
	力士	738	护肤品	力士	738
洗衣粉	碧浪漂渍	3243	洗衣粉	碧浪漂渍	3243
	活力28强效	1234	洗衣粉	活力28强效	1234
	雕牌	876	洗衣粉	雕牌	876
	奥妙全效	2145	洗衣粉	奥妙全效	2145
	奇强速效	534	洗衣粉	奇强速效	534
	白猫超浓缩	2145	洗衣粉	白猫超浓缩	2145

图 9-2　批量取消合并单元格

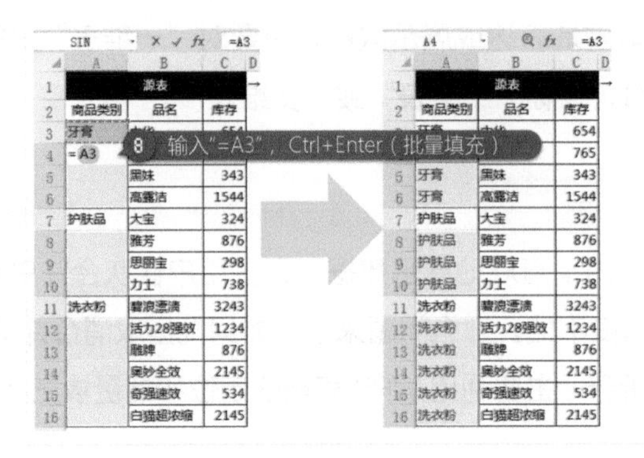

图 9-2　批量取消合并单元格（续）

9.2 玩转数据

用好 WPS 表格的基础，是处理好各种数据。

9.2.1 如何高效准确地录入数据

在 WPS 表格中，单元格数据如果是数值型，就会默认右对齐；如果是文本型，就会默认左对齐。当数字超过 11 位时，将自动转为文本型（数字前面会自动添加半角单引号）。

9.2.1.1 数据输入

如何高效准确地录入单元格数据？如图 9-3 所示。

单元格格式	输入技巧	显示结果
文本型数字	'007	007
	123456789012345678	123456789012345678
日期	10/1	10月1日
	10-1	10月1日
当前日期	Ctrl+:	2017/10/1
当前时间	Ctrl+;	8:00
分数	0 3/8	3/8
	1 3/8	1 3/8
小数	.8	0.8
	Alt+Enter（换行）	1 2 3

图 9-3　高效准确地录入单元格数据

9.2.1.2　自动填充

利用自动填充功能，可以批量复制或按序列填充单元格数据，效果如图 9-4 所示。

日期	品名	数量	单价	金额
1月31日	A商品	96	55.25	5304.00
	B商品	39	0.12	
	C商品	61	93.76	
	D商品	14	62.09	
	E商品	23	43.92	

日期	品名	数量	单价	金额
1月31日	A商品	96	55.25	5304.00
1月31日	B商品	39	0.12	4.68
1月31日	C商品	61	93.76	5719.36
1月31日	D商品	14	62.09	869.26
1月31日	E商品	23	43.92	1010.16

图 9-4　自动填充效果

方法如图 9-5 所示，先将光标移到单元格的右下角，当光标变成实心十字时拖动鼠标，默认以序列方式填充单元格（按住 Ctrl 键同时拖动鼠标，则复制单元格）；单击【自动填充选项】图标（位于目标单元格的右下角），可以选择更多自动填充方式。

图 9-5　自动填充案例

9.2.1.3　选择性粘贴中的计算能力

利用选择性粘贴功能，可以巧妙地设置粘贴和运算选项，对商品进行统一加价，如图 9-6 所示。

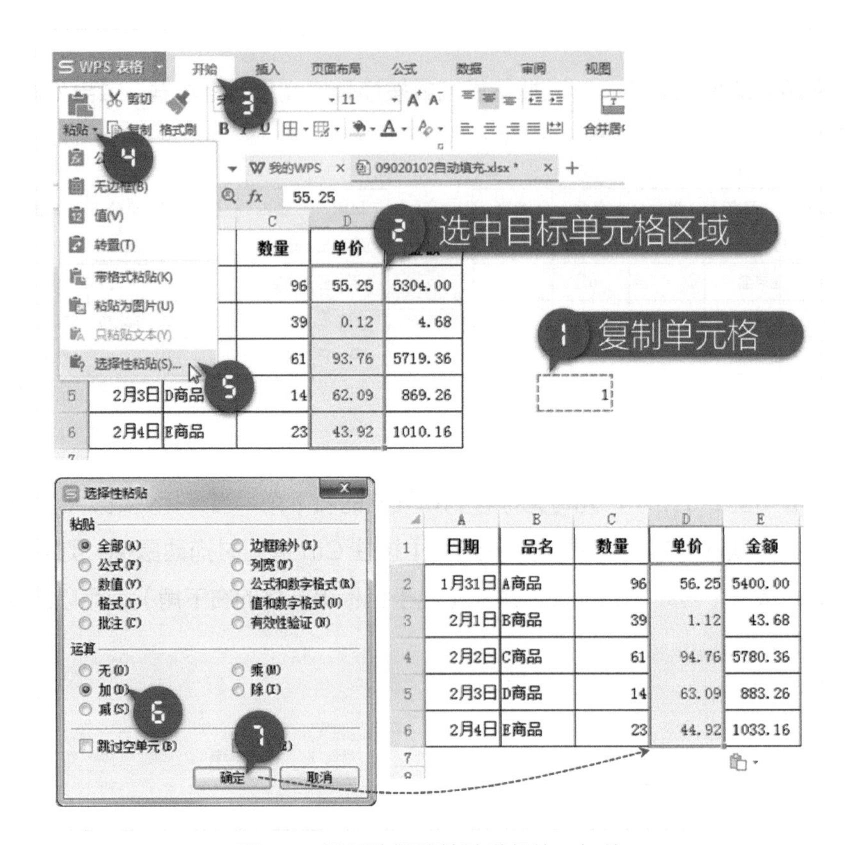

图 9-6　利用选择性粘贴进行统一加价

9.2.2 如何预防和检索数据错误

在 WPS 表格中输入身份证号码时，能否限定为 18 位数字？输入性别、民族等信息时，能否只允许输入预设的内容？回答是肯定的。

对单元格设置数据有效性，可以有效防止输入无效数据，或对无效数据进行圈释，如图 9-7 所示。

数据有效性最常用的条件是“序列”，而序列的数据来源通常有两种方式。如果内容较少，手动输入即可（数据之间用半角逗号隔开），如图 9-8 所示。

如果数据有效性的条件序列内容较多，则可以事先将这些内容放在一列中，再通过数据有效性选取这些单元格区域，如图 9-9 所示。

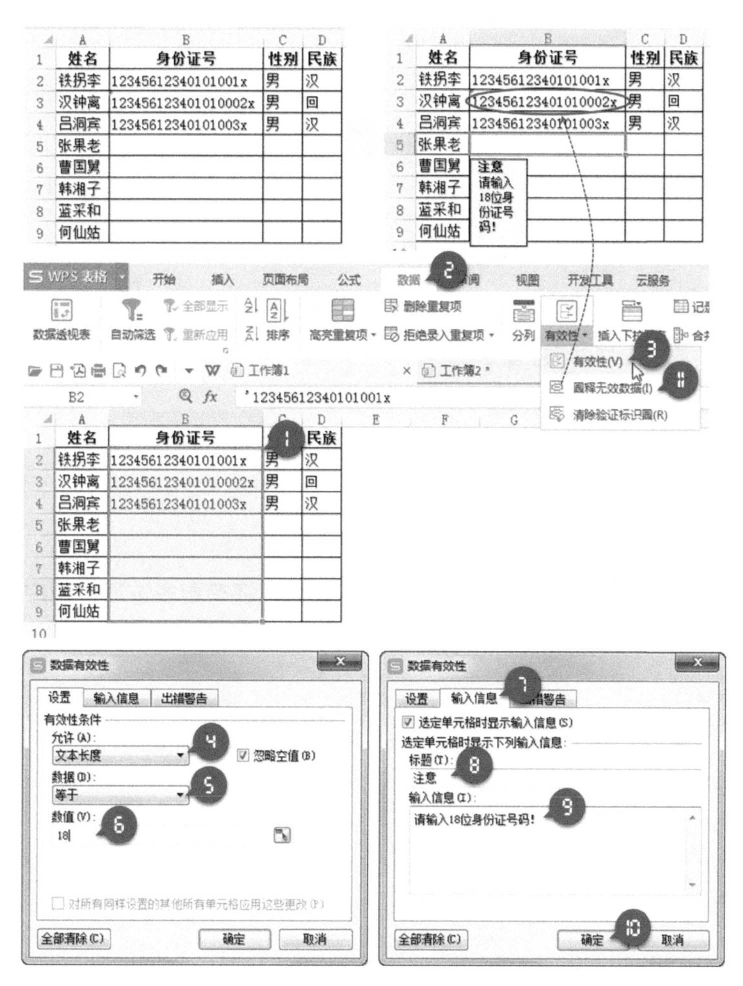

图 9-7　利用数据有效性防止无效身份证号码的输入

图 9-8　数据有效性序列的手动输入

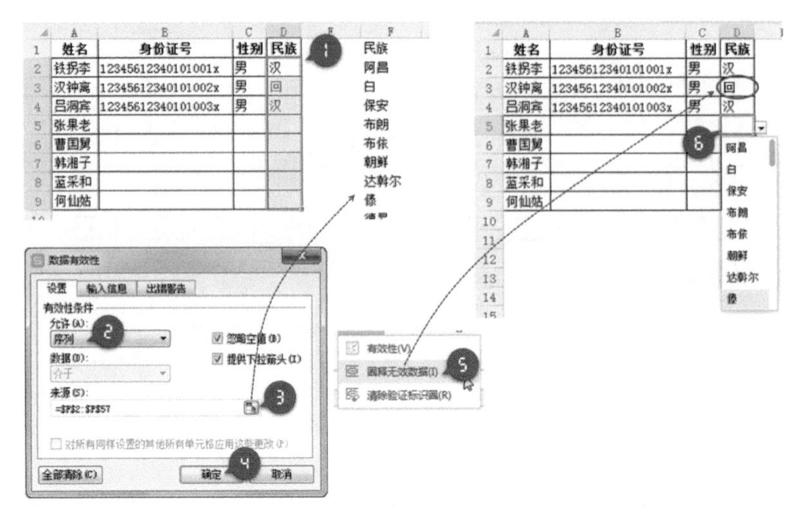

图 9-9　数据有效性序列的选取输入

在数据有效性【允许】输入框的下拉列表中，还有更多选项，用户可以根据自己的需要进行选择，如图 9-10 所示。

图 9-10　数据有效性的更多允许条件

已设置数据有效性的单元格，输入的内容将受到限制，当你尝试输入不在允许范围的数据时，就会弹出一个警示窗口，单击【重试】命令按钮，可以在单元格中重新输入内容；如果单击【取消】，则结束当前输入。

除此之外，还可以自定义出错警告，感兴趣的读者可以大胆测试，不再赘述。

9.2.3 如何高效准确地导入外部数据

在实际工作中，有时需要从文本文件或其他数据文件中导入数据，如图 9-11 所示。

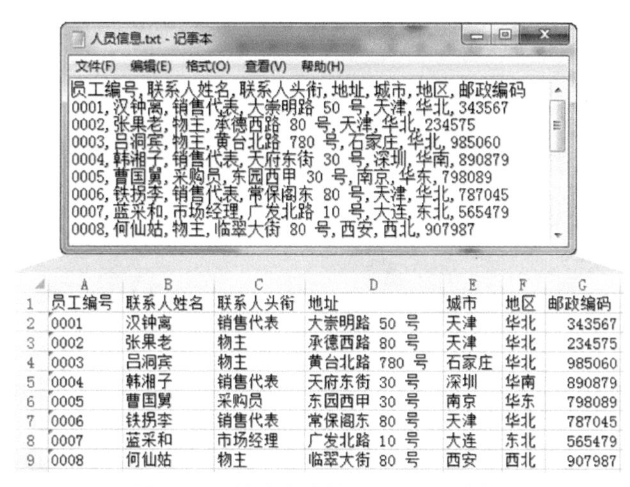

	A	B	C	D	E	F	G
1	员工编号	联系人姓名	联系人头衔	地址	城市	地区	邮政编码
2	0001	汉钟离	销售代表	大崇明路 50 号	天津	华北	343567
3	0002	张果老	物主	承德西路 80 号	天津	华北	234575
4	0003	吕洞宾	物主	黄台北路 780 号	石家庄	华北	985060
5	0004	韩湘子	销售代表	天府东街 30 号	深圳	华南	890879
6	0005	曹国舅	采购员	东园西甲 30 号	南京	华东	798089
7	0006	铁拐李	销售代表	常保阁东 80 号	天津	华北	787045
8	0007	蓝采和	市场经理	广发北路 10 号	大连	东北	565479
9	0008	何仙姑	物主	临翠大街 80 号	西安	西北	907987

图 9-11　从文本文件导入 WPS 表格

在 WPS 表格中，可以轻松地导入外部数据。方法如下：

先选择数据源并进行文件转换，如图 9-12 所示。

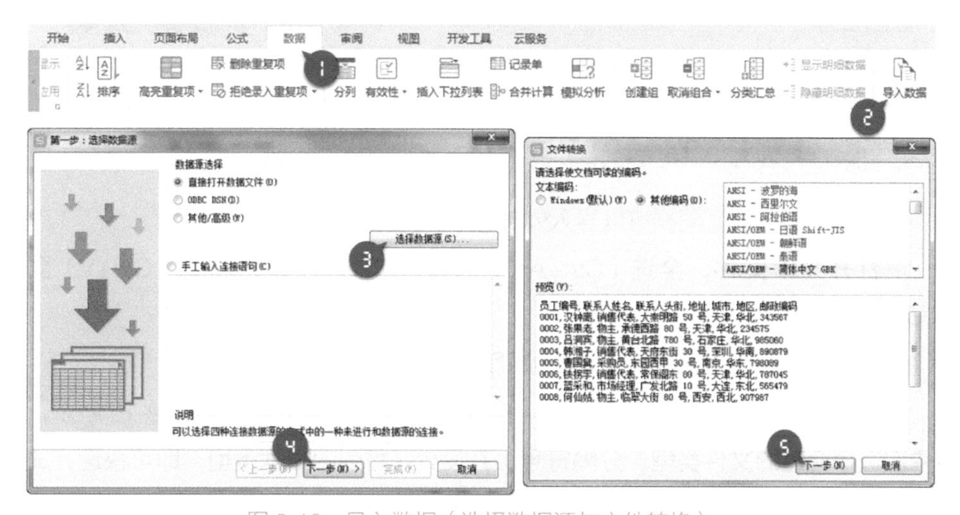

图 9-12　导入数据（选择数据源与文件转换）

再利用文本导入向导，依次选择合适的文件类型、分隔符号，并设置好每列的数据类型，最后完成数据的导入，如图 9-13 所示。

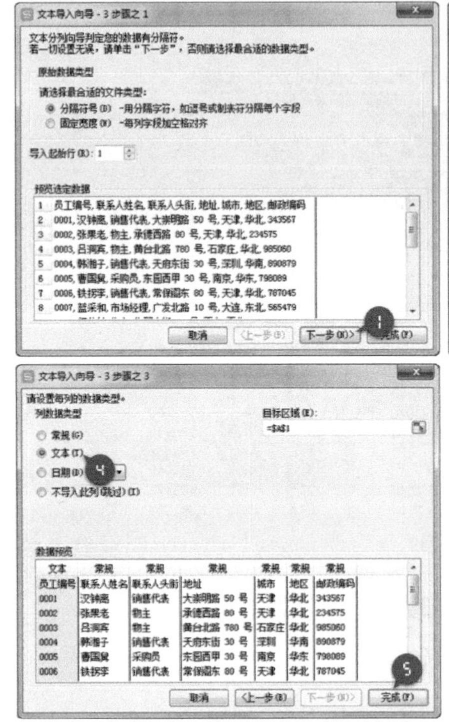

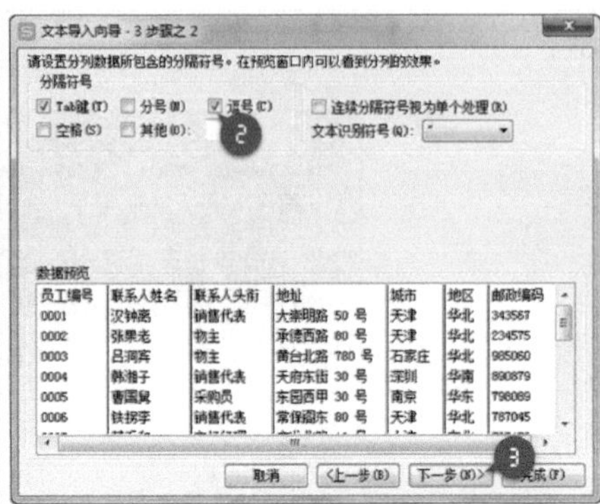

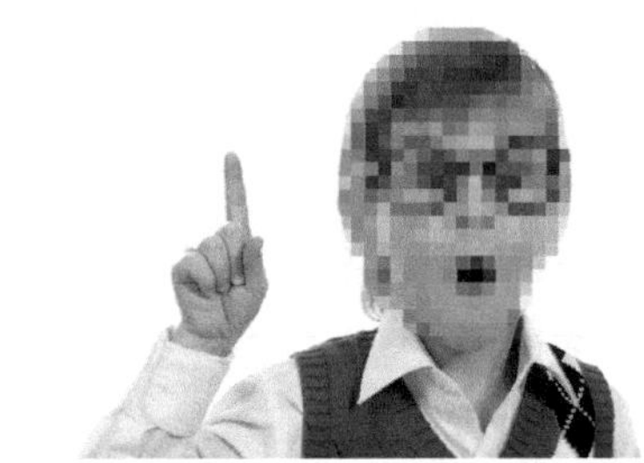

图 9-13　导入数据（文本导入向导）

9.2.4 数据分列的妙用

利用数据分列，同样可以导入外部文本文件中的数据。

打开文本文件，全选（Ctrl+A）后复制（Ctrl+C），再粘贴（Ctrl+V）到 WPS 表格中。

单击【数据】-【分列】命令，如图 9-14 所示。

接下来的操作与文本导入向导（图 9-13）几乎完全一致，如图 9-15 所示，依次选择合适的文件类型、分隔符号，并设置好每列的数据类型，即可快速完成数据的分列。

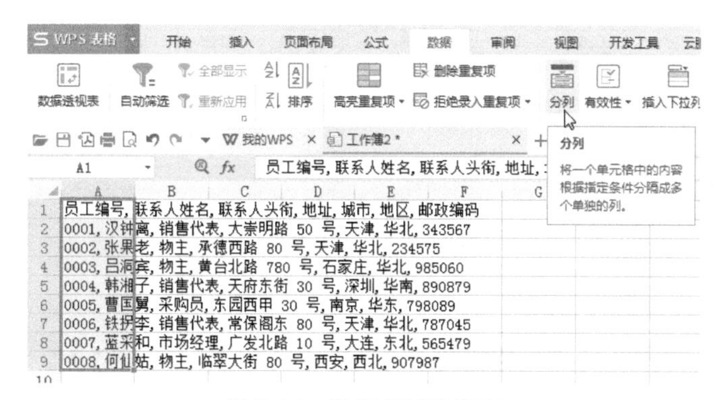

图 9-14　数据分列的启用

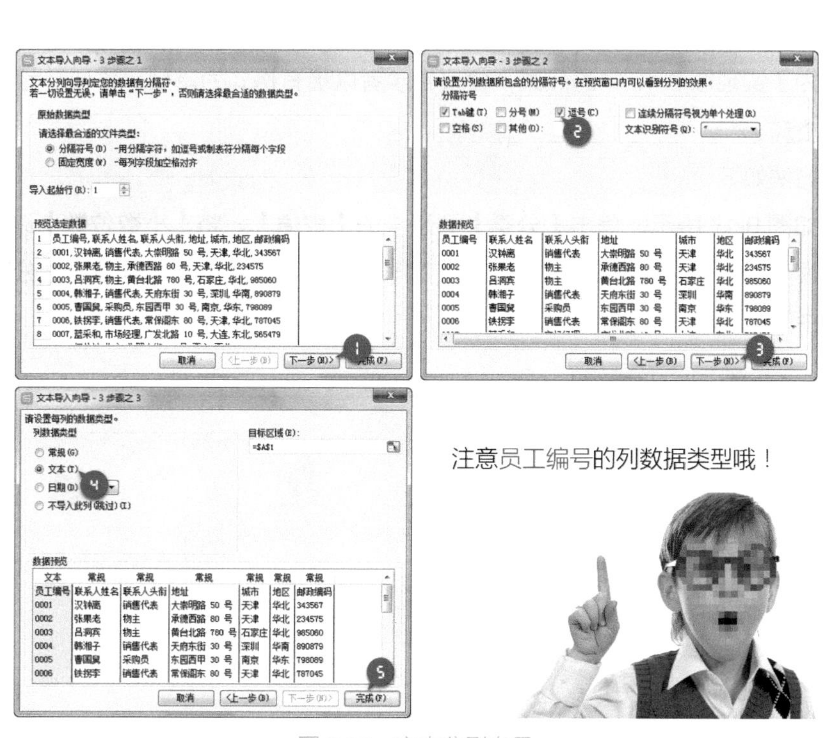

图 9-15　文本分列向导

9.2.5 单元格格式的妙用

利用自定义单元格格式，可以丰富数据的显示形式（实际值不变），如图 9-16 所示。

业务员	2016	2017	排名升降
A001	7	7	0
A002	1	6	5
A003	6	4	-2
A004	3	1	-2
A005	8	5	-3
A006	2	2	0
A007	5	9	4
A008	4	8	4
A009	9	3	-6

业务员	2016	2017	排名升降
A001	7	7	——
A002	1	6	▲5
A003	6	4	▼2
A004	3	1	▼2
A005	8	5	▼3
A006	2	2	——
A007	5	9	▲4
A008	4	8	▲4
A009	9	3	▼6

图 9-16　自定义单元格前后效果对比

首先来认识一下【单元格格式】对话框（快捷键：CTRL+1）。

单元格格式默认为“常规”，其基本特点是输入什么显示什么。单击【分类】列表中的【自定义】，可以看到常规格式的代码为“G/ 通用格式”。

为了实现图 9-16 中的效果，建议初学者以现有格式为基础，生成自定义的数字格式。

方法如下：

如图 9-17 所示，单击【分类】列表中的【数值】，将【小数位数】改为 0 并观察【示例】的变化，单击【负数】列表中的某种红色字体，再单击【分类】列表中的【自定义】。

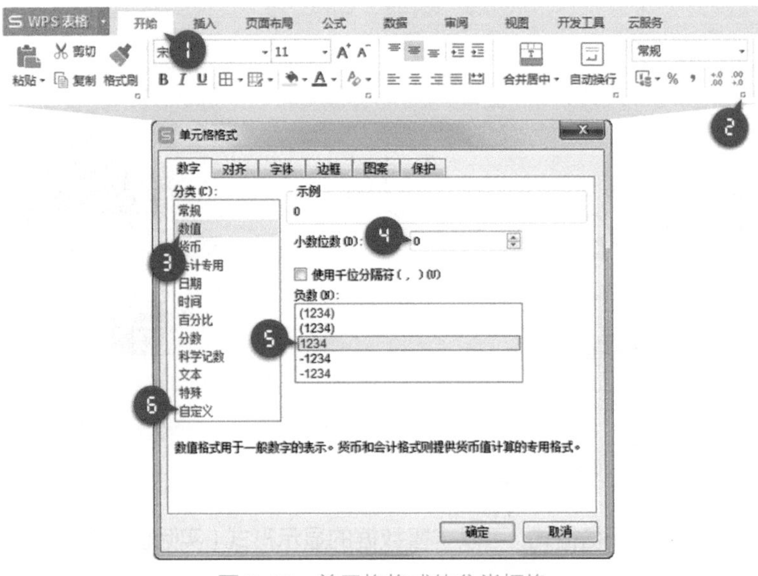

图 9-17　单元格格式的分类切换

如图 9-18 所示，在原有代码基础上更改单元格格式【类型】，单击【确定】命令即可生效。

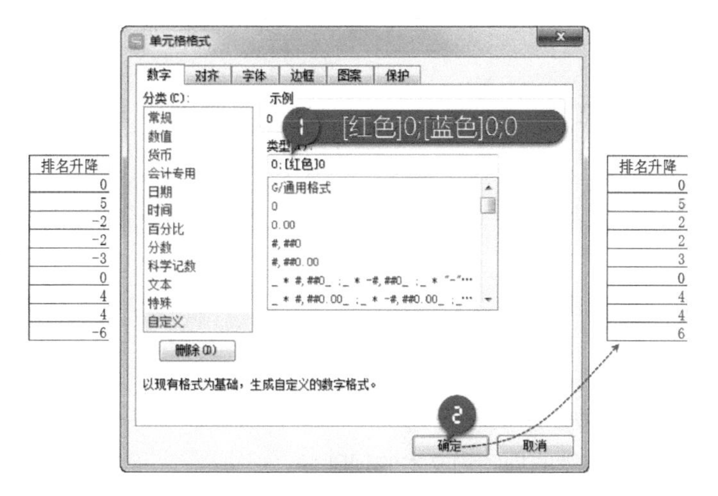

图 9-18　以现有格式为基础，生成自定义的数字格式

根据要求，进一步修改单元格格式代码，最终生成可视化的数字格式，如图 9-19 所示。

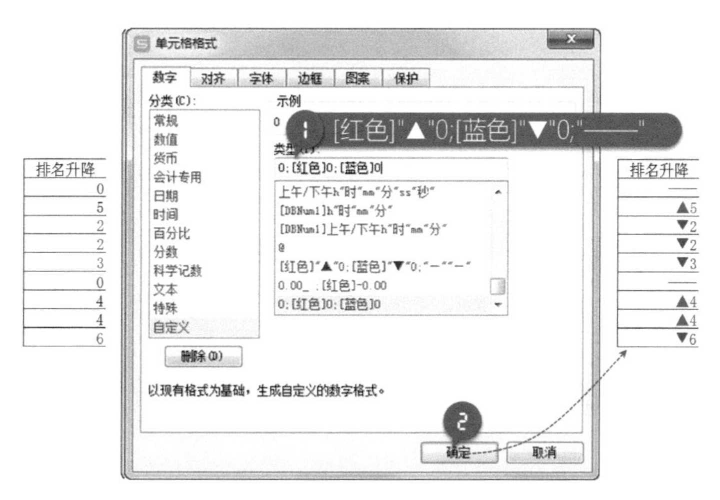

图 9-19　随时修改单元格格式代码

那么问题来了，这些格式代码是什么意思呢？如图 9-20 所示。

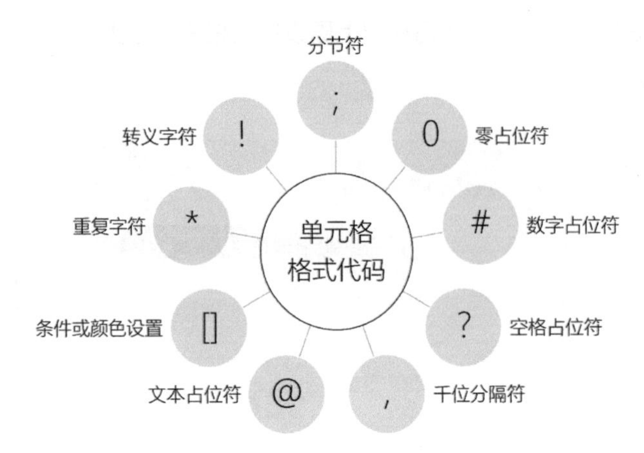

图 9-20　单元格格式代码的含义

在单元格格式代码中最多可以指定 4 个节（以分号分隔），分别代表正数的规则、负数的规则、零的规则和文本的规则。

如果只指定一个节，则该节用于所有数字；如果要跳过某一节，则对该节仅使用分号即可。

在单元格格式代码中，经常会使用占位符，如图 9-21 所示。

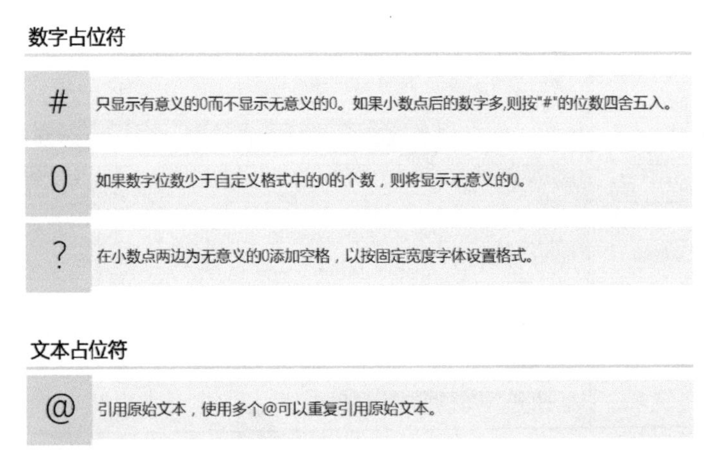

图 9-21　单元格格式代码中的占位符

此外，使用星号（*）可使星号之后的字符填充整个列宽；若要在数字格式中创建 N 个字符宽的空格，只要在字符前加上 N 条下划线（_）即可。

9.2.6 数据的保护与共享

在日常工作中，同一张表格往往需要共享给不同岗位的人。而对于共享者来说，最担心的事莫过于别人不经意把数据改了而自己却没发现。

如图 9-22 所示，这是一份学生信息表，黄色填充部分已设置公式或固定内容，那么该如何避免别人修改呢?

	A	B	C	D	E	F	G
1	序号	学籍号	毕业证号	姓名	身份证号码	性别	周岁
2	1	A0001	B0001	铁拐李	123456200011110011	男	16
3	2	A0002	B0002	汉钟离	123456200011110012	男	16
4	3	A0003	B0003	张果老	123456200011110013	男	16
5	4	A0004	B0004	蓝采和	123456200011110014	男	16
6	5	A0005	B0005	何仙姑	123456200111110001	女	15
7	6	A0006	B0006	吕洞宾	123456200011110015	男	16
8	7	A0007	B0007	韩湘子	123456200011110016	男	16
9	8	A0008	B0008	曹国舅	123456200011110017	男	16

图 9-22　已预设公式的学生信息表

三步搞定。

Step1：如图 9-23 所示，先全选单元格，再打开【单元格格式】对话框（Ctrl+1），单击【保护】选项卡，取消锁定单元格。

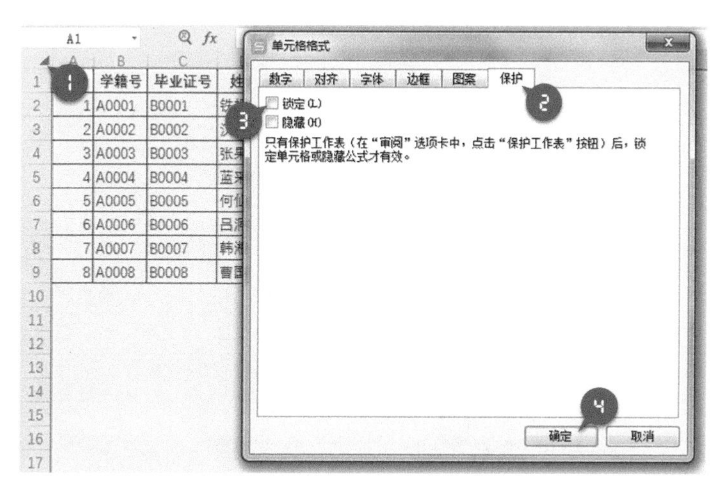

图 9-23　取消单元格锁定

Step2：如图 9-24 所示，选中 F:G 列，锁定单元格并隐藏公式。

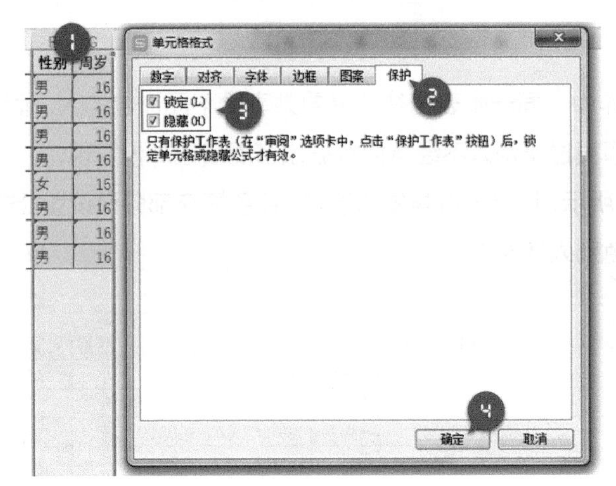

图 9-24　锁定单元格与隐藏公式

Step3：如图 9-25 所示，单击【审阅】-【保护工作表】命令，输入并确认密码，大功告成！

图 9-25　保护工作表并设置密码

现在，隐藏公式的单元格，编辑栏中不显示任何信息；如果试图更改锁定的单元格，则会自动警告并禁止更改，如图 9-26 所示。

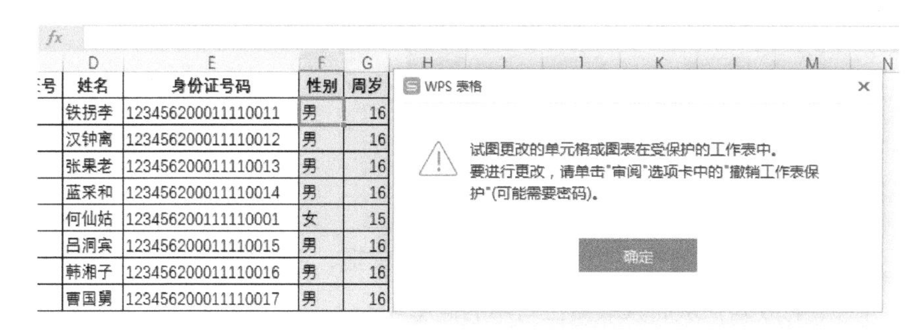

图 9-26　单元格锁定和隐藏的效果

第 10 章　好用的信息

准确无误的数据为挖掘有用的信息提供了前提，那么如何利用 WPS 表格处理分析海量的数据，从而获取真正有用的信息呢?

10.1 数据分析的“常规武器”

WPS 表格向用户提供了表格样式、表格工具、数据排序、数据筛选、分类汇总等简捷易用的功能，帮助用户快速完成表格的常规处理和数据分析任务。

10.1.1 表格样式

如图 10-1 所示，普通表格套用表格样式后，能够实现表格的快速美化和列表化。

	A	B	C	D	E	F	G	H
1	姓名	身份证号	民族	性别	籍贯	出生年月	文化程度	现级别
2	A	143974199412038393	汉	男	浙江绍兴	1994/12/3	中专	职员
3	B	935573198708269140	回	女	陕西蒲城	1987/8/26	研究生	副编审
4	C	818331199108164880	汉	女	山东高青	1991/8/16	大学本科	校对
5	D	677688199803034096	汉	男	山东济南	1998/3/3	大专	校对
6	E	937563197611023640	回	女	宁夏永宁	1976/11/2	大学	职员
7	E	844466198306303124	回	女	宁夏永宁	1983/6/30	大学	职员
8	F	318158197911262541	回	女	河北青县	1979/11/26	大学	职员
9	G	526060197304181836	汉	男	北京长辛店	1973/4/18	大专	职员
10	H	477670198103081019	汉	男	河北南宫	1981/3/8	研究生	职员
11	I	364960198302199881	藏	女	四川遂宁	1983/2/19	研究生	编审
12	J	534509198304248457	汉	男	山东历城	1983/4/24	大学肄业	编审
13	K	118667198007022109	满	女	湖南南县	1980/7/2	大学本科	编审
14	L	343995199808049589	汉	女	河北文安	1998/8/4	研究生	职员
15	M	342819199807065752	满	男	辽宁辽中	1998/7/6	大学本科	馆员
16	N	357184197808052155	汉	男	福建南安	1978/8/5	研究生	编审
17	O	324741199608036559	汉	男	湖北恩施	1996/8/3	大学本科	校对
18	L	343995199808049589	汉	女	河北文安	1998/8/4	研究生	职员
19	P	880155198008094254	汉	男	北京市	1980/8/9	大学本科	会计师
20	Q	689928199908068604	藏	女	安徽太湖	1999/8/6	大学本科	编辑
21	R	665298198504052842	汉	女	山西万荣	1985/4/5	大专	职员
22	S	890229197807136125	汉	女	江苏南通	1978/7/13	高中	编审
23	T	914491197902099279	回	男	四川遂宁	1979/2/9	研究生	副编审

	A	B	C	D	E	F	G	H
1	姓名	身份证号	民	性	籍贯	出生年月	文化程	现级别
2	A	143974199412038393	汉	男	浙江绍兴	1994/12/3	中专	职员
3	B	935573198708269140	回	女	陕西蒲城	1987/8/26	研究生	副编审
4	C	818331199108164880	汉	女	山东高青	1991/8/16	大学本科	校对
5	D	677688199803034096	汉	男	山东济南	1998/3/3	大专	校对
6	E	937563197611023640	回	女	宁夏永宁	1976/11/2	大学	职员
7	E	844466198306303124	回	女	宁夏永宁	1983/6/30	大学	职员
8	F	318158197911262541	回	女	河北青县	1979/11/26	大学	职员
9	G	526060197304181836	汉	男	北京长辛店	1973/4/18	大专	职员
10	H	477670198103081019	汉	男	河北南宫	1981/3/8	研究生	职员
11	I	364960198302199881	藏	女	四川遂宁	1983/2/19	研究生	编审
12	J	534509198304248457	汉	男	山东历城	1983/4/24	大学肄业	编审
13	K	118667198007022109	满	女	湖南南县	1980/7/2	大学本科	编审
14	L	343995199808049589	汉	女	河北文安	1998/8/4	研究生	职员
15	M	342819199807065752	满	男	辽宁辽中	1998/7/6	大学本科	馆员
16	N	357184197808052155	汉	男	福建南安	1978/8/5	研究生	编审
17	O	324741199608036559	汉	男	湖北恩施	1996/8/3	大学本科	校对
18	L	343995199808049589	汉	女	河北文安	1998/8/4	研究生	职员
19	P	880155198008094254	汉	男	北京市	1980/8/9	大学本科	会计师
20	Q	689928199908068604	藏	女	安徽太湖	1999/8/6	大学本科	编辑
21	R	665298198504052842	汉	女	山西万荣	1985/4/5	大专	职员
22	S	890229197807136125	汉	女	江苏南通	1978/7/13	高中	编审
23	T	914491197902099279	回	男	四川遂宁	1979/2/9	研究生	副编审

图 10-1　套用表格样式的前后对比

具体方法如图 10-2 所示，先选中原表的任意单元格，再单击【开始】-【表格样式】命令，套用其中某个样式并确认相应参数即可。

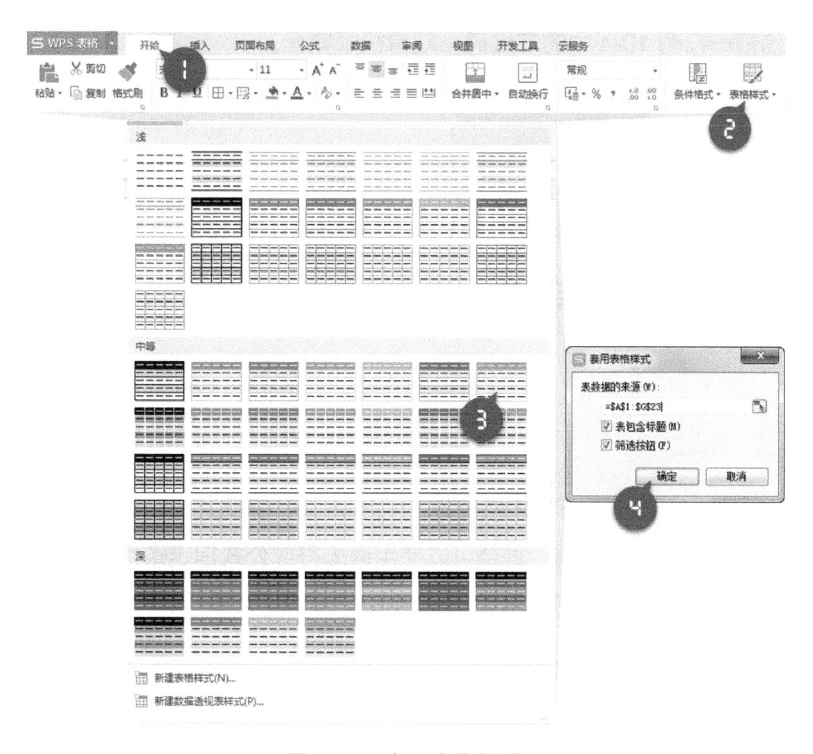

图 10-2　套用表格样式

表格套用样式后，不仅可以快速隔行填充，还可以实现删除重复数据、自动汇总、排序、增强筛选和自动扩展等常用功能。

请用微信扫一扫图 10-3 中的二维码，观看视频教程。

图 10-3　微信扫一扫看视频教程：表格样式

10.1.2 排序

除了按单条件排序，WPS 表格还可按多条件或自定义排序。具体使用方法，请用微信扫一扫图 10-4 中的二维码，观看视频教程。

图 10-4 微信扫一扫看视频教程：WPS 表格排序功能

10.1.3 筛选

自动筛选，无疑是 WPS 表格首选的筛选方式。除此之外，WPS 还提供了更灵活的单条件、多条件筛选，甚至可以使用通配符或公式指定条件进行高级筛选，具体使用方法，请用微信扫一扫图 10-5 中的二维码，观看视频教程。

图 10-5 微信扫一扫看视频教程：WPS 表格的高级筛选

10.1.4 分类汇总

顾名思义，分类汇总就是按类别进行汇总。

在分类汇总前，最好先按分类字段进行排序，如图 10-6 所示。

如果要按“地区”对“订货金额”进行分类汇总，只要先单击【数据】-【分类汇总】命令，再如图 10-7 所示进行操作。

	A	B	C	D	E	F	G	H
1	订单编号	订货日期	发货日期	订货金额	收货人	地址	城市	地区
2	10248	2016-09-20	2016-10-02	32.38	程林	光明北路 124 号	北京	华北
3	10249	2016-09-21	2016-09-26	11.61	程林	青年东路 543 号	济南	华东
4	10250	2016-09-24	2016-09-28	65.83	王霞	光化街 22 号	秦皇岛	华北
5	10251	2016-09-24	2016-10-01	41.34	程林	清林桥 68 号	南京	华东
6	10252	2016-09-25	2016-09-27	51.30	叶青	东管西林路 87 号	长春	东北
7	10253	2016-09-26	2016-10-02	58.17	程林	新成东 96 号	长治	华北
8	10254	2016-09-27	2016-10-09	22.98	叶青	汉正东街 12 号	武汉	华中
9	10255	2016-09-28	2016-10-01	148.33	王霞	白石路 116 号	北京	华北
10	10256	2016-10-01	2016-10-03	13.97	叶青	山大北路 237 号	济南	华东
11	10257	2016-10-02	2016-10-08	81.91	叶青	清华路 78 号	上海	华东
12	10258	2016-10-03	2016-10-09	140.51	程林	经三纬四路 48 号	济南	华东
13	10259	2016-10-04	2016-10-11	3.25	程林	青年西路甲 245 号	上海	华东
14	10260	2016-10-05	2016-10-15	55.09	程林	海淀区明成路甲 8 号	北京	华北
15	10261	2016-10-05	2016-10-16	3.05	程林	花园北街 754 号	济南	华东
16	10262	2016-10-08	2016-10-11	48.29	王霞	浦东临江北路 43 号	上海	华东
17	10263	2016-10-09	2016-10-17	146.06	程林	复兴路 12 号	北京	华北
18	10264	2016-10-10	2016-11-09	3.67	叶青	石景山路 462 号	北京	华北
19	10265	2016-10-11	2016-10-29	55.28	王霞	学院路甲 66 号	武汉	华中
20	10266	2016-10-12	2016-10-17	25.73	王霞	幸福大街 83 号	北京	华北
21	10267	2016-10-15	2016-10-23	208.58	叶青	黄河西口大街 324 号	上海	华东

	A	B	C	D	E	F	G	H
1	订单编号	订货日期	发货日期	订货金额	收货人	地址	城市	地区
2	10332	2017-01-03	2017-01-07	52.84	王霞	机场路 21 号	大连	东北
3	10368	2017-02-15	2017-02-18	101.95	王霞	冀州西街 6 号	大连	东北
4	10395	2017-03-14	2017-03-22	184.41	叶青	明成大街 58 号	大连	东北
5	10401	2017-03-20	2017-03-29	12.51	程林	跃进路 326 号	大连	东北
6	10431	2017-04-18	2017-04-26	44.17	程林	明成街 9 号	大连	东北
7	10460	2017-05-17	2017-05-20	16.27	程林	和安路 82 号	大连	东北
8	10252	2016-09-25	2016-09-27	51.30	叶青	东管西林路 87 号	长春	东北
9	10309	2016-12-06	2017-01-09	47.30	叶青	旅顺西路 78 号	长春	东北
10	10315	2016-12-13	2016-12-20	41.76	程林	关北大路东 82 号	长春	东北
11	10318	2016-12-18	2016-12-21	4.73	程林	汉正南街 62 号	长春	东北
12	10321	2016-12-20	2016-12-28	3.43	王霞	广饶路 43 号	长春	东北
13	10335	2017-01-08	2017-01-10	42.11	王霞	明成大街 69 号	长春	东北
14	10341	2017-01-15	2017-01-22	26.78	程林	机场东路 27 号	长春	东北
15	10345	2017-01-21	2017-01-28	249.06	程林	崇明大路 83 号	长春	东北
16	10361	2017-02-08	2017-02-19	183.17	王霞	崇明西大路丁 8 号	长春	东北
17	10370	2017-02-19	2017-03-15	1.17	程林	志新路 37 号	长春	东北
18	10373	2017-02-21	2017-02-27	124.12	程林	高新技术开发区 3 号	长春	东北
19	10380	2017-02-28	2017-04-04	35.03	王霞	永安西里 110 号	长春	东北
20	10383	2017-03-04	2017-03-06	34.24	王霞	临江大街 76 号	长春	东北
21	10399	2017-03-19	2017-03-27	27.36	叶青	鄂伦春路 283 号	长春	东北

图 10-6　分类汇总前按分类字段进行筛选

	订单编号	订货日期	发货日期	订货金额	收货人	地址	城市	地区
2	10332	2017-01-03	2017-01-07	52.84	王霞	机场路 21 号	大连	东北
3	10368	2017-02-15	2017-02-18	101.95	王霞	冀州西街 6 号	大连	东北
4	10395	2017-03-14	2017-03-22	184.41	叶青	明成大街 58 号	大连	东北
5	10401	2017-03-20	2017-03-29	12.51	程林	跃进路 326 号	大连	东北
6	10431	2017-04-18	2017-04-26	44.17	程林	明成街 9 号	大连	东北
7	10460	2017-05-17	2017-05-20	16.27	程林	和安路 82 号	大连	东北
8	10252	2016-09-25	2016-09-27	51.30	叶青	东管西林路 87 号	长春	东北
9	10309	2016-12-06	2017-01-09	47.30	叶青	旅顺西路 78 号	长春	东北
10	10315	2016-12-13	2016-12-20	41.76	程林	关北大路东 82 号	长春	东北
11	10318	2016-12-18	2016-12-21	4.73	程林	汉正南街 62 号	长春	东北
12	10321	2016-12-20	2016-12-28	3.43	王霞	广饶路 43 号	长春	东北
13	10335	2017-01-08	2017-01-10	42.11	王霞	明成大街 69 号	长春	东北
14	10341	2017-01-15	2017-01-22	26.78	程林	机场东路 27 号	长春	东北
15	10345	2017-01-21	2017-01-28	249.06	程林	崇明大路 83 号	长春	东北
16	10361	2017-02-08	2017-02-19	183.17	王霞	崇明西大路丁 8 号	长春	东北
17	10370	2017-02-19	2017-03-15	1.17	程林	志新路 37 号	长春	东北
18	10373	2017-02-21	2017-02-27	124.12	程林	高新技术开发区 3 号	长春	东北
19	10380	2017-02-28	2017-04-04	35.03	王霞	永安西里 110 号	长春	东北
20	10383	2017-03-04	2017-03-06	34.24	王霞	临江大街 76 号	长春	东北
21	10399	2017-03-19	2017-03-27	27.36	叶青	鄂伦春路 283 号	长春	东北

图 10-7　按“地区”对“订货金额”进行分类汇总

在实际工作中，往往需要进行多级分类汇总，如按“地区”和“城市”对订货金额进行分类汇总，只要如图 10-8 所示，选择分类字段与汇总项，取消勾选“替换当前分类汇总”，对分类汇总进行叠加操作即可。

	订单编号	订货日期	发货日期	订货金额	收货人	地址	城市	地区
2	10332	2017-01-03	2017-01-07	52.84	王霞	机场路 21 号	大连	东北
3	10368	2017-02-15	2017-02-18	101.95	王霞	冀州西街 6 号	大连	东北
4	10395	2017-03-14	2017-03-22	184.41	叶青	明成大街 58 号	大连	东北
5	10401	2017-03-20	2017-03-29	12.51	程林	跃进路 326 号	大连	东北
6	10431	2017-04-18	2017-04-26	44.17	程林	明成街 9 号	大连	东北
7	10460	2017-05-17	2017-05-20	16.27	程林	和安路 82 号	大连	东北
8				412.15			大连 汇总	
9	10252	2016-09-25	2016-09-27	51.30	叶青	东管西林路 87 号	长春	东北
10	10309	2016-12-06	2017-01-09	47.30	叶青	旅顺西路 78 号	长春	东北
11	10315	2016-12-13	2016-12-20	41.76	程林	关北大路东 82 号	长春	东北
12	10318	2016-12-18	2016-12-21	4.73	程林	汉正南街 62 号	长春	东北
13	10321	2016-12-20	2016-12-28	3.43	王霞	广饶路 43 号	长春	东北
14	10335	2017-01-08	2017-01-10	42.11	王霞	明成大街 69 号	长春	东北
15	10341	2017-01-15	2017-01-22	26.78	程林	机场东路 27 号	长春	东北
16	10345	2017-01-21	2017-01-28	249.06	程林	崇明大路 83 号	长春	东北
17	10361	2017-02-08	2017-02-19	183.17	王霞	崇明西大路丁 8 号	长春	东北
18	10370	2017-02-19	2017-03-15	1.17	程林	志新路 37 号	长春	东北
19	10373	2017-02-21	2017-02-27	124.12	程林	高新技术开发区 3 号	长春	东北
20	10380	2017-02-28	2017-04-04	35.03	王霞	永安西里 110 号	长春	东北
21	10383	2017-03-04	2017-03-06	34.24	王霞	临江大街 76 号	长春	东北

图 10-8　再按“城市”对“订货金额”进行分类汇总

单击编辑区左侧的的分类汇总数字标签，可以在各级分类汇总之间随意切换，如图 10-9 所示。

此外，单击分类汇总数字标签的下方的“+”“-”符号，可以对分类汇总进行展开或收起等操作。

如果需要取消所有分类汇总，只需如图 10-10 所示单击【全部删除】命令即可。

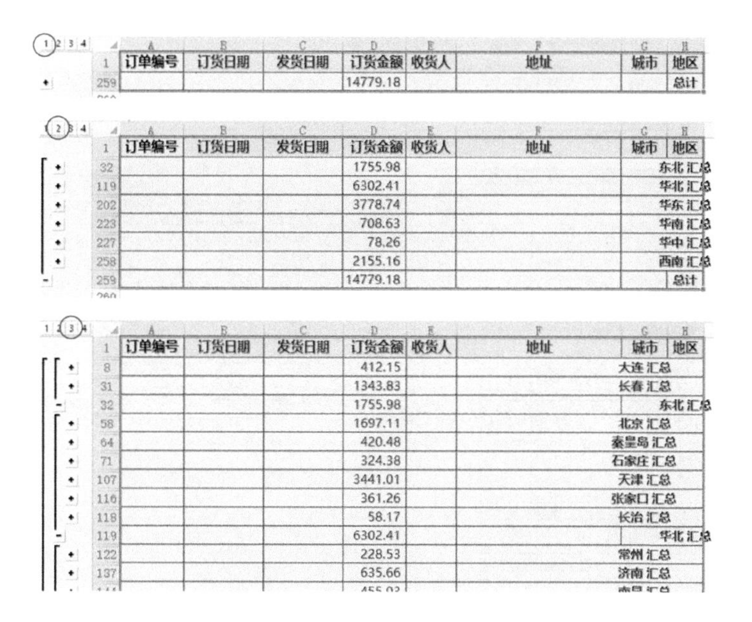

	订单编号	订货日期	发货日期	订货金额	收货人	地址	城市	地区
259				14779.18				总计

	订单编号	订货日期	发货日期	订货金额	收货人	地址	城市	地区
32				1755.98				东北 汇总
119				6302.41				华北 汇总
202				3778.74				华东 汇总
223				708.63				华南 汇总
227				78.26				华中 汇总
258				2155.16				西南 汇总
259				14779.18				总计

	订单编号	订货日期	发货日期	订货金额	收货人	地址	城市	地区
8				412.15			大连 汇总	
31				1343.83			长春 汇总	
32				1755.98				东北 汇总
58				1697.11			北京 汇总	
64				420.48			秦皇岛 汇总	
71				324.38			石家庄 汇总	
107				3441.01			天津 汇总	
116				361.26			张家口 汇总	
118				58.17			长治 汇总	
119				6302.41				华北 汇总
122				228.53			常州 汇总	
137				635.66			济南 汇总	

图 10-9　多级分类汇总的切换

分类汇总

分类字段(A):

订单编号

汇总方式(U):

求和

选定汇总项(D):

- ☐ 订单编号
- ☐ 订货日期
- ☐ 发货日期
- ☐ 订货金额
- ☐ 收货人

- ☑ 替换当前分类汇总(C)
- ☐ 每组数据分页(P)
- ☑ 汇总结果显示在数据下方(S)

全部删除(R)　确定　取消

图 10-10　取消所有分类汇总

10.1.5 合并计算

如图 10-11 所示，如何将各个分公司的数据汇总到一张表中呢?

上海分公司

月份	彩电	洗衣机	空调	电脑	电冰箱
1月	571137	558097	509779	708424	239492
2月	240517	377049	351671	435964	574502
3月	208216	730416	712832	634263	397157
4月	414207	430736	516070	776008	618268
5月	762244	521359	233263	238926	669435

北京分公司

月份	洗衣机	彩电	空调	电脑	电冰箱	手机
1月	255210	310336	620279	769231	510470	303160
2月	461612	463571	509178	477620	452144	436095
3月	208202	678545	211237	636299	518647	357428
4月	566238	526522	407729	731763	242635	523433
5月	771107	496747	506569	752469	691313	530968
6月	248934	741904	321605	553305	502215	443599
7月	304052	272272	304649	772151	261348	448329
8月	389461	212270	723325	723741	255587	531838
9月	508585	686483	766044	507017	389412	558633

南京分公司

月份	彩电	洗衣机	空调	电脑	电冰箱
1月	445082	577420	291743	700079	576473
2月	289476	407628	525387	613723	597097
3月	581834	734137	613484	257126	205358
4月	224624	388232	327995	641090	423804
5月	519682	567316	433850	373875	776748
6月	774700	521256	474943	617812	260017
7月	374170	521034	401409	667019	382093
8月	254231	430929	464331	524659	388171
9月	257564	470272	254121	435127	465842
10月	609369	257527	553055	698574	748326
11月	525744	752645	634942	315426	254796
12月	382240	303898	302393	785028	238656

	彩电	洗衣机	空调	电脑	电冰箱	手机
1月	1326555	1390727	1421801	2177734	1326435	303160
2月	993564	1246289	1386236	1527307	1623743	436095
3月	1468595	1672755	1537553	1527688	1121162	357428
4月	1165353	1385206	1251794	2148861	1284707	523433
5月	1778673	1859782	1173682	1365270	2137496	530968
6月	1516604	770190	796548	1171117	762232	443599
7月	646442	825086	706058	1439170	643441	448329
8月	466501	820390	1187656	1248400	643758	531838
9月	944047	978857	1020165	942144	855254	558633
10月	609369	257527	553055	698574	748326	
11月	525744	752645	634942	315426	254796	
12月	382240	303898	302393	785028	238656	

图 10-11 合并计算效果

利用 WPS 表格的合并计算，可以轻松搞定。具体使用方法，请用微信扫一扫图 10-12 中的二维码，观看视频教程。

图 10-12 微信扫一扫看视频教程：WPS 表格的合并计算

事实上，使用数据透视表可以更方便地满足报表合并的要求。

10.2 数据分析的“秘密武器”

数据透视表又称三维报表，具有极强的交互性和灵活性，能够帮助用户从不同角度对海量数据进行统计，从浩瀚的数据中找出规律，挖掘用于决策依据的信息，是数据分析的利器。

10.2.1 数据透视表的核心思路

在不破坏源数据的基础上，数据透视表有机结合了数据排序、筛选、分类汇总和合并计算等功能的优点，突破函数公式的效率瓶颈，可以更方便、灵活地汇总数据和展示信息。

10.2.2 数据透视表的基本方法

- 数据透视表的创建

如图 10-13 所示，单击数据区域中任一单元格，再单击【插入】-【数据透视表】命令[1]，弹出【创建数据透视表】对话框。

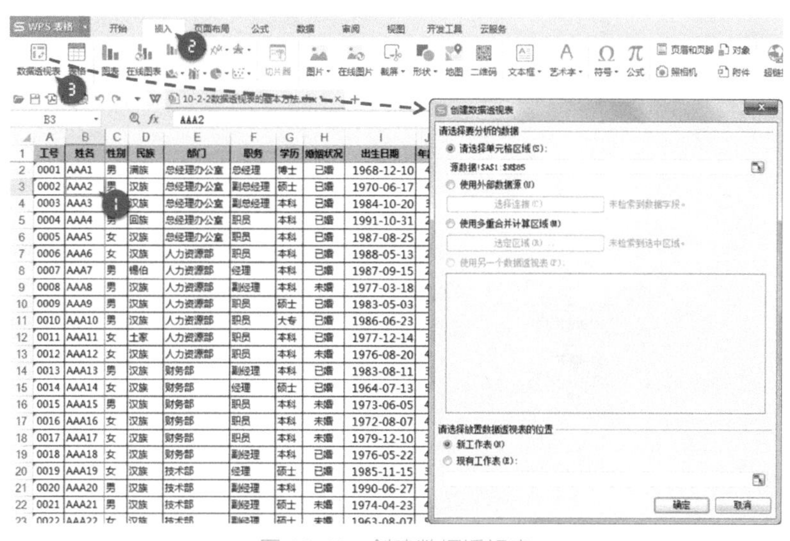

图 10-13　创建数据透视表

如果不更改默认设置，直接单击【确定】命令，将在新工作表中创建数据透视表，如图 10-14 所示。

- 数据透视表的使用

现在，只要将字段拖到对应的数据透视表区域即可。例如：按部门统计员工

[1] 或单击【数据】-【数据透视表】命令。

人数，只要将【字段列表】中的“姓名”拖到【值】区域，将“部门”拖到【行】区域即可，如图 10-15 所示。

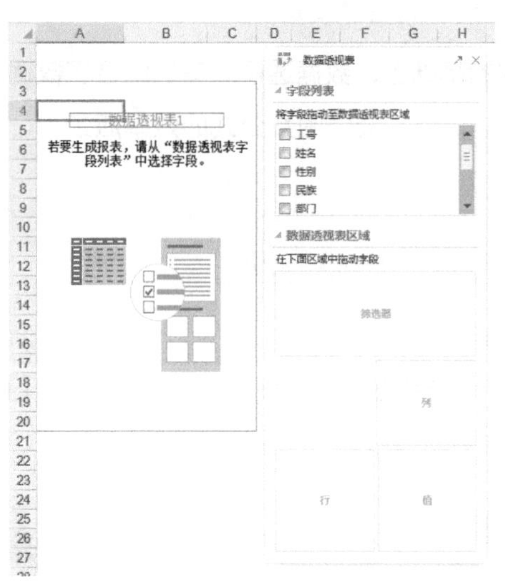

图 10-14　在新工作表中创建数据透视表

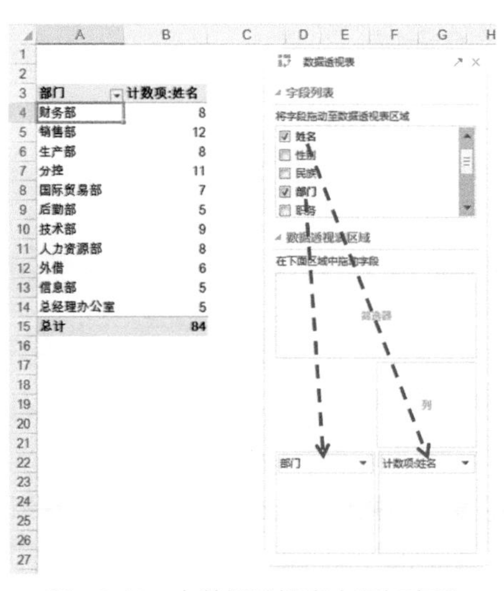

图 10-15　向数据透视表中添加字段

如果再按性别分类，只要将字段列表中的“性别”拖到数据透视表【列】区域即可，如图 10-16 所示。

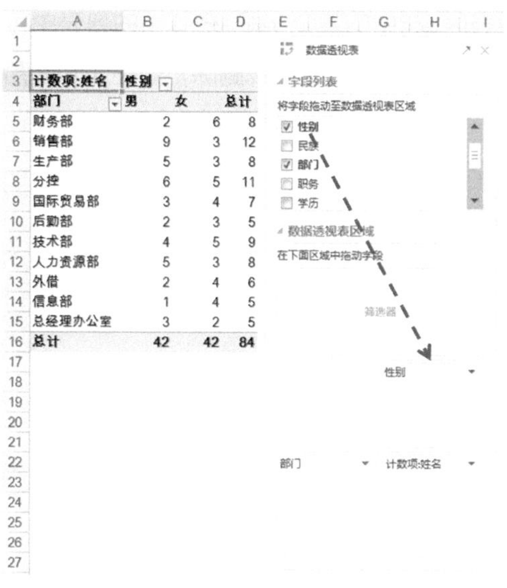

计数项:姓名	性别		
部门	男	女	总计
财务部	2	6	8
销售部	9	3	12
生产部	5	3	8
分控	6	5	11
国际贸易部	3	4	7
后勤部	2	3	5
技术部	4	5	9
人力资源部	5	3	8
外借	2	4	6
信息部	1	4	5
总经理办公室	3	2	5
总计	42	42	84

图 10-16　将字段拖至数据透视表【列】区域

数据透视表中的字段名称（如“计数项 : 姓名”），可以修改（如果不希望显示字段名称，可修改为空格），但不能直接删除，也不能与数据源表头标题行的名称相同，否则会弹出警告，如图 10-17 所示。

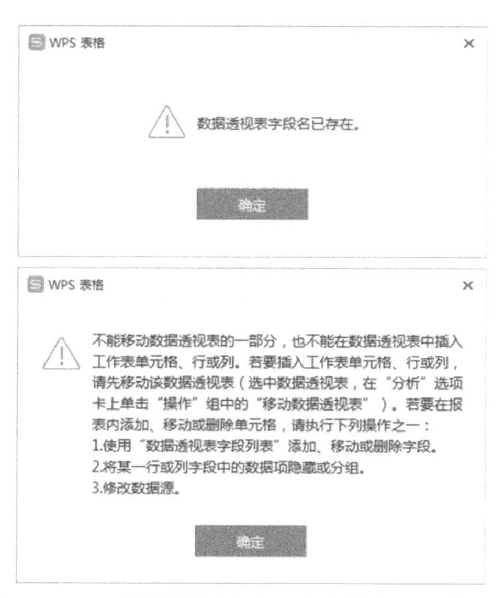

图 10-17　对数据透视表字段名称的非法操作提示

选中【数据透视表区域】中的某个字段，在弹出的列表中可以选择相应的操作，对数据透视表中的字段进行调整、设置或删除，如图 10-18 所示。

部门	男	女	总计
财务部	2	6	8
销售部	9	3	12
生产部	5	3	8
分控	6	5	11
国际贸易部	3	4	7
后勤部	2	3	5
技术部	4	5	9
人力资源部	5	3	8
外借	2	4	6
信息部	1	4	5
总经理办公室	3	2	5
总计	42	42	84

图 10-18　数据透视表区域中的字段设置

如果想显示某个分类的明细数据，只要在数据透视表中双击该分类，在弹出的【显示明细数据】对话框中选择相应字段，单击【确定】命令即可，如图 10-19 所示。

图 10-19　显示明细数据

双击数据透视表中的某个数据单元格，则在新工作表中显示相应的明细数据，实现“透视”效果，如图 10-20 所示。

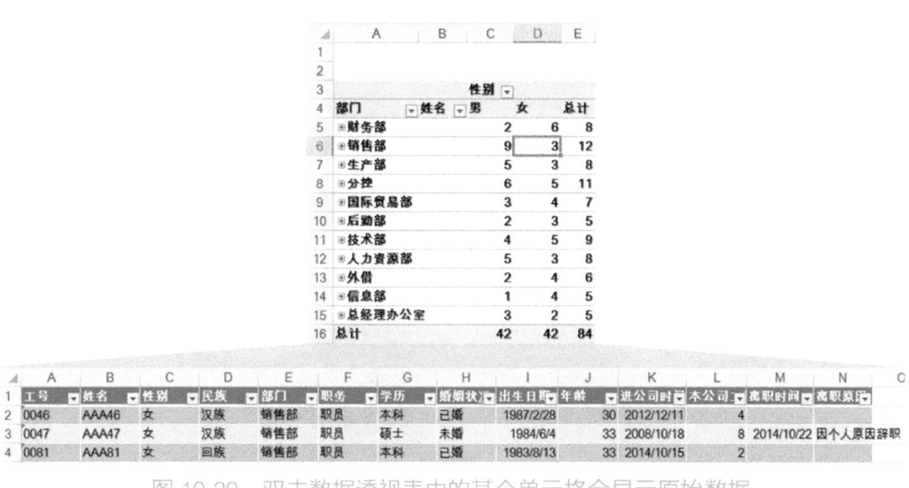

	性别		
部门 / 姓名	男	女	总计
财务部	2	6	8
销售部	9	3	12
生产部	5	3	8
分控	6	5	11
国际贸易部	3	4	7
后勤部	2	3	5
技术部	4	5	9
人力资源部	5	3	8
外借	2	4	6
信息部	1	4	5
总经理办公室	3	2	5
总计	42	42	84

工号	姓名	性别	民族	部门	职务	学历	婚姻状	出生日	年龄	进公司时	本公司	离职时间	离职原
0046	AAA46	女	汉族	销售部	职员	本科	已婚	1987/2/28	30	2012/12/11	4		
0047	AAA47	女	汉族	销售部	职员	硕士	未婚	1984/6/4	33	2008/10/18	8	2014/10/22	因个人原因辞职
0081	AAA81	女	回族	销售部	职员	本科	已婚	1983/8/13	33	2014/10/15	2		

图 10-20　双击数据透视表中的某个单元格会显示原始数据

10.2.3 数据透视表的常用功能

- 切片器

使用切片器功能，能够更直观、随意地对数据进行图形化的筛选操作。如图 10-21 所示，在数据透视表中插入切片器。

利用切片器筛选框，可以单击筛选某个字段，也可以按住 Ctrl 键同时选中多个字段，如图 10-22 所示，先筛选“博士”学历的人数，再叠加筛选 “硕士”学历的人数。

在开始新一轮筛选前，如图 10-23 所示，先清除筛选器，再筛选出未婚人数。

图 10-21　在数据透视表中插入切片器

图 10-22　利用切片器筛选单个或多个字段

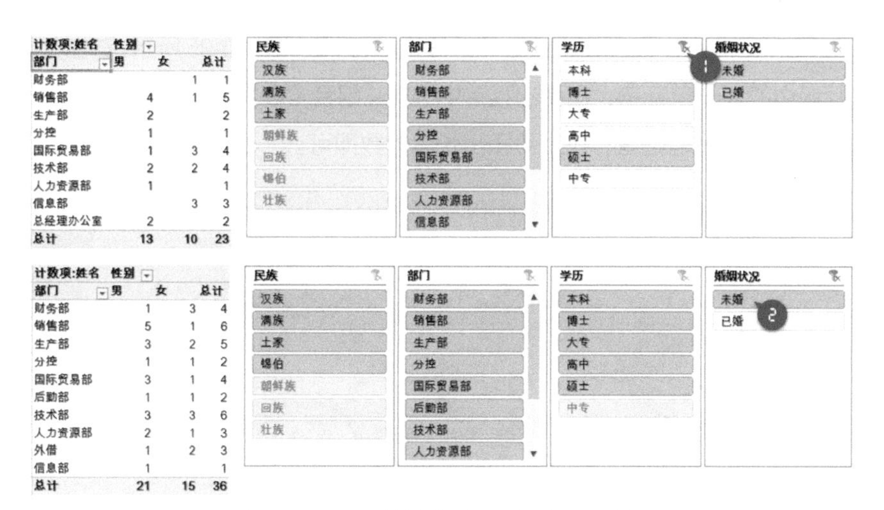

计数项:姓名	性别		
部门	男	女	总计
财务部		1	1
销售部	4	1	5
生产部	2		2
分控	1		1
国际贸易部	1	3	4
技术部	2	2	4
人力资源部	1		1
信息部		3	3
总经理办公室	2		2
总计	13	10	23

计数项:姓名	性别		
部门	男	女	总计
财务部	1	3	4
销售部	5	1	6
生产部	3	2	5
分控	1	1	2
国际贸易部	3	1	4
后勤部	1	1	2
技术部	3	3	6
人力资源部	2	1	3
外借	1	2	3
信息部	1		1
总计	21	15	36

图 10-23　清除筛选器后开始新的筛选

如果需要删除切片器，只要选中后直接单击 Delete 键即可。

- 分组

如图 10-24 所示，在未对年龄进行分组前，数据透视表默认列出每个年龄的人数。

图 10-24　年龄待分组的数据透视表

如果希望以10年为区间统计各年龄段人数，只要如图10-25所示，右击“年龄”字段标题中的任一单元格，在弹出菜单中选择“组合（G）……”，在弹出的【组合】对话框中设置起始值、终止值和步长等参数即可。

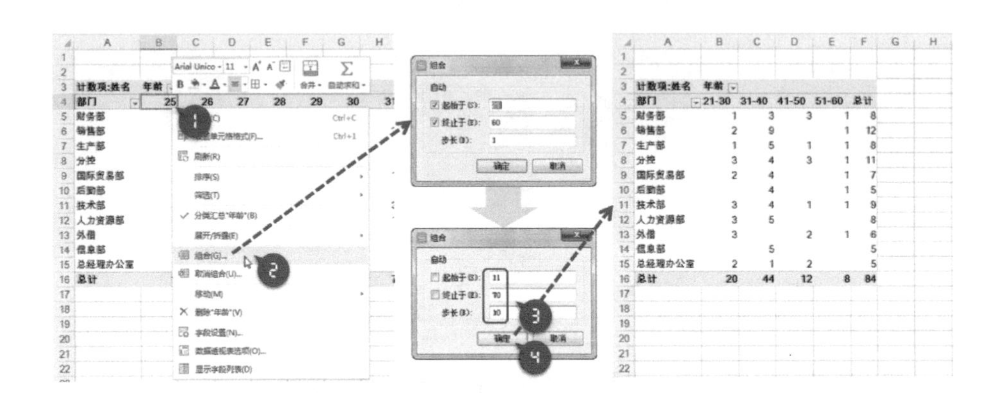

图 10-25　按年龄分段统计员工人数

事实上，利用数据透视表还可以显示报表筛选页、设置字段分类汇总方式、建立多维度统计分析报表、利用组合字段建立多层统计分析报表等，限于篇幅，不再赘述。

10.3 公式函数那些事儿

公式是 WPS 表格中进行数值计算的等式，所有的公式都是以“=”开始的，而函数则是一些预定义的公式。

WPS 表格的内置函数多达数百个，主要有 9 类，分别是❶财务函数，❷逻辑函数，❸文本函数，❹日期与时间函数，❺查询和引用函数，❻数学和三角函数，❼统计函数，❽工程函数，❾信息函数，此外还有数据库函数和用户自定义函数等。

10.3.1 函数推导

这么多的函数怎么记得住？如何调用函数？如何看懂别人的复杂函数？为什么复制公式时经常出错？这是很多 WPS 表格用户遇到的现实问题。

10.3.1.1　计算步骤

如图 10-26 所示，在 WPS 表格中，数据计算大致可以分解成以下 4 个步骤：

1）定目标（单元格 B9）

2）选方法（SUM 函数）

3）选数据（单元格区域 A2:B6 和 D2:D7）

4）确认（单击 Enter 键）

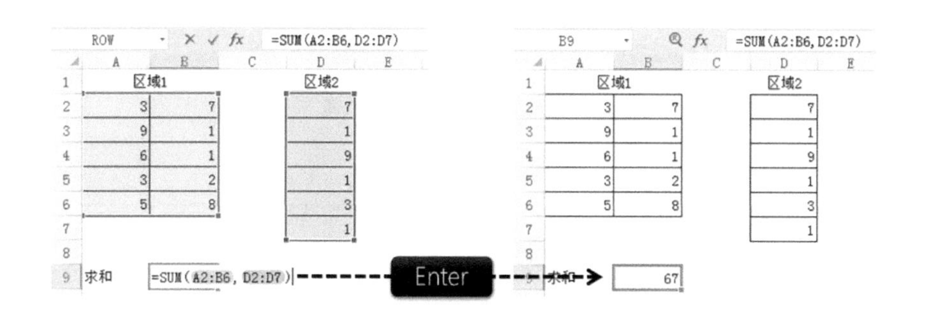

图 10-26　数据计算步骤

10.3.1.2　函数通用格式

在 WPS 表格中，函数具有通用的格式，理解函数的结构将帮助用户更高效地应用函数，如图 10-27 所示。

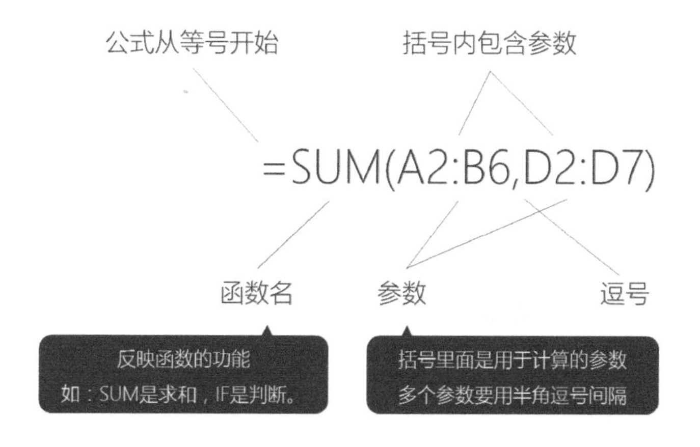

图 10-27　函数的通用格式

10.3.1.3　函数的搜索

如果想搜索某个函数，可以如图 10-28 所示，在【插入函数】对话框中，尝试输入与此函数相关的信息（如由圆周率 π 想到 3.14……），利用选择列表与对应的功能说明，快速锁定函数（注：PI 函数无参数）。如果想进一步了解该函数的用法，可以在弹出的【函数参数】对话框中，单击“有关该函数的帮助”。

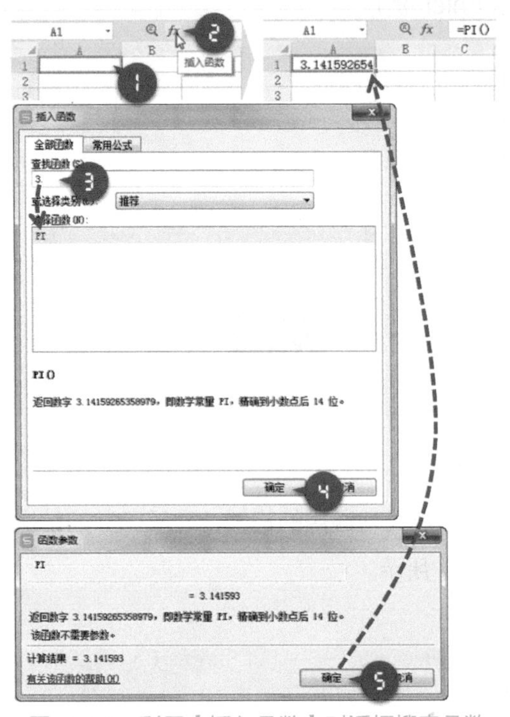

图 10-28　利用【插入函数】对话框搜索函数

除此之外，还可以单击 F1 键，利用 WPS 的帮助中心搜索函数，如图 10-29 所示。

10.3.1.4　函数的“自助输入法”

对于名字较长或参数较多的函数，如图 10-30 所示，只要在输入该函数前几个字符的同时，观察随之显示的函数列表，当该函数被选中时，单击 Tab 键即可自动插入该函数；再单击【插入函数】命令按钮，利用弹出的【函数参数】对话框进行设置即可。

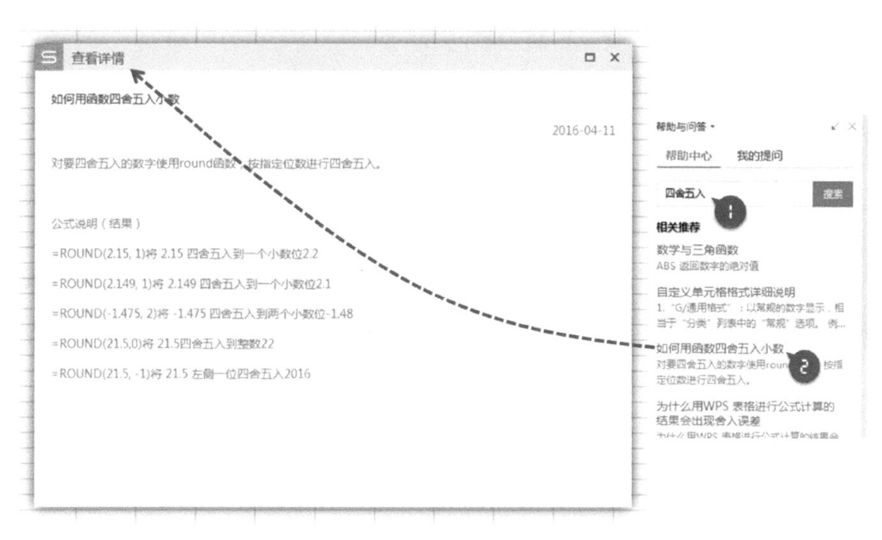

图 10-29　利用 WPS 的帮助中心搜索函数

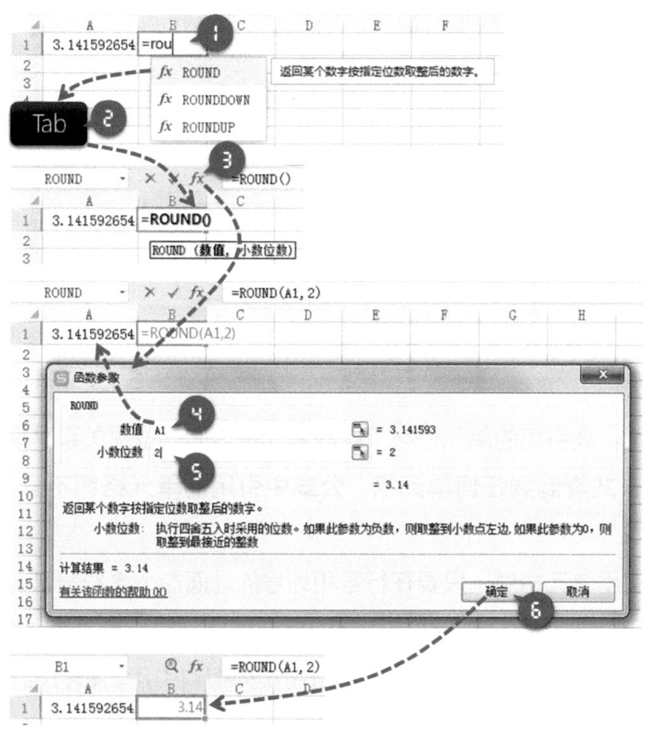

图 10-30　函数的“自助输入法”

10.3.1.5 相对引用、绝对引用与混合引用

在 WPS 表格的实际应用中，公式不仅包含数值、函数，往往还需要引用单元格区域中的数据。

引用方式有三种：相对引用、绝对引用与混合引用。

相对引用：被引用单元格与引用单元格之间的位置关系是相对的。

将带有相对引用的公式复制到其他单元格时，公式中引用的单元格将变成与目标单元格一样的相对位置上的单元格，如图 10-31 所示。

D3 fx =D2+B3-C3

	A	B	C	D
1	日期	收入	支出	余额
2	2017-01-01			51356.36
3	2017-01-02	134.81	354.42	51136.75
4	2017-01-03	735.72	606.62	
5	2017-01-04	236.26	802.71	
6	2017-01-05	527.35	713.65	

D6 fx =D5+B6-C6

	A	B	C	D
1	日期	收入	支出	余额
2	2017-01-01			51356.36
3	2017-01-02	134.81	354.42	51136.75
4	2017-01-03	735.72	606.62	51265.85
5	2017-01-04	236.26	802.71	50699.40
6	2017-01-05	527.35	713.65	50513.10

图 10-31 公式中的相对引用

绝对引用：被引用的单元格与引用的单元格之间的位置关系是绝对的。

无论将公式复制到任何单元格，公式中引用的单元格都不变，如图 10-32 所示。

当绝对引用单元格时，只要在行号和列号的前面加上 $ 符号即可。

混合引用：被引用的单元格与引用的单元格之间的位置关系既有绝对，也有相对。具体来说，又分两种：❶行绝对引用和列相对引用，❷行相对引用和列绝对引用。

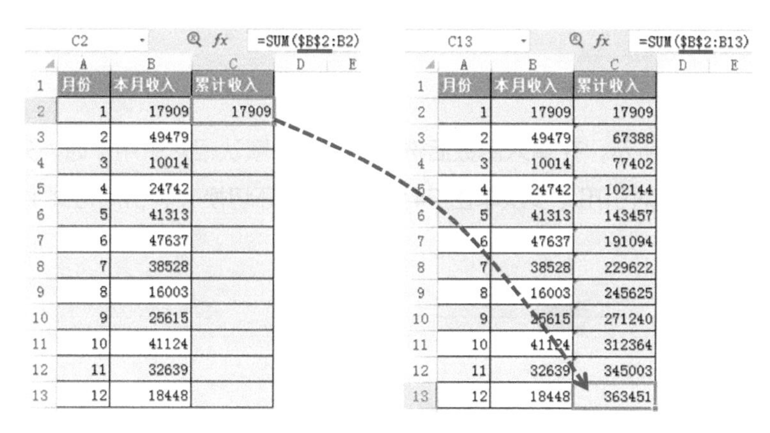

C2　=SUM($B$2:B2)

	A	B	C
1	月份	本月收入	累计收入
2	1	17909	17909
3	2	49479	
4	3	10014	
5	4	24742	
6	5	41313	
7	6	47637	
8	7	38528	
9	8	16003	
10	9	25615	
11	10	41124	
12	11	32639	
13	12	18448	

C13　=SUM($B$2:B13)

	A	B	C
1	月份	本月收入	累计收入
2	1	17909	17909
3	2	49479	67388
4	3	10014	77402
5	4	24742	102144
6	5	41313	143457
7	6	47637	191094
8	7	38528	229622
9	8	16003	245625
10	9	25615	271240
11	10	41124	312364
12	11	32639	345003
13	12	18448	363451

图 10-32　公式中的绝对引用

将带有混合引用的公式复制到其他单元格时，绝对引用的部分保持不变，而相对引用的部分则随之发生变化，如图 10-33 所示。

B2　=B$1&"×"&$A2&"="&B$1*$A2

	A	B	C	D	E	F	G	H	I	J
1	0	1	2	3	4	5	6	7	8	9
2	1	1×1=1	2×1=2	3×1=3	4×1=4	5×1=5	6×1=6	7×1=7	8×1=8	9×1=9
3	2	1×2=2	2×2=4	3×2=6	4×2=8	5×2=10	6×2=12	7×2=14	8×2=16	9×2=18
4	3	1×3=3	2×3=6	3×3=9	4×3=12	5×3=15	6×3=18	7×3=21	8×3=24	9×3=27
5	4	1×4=4	2×4=8	3×4=12	4×4=16	5×4=20	6×4=24	7×4=28	8×4=32	9×4=36
6	5	1×5=5	2×5=10	3×5=15	4×5=20	5×5=25	6×5=30	7×5=35	8×5=40	9×5=45
7	6	1×6=6	2×6=12	3×6=18	4×6=24	5×6=30	6×6=36	7×6=42	8×6=48	9×6=54
8	7	1×7=7	2×7=14	3×7=21	4×7=28	5×7=35	6×7=42	7×7=49	8×7=56	9×7=63
9	8	1×8=8	2×8=16	3×8=24	4×8=32	5×8=40	6×8=48	7×8=56	8×8=64	9×8=72
10	9	1×9=9	2×9=18	3×9=27	4×9=36	5×9=45	6×9=54	7×9=63	8×9=72	9×9=81

J10　=J$1&"×"&$A10&"="&J$1*$A10

	A	B	C	D	E	F	G	H	I	J
1	0	1	2	3	4	5	6	7	8	9
2	1	1×1=1	2×1=2	3×1=3	4×1=4	5×1=5	6×1=6	7×1=7	8×1=8	9×1=9
3	2	1×2=2	2×2=4	3×2=6	4×2=8	5×2=10	6×2=12	7×2=14	8×2=16	9×2=18
4	3	1×3=3	2×3=6	3×3=9	4×3=12	5×3=15	6×3=18	7×3=21	8×3=24	9×3=27
5	4	1×4=4	2×4=8	3×4=12	4×4=16	5×4=20	6×4=24	7×4=28	8×4=32	9×4=36
6	5	1×5=5	2×5=10	3×5=15	4×5=20	5×5=25	6×5=30	7×5=35	8×5=40	9×5=45
7	6	1×6=6	2×6=12	3×6=18	4×6=24	5×6=30	6×6=36	7×6=42	8×6=48	9×6=54
8	7	1×7=7	2×7=14	3×7=21	4×7=28	5×7=35	6×7=42	7×7=49	8×7=56	9×7=63
9	8	1×8=8	2×8=16	3×8=24	4×8=32	5×8=40	6×8=48	7×8=56	8×8=64	9×8=72
10	9	1×9=9	2×9=18	3×9=27	4×9=36	5×9=45	6×9=54	7×9=63	8×9=72	9×9=81

图 10-33　公式中的混合引用

10.3.2 函数简化

10.3.2.1 F4 的妙用

如图 10-34 所示，在输入函数后选取单元格（默认相对引用）时，只要单击 F4 键即可改为绝对引用（多次单击 F4 键，则可循环切换 4 种引用方式）。

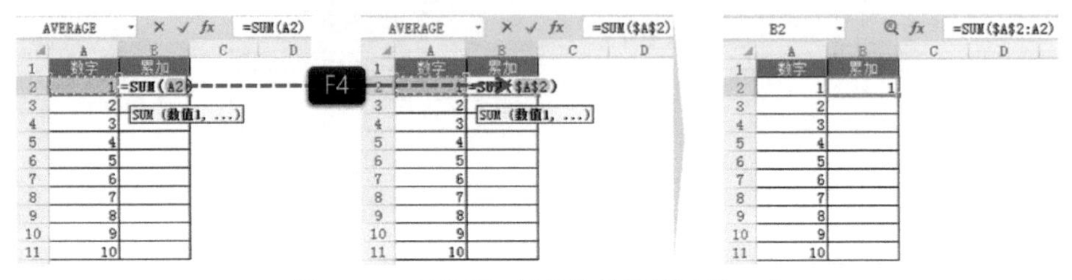

图 10-34　利用 F4 键切换单元格引用方式

此外，还可以利用 F4 键重复上一步操作，或取代格式刷，提高工作效率。如图 10-35 所示，先手工合并单元格，再按住 Ctrl 键同时选定多个单元格区域，单击 F4 键，完成合并单元格的批量操作（或选中一个单元格区域再单击 F4 键，重复上一步操作，依此类推，直到完成所有单元格的合并操作）。

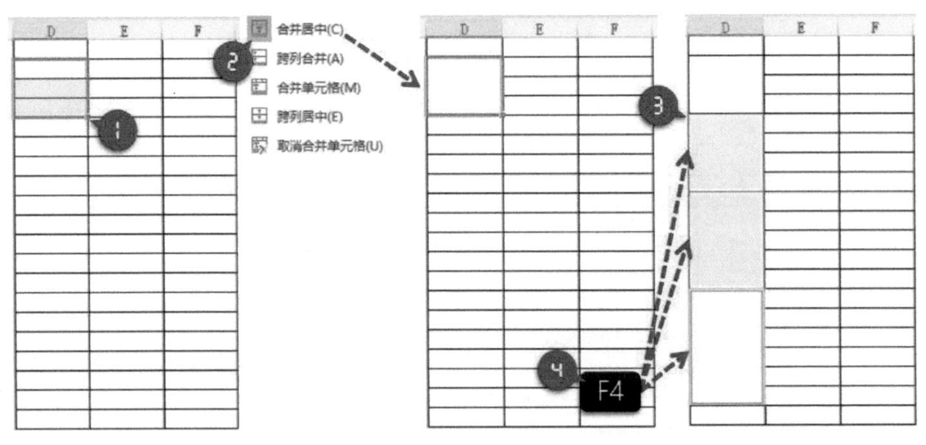

图 10-35　利用 <F4> 键重复上一步操作

10.3.2.2　巧用名称突破公式计算瓶颈

如果在 WPS 表格时，经常使用某一个或几个固定的公式或数据区域，应该如何简化操作呢?

通过定义名称，既能增强公式或数据区域的可读性，又能大大提高效率。

例如在设置数据有效性时，有时需要调用其他工作表中的单元格区域作为条件序列，常规选取数据容易出错且步骤较多。建议如图 10-36 所示，先将条件系列所在区域定义为名称（选中该区域后直接在名称框中输入“民族”），再设置数据有效性，最后只要在“来源”编辑框中输入“= 民族”即可。

图 10-36　将数据有效性条件序列定义为名称

你还可以使用名称管理器（Ctrl+F3），对工作簿中的名称进行添加、编辑、删除和查找等更多操作，如图 10-37 所示。

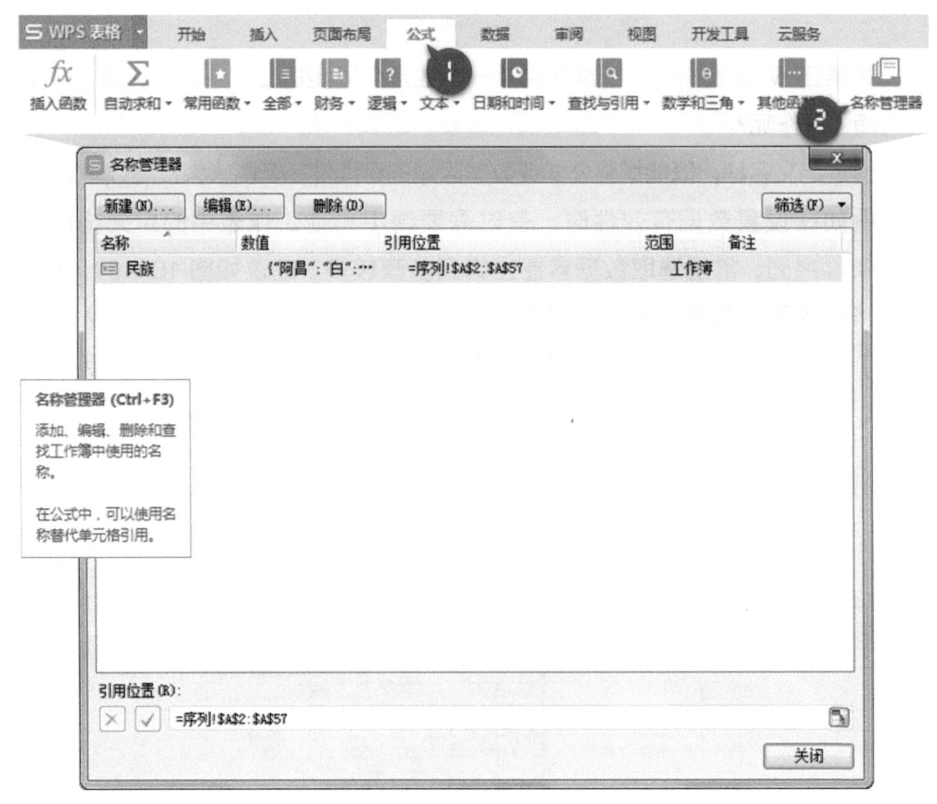

图 10-37　名称管理器

10.3.3 常用函数

10.3.3.1　IF 函数

语法：=IF（❶条件，❷满足条件返回值，❸否则返回值）

如图 10-38 所示，如果被乘数（列标题）小于等于乘数（行标题），就把乘法口诀的算式填进单元格；否则就空着不填。按此思路，在 B2 单元格中输入 IF 函数（注意修改单元格引用方式），然后利用 WPS 表格的自动填充功能（见 9.2.1.2），将此公式批量复制到其他单元格中。

在实际工作中，测试条件往往不止一个，“IF 里面套 IF”，如图 10-39 所示，此时就要考虑函数嵌套了，这也是函数的魅力所在。

ROUND　×　✓　fx　=IF(B$1<=$A2,B$1&"×"&$A2&"="&B$1*$A2,"")

	A	B	C	D	E	F	G	H	I	J
1	0	1	2	3	4	5	6	7	8	9
2	1	=IF(B$1<=$A2,B$1&"×"&$A2&"="&B$1*$A2,"")								
3	2	1 IF（测试条件，真值，[假值]）								
4	3	1×3=3	2×3=6	3×3=9						
5	4	1×4=4	2×4=8	3×4=12	4×4=16					
6	5	1×5=5	2×5=10	3×5=15	4×5=20	5×5=25				
7	6	1×6=6	2×6=12	3×6=18	4×6=24	5×6=30	6×6=36			
8	7	1×7=7	2×7=14	3×7=21	4×7=28	5×7=35	6×7=42	7×7=49		
9	8	1×8=8	2×8=16	3×8=24	4×8=32	5×8=40	6×8=48	7×8=56	8×8=64	
10	9	1×9=9	2×9=18	3×9=27	4×9=36	5×9=45	6×9=54	7×9=63	8×9=72	9×9=81

图 10-38　乘法口诀表中的 IF 函数

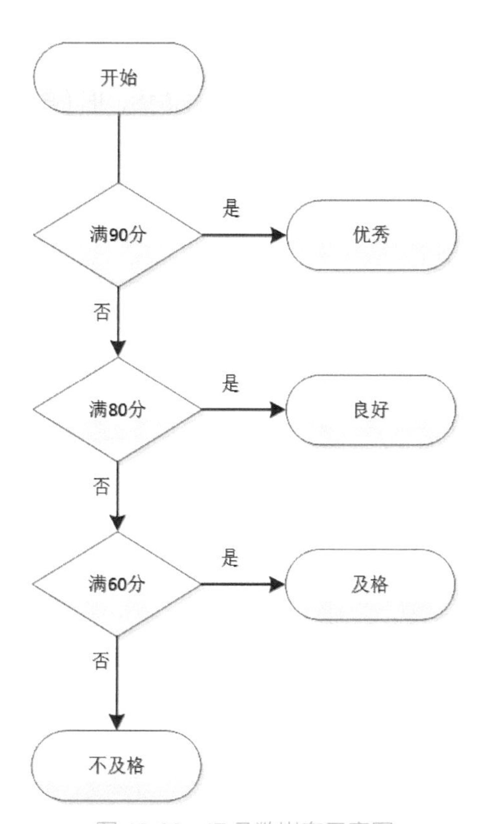

图 10-39　IF 函数嵌套示意图

据此填制公式，如图 10-40 所示，当成绩满 90 分时，就显示“优”；否则就执行后面的判断“IF（B16>=$G$17，$H$17，IF（B16>=$G$18，$H$18，$H$19））”。依此类推，直到最后一层嵌套结束。

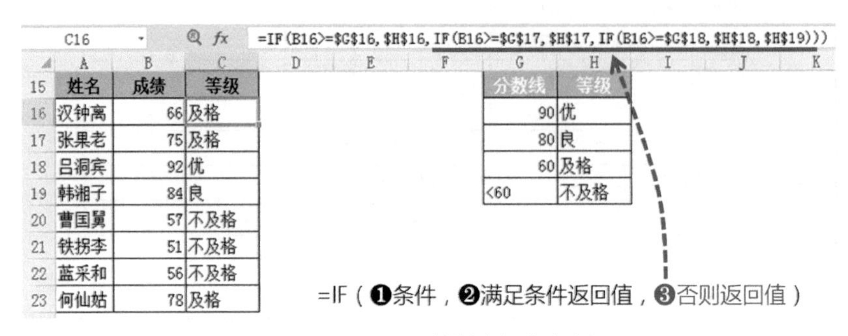

姓名	成绩	等级
汉钟离	66	及格
张果老	75	及格
吕洞宾	92	优
韩湘子	84	良
曹国舅	57	不及格
铁拐李	51	不及格
蓝采和	56	不及格
何仙姑	78	及格

分数线	等级
90	优
80	良
60	及格
<60	不及格

图 10-40　IF 函数嵌套经典案例

当然也可以逆向思考，如图 10-41 所示，当成绩不满 60 分时，就显示“不及格”；否则就执行后面的判断“IF（B16<$G$17，$H$18，IF（B16<$G$16，$H$17，$H$16））”。依此类推，直到最后一层嵌套结束。

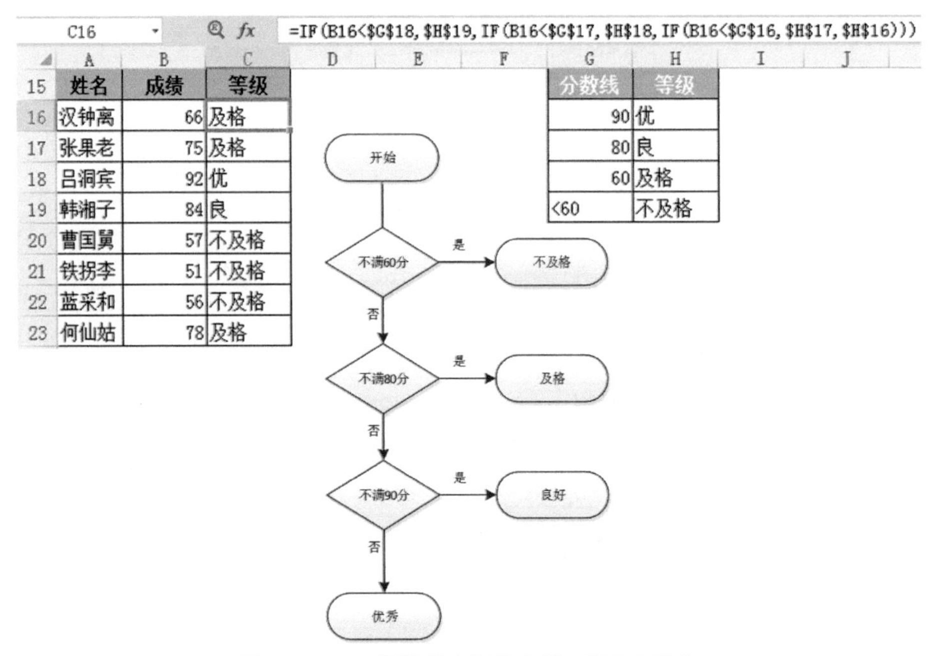

姓名	成绩	等级
汉钟离	66	及格
张果老	75	及格
吕洞宾	92	优
韩湘子	84	良
曹国舅	57	不及格
铁拐李	51	不及格
蓝采和	56	不及格
何仙姑	78	及格

分数线	等级
90	优
80	良
60	及格
<60	不及格

图 10-41　IF 函数嵌套经典案例（逆向思维）

10.3.3.2　VLOOKUP 函数

语法：=VLOOKUP(❶找什么，❷在哪些区域找，❸找第几列，❹匹配方式(精确 / 大致))

如图 10-42 所示，根据姓名查询成绩和等级。

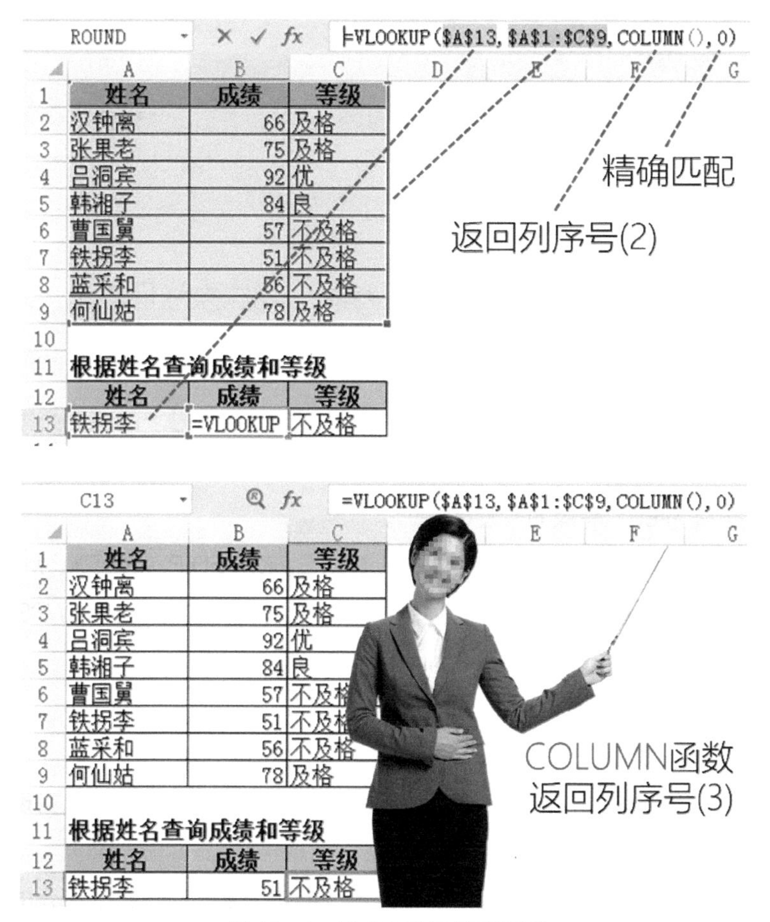

图 10-42　VLOOKUP 精确匹配

由于成绩在查找区域 A1:C9 中位于第 2 列（从左向右数），故 VLOOKUP 的参数❸为 2（COLUMN 函数返回列序号 2），因为需要精确匹配，所以参数❹为 False（注：True 为大致匹配）；而在 Excel 中，False 的逻辑值为 0，因此可以简写为 0。

依此类推，将公式复制到 C13 单元格，即可根据姓名查询等级。

除了精确匹配，VLOOKUP 还能实现大致匹配的查找，以取代复杂的 IF 函数嵌套（见图 10-43）。

C3　=VLOOKUP(B3,$F$2:$G$5,2)

	A	B	C	D	E	F	G
1	姓名	成绩	等级			分数线	等级
2	汉钟离	66	及格			0	不及格
3	张果老	75	及格			60	及格
4	吕洞宾	92	优			80	良
5	韩湘子	84	良			90	优
6	曹国舅	57	不及格				
7	铁拐李	51	不及格				
8	蓝采和	56	不及格				
9	何仙姑	78	及格				

第4个参数为True或直接省略，代表大致匹配。

图 10-43　VLOOKUP 大致匹配

要实现大致匹配的查找，VLOOKUP 查找区域（参数❷）的首列必须按升序排序，如图 10-43 所示，VLOOKUP 会查找最接近 75 的分数线（取上不取下，对应的分数线为 60，等级为“及格”）。

WPS 常用的函数还有 SUMIFS、COUNTIFS、DATEDIF、INDEX、MATCH、OFFSET……限于篇幅，不能一一列举。读者如果有兴趣，可以使用 WPS 的帮助（F1）进行学习。

10.3.4 联动选择

在实际工作中，往往需要根据某个字段名称自动列出对应数据，实现二级下拉菜单甚至多级联动选择。

如图 10-44 所示，当在所属部门中选择“销售三部”时，右侧单元格的下拉菜单中会自动列出销售三部的所有销售员；当选择其他部门时，也会同样实现这种联动选择效果。

那么，这种效果是如何实现的呢?

方法如下：

先批量指定名称，如图 10-45 所示。

	A	B	C	D	E	F
1	销售一部	销售二部	销售三部			
2	陆华	王丽华	司徒春		二级联动选择	
3	高毅	鲁帆	苏武		部门	销售员
4	吴开	张悦群	宋丹		销售三部	
5	杜敏莉	黄平	章中承		销售一部	
6	张严	章燕	徐武斌		销售二部	
7	张宏	周良乐	戈志立		销售三部	
8						
9						
10						

	A	B	C	D	E	F
1	销售一部	销售二部	销售三部			
2	陆华	王丽华	司徒春		二级联动选择	
3	高毅	鲁帆	苏武		部门	销售员
4	吴开	张悦群	宋丹		销售三部	
5	杜敏莉	黄平	章中承			司徒春
6	张严	章燕	徐武斌			苏武
7	张宏	周良乐	戈志立			宋丹
8						章中承
9						徐武斌
10						戈志立

图 10-44　联动选择效果

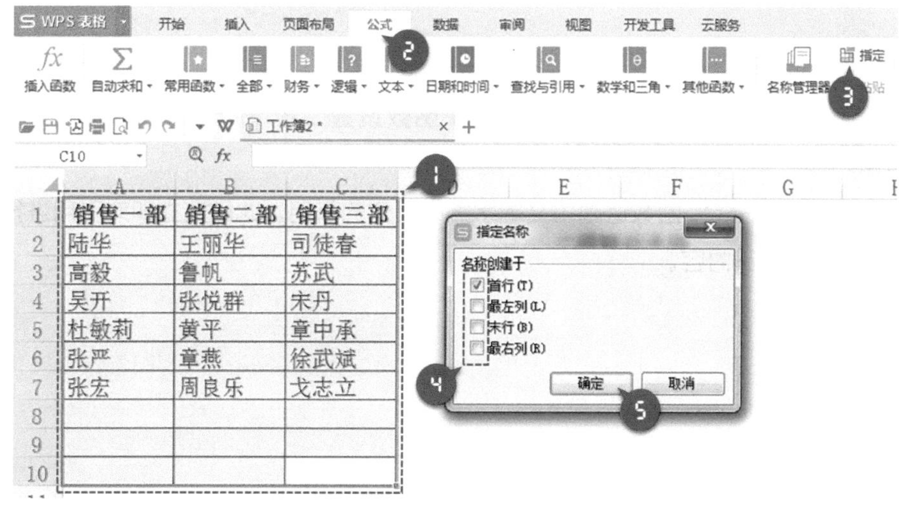

图 10-45　指定名称

再利用数据有效性设置一级下拉菜单，如图 10-46 所示。

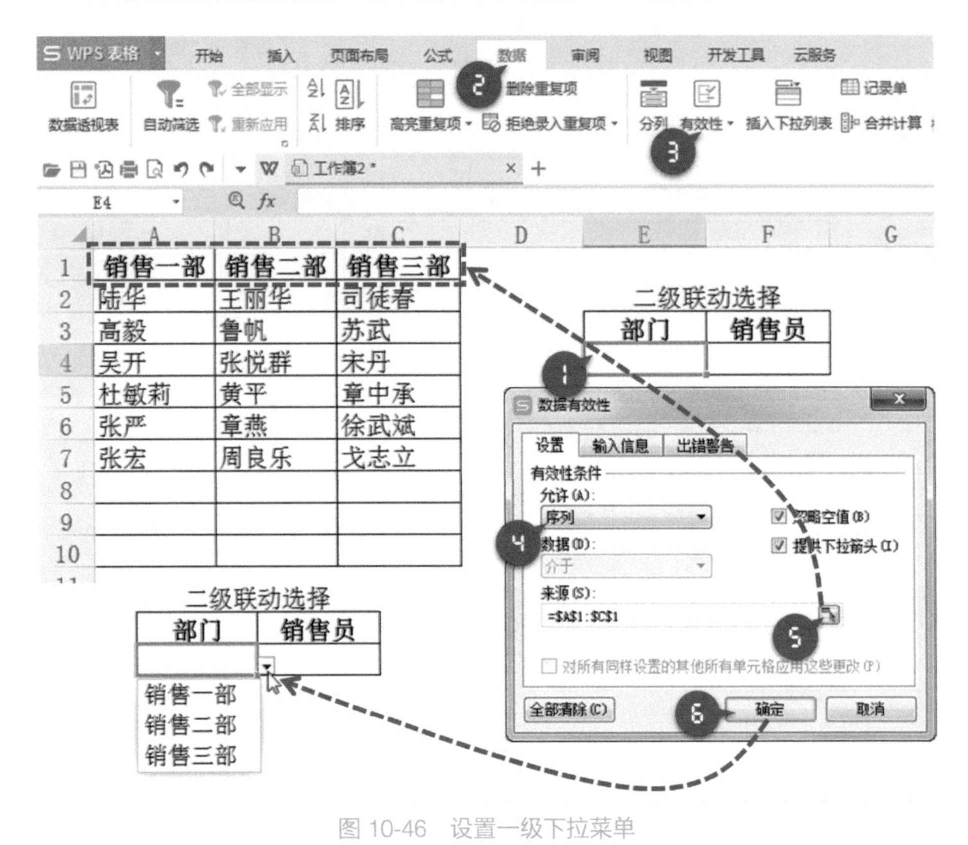

图 10-46　设置一级下拉菜单

最后利用数据有效性与 INDIRECT 函数设置二级下拉菜单，如图 10-47 所示。

注：INDIRECT 函数返回由文本字符串指定的引用。此函数立即对引用进行计算，并显示其内容。

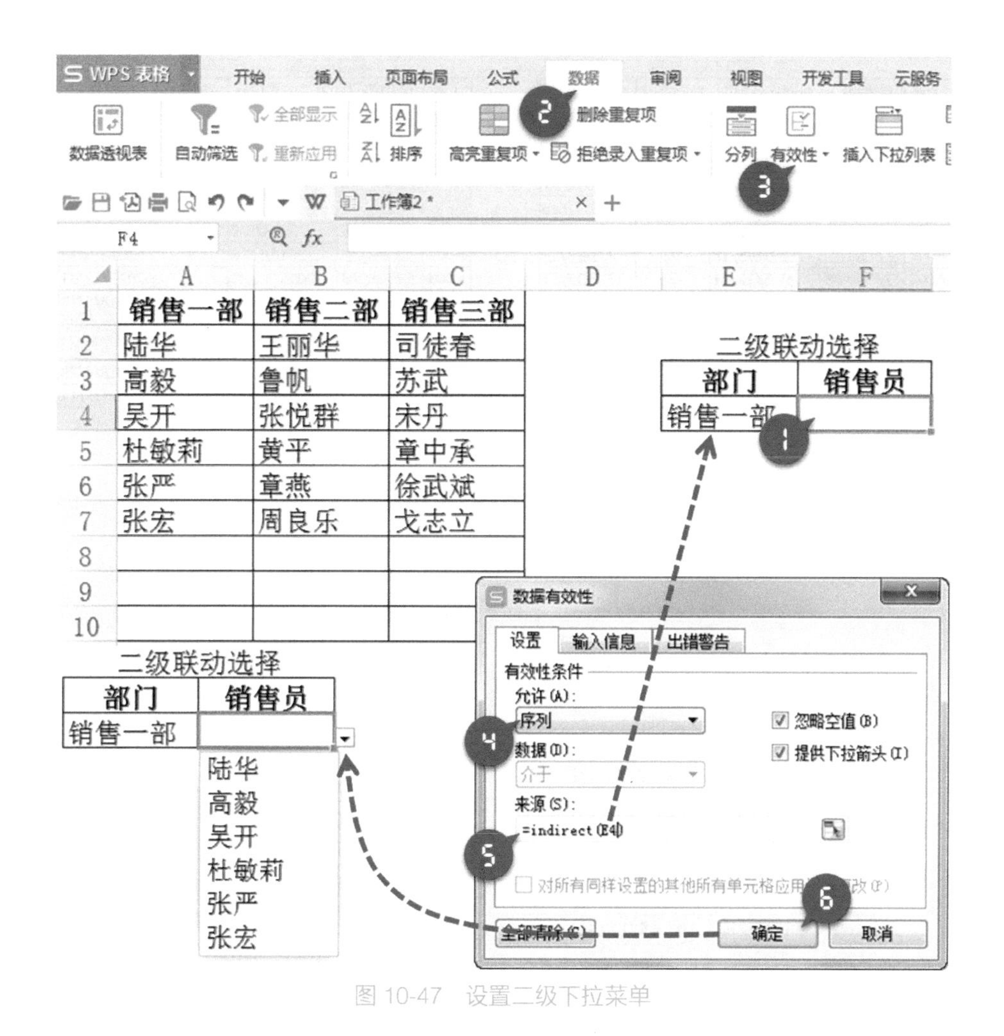

图 10-47　设置二级下拉菜单

10.3.5 条件格式

应用条件格式可以设置员工生日提醒、合同到期提醒、采购报价对比、年度销售汇总与趋势分析……从而直观地分析数据，轻松洞察数据背后的信息。

如图 10-48 所示，设置条件格式后，将自动突出显示所有 30 天内合同到期的记录，一目了然。

假设今天是：2017年6月6日

工号	聘用部门	合同生效日期	合同年限	合同到期日
A001	供应科	2015/6/16	2	2017/6/16
A002	供应科	2015/8/31	2	2017/8/31
A003	供应科	2015/2/28	3	2018/2/28
A004	供应科	2012/6/27	5	2017/6/27
A005	生产综合部	2015/6/6	2	2017/6/6
A006	生产综合部	2014/6/9	5	2019/6/9
A007	生产综合部	2016/5/18	2	2018/5/18
A008	生产综合部	2015/12/31	2	2017/12/31
A009	质控部	2016/5/10	2	2018/5/10
A010	质控部	2016/3/30	2	2018/3/30
A011	质控部	2012/6/18	5	2017/6/18
A012	质控部	2016/4/29	2	2018/4/29
A013	财务部	2015/12/17	2	2017/12/17

合同到期前一个月提醒

假设今天是：2017年6月6日

工号	聘用部门	合同生效日期	合同年限	合同到期日
A001	供应科	2015/6/16	2	2017/6/16
A002	供应科	2015/8/31	2	2017/8/31
A003	供应科	2015/2/28	3	2018/2/28
A004	供应科	2012/6/27	5	2017/6/27
A005	生产综合部	2015/6/6	2	2017/6/6
A006	生产综合部	2014/6/9	5	2019/6/9
A007	生产综合部	2016/5/18	2	2018/5/18
A008	生产综合部	2015/12/31	2	2017/12/31
A009	质控部	2016/5/10	2	2018/5/10
A010	质控部	2016/3/30	2	2018/3/30
A011	质控部	2012/6/18	5	2017/6/18
A012	质控部	2016/4/29	2	2018/4/29
A013	财务部	2015/12/17	2	2017/12/17

图 10-48　条件格式设置前后效果对比

具体设置参考步骤如下：

先添加辅助列“距合同到期还有几天”，如图 10-49 所示。

G3　fx　=DATEDIF($A$1,E3,"D")

	A	B	C	D	E	F	G
1	假设今天是：2017年6月6日						
2	工号	聘用部门	合同生效日期	合同年限	合同到期日		距合同到期还有几天
3	A001	供应科	2015/6/16	2	2017/6/16		10
4	A002	供应科	2015/8/31	2	2017/8/31		86
5	A003	供应科	2015/2/28	3	2018/2/28		267
6	A004	供应科	2012/6/27	5	2017/6/27		21
7	A005	生产综合部	2015/6/6	2	2017/6/6		0
8	A006	生产综合部	2014/6/9	5	2019/6/9		733
9	A007	生产综合部	2016/5/18	2	2018/5/18		346
10	A008	生产综合部	2015/12/31	2	2017/12/31		208
11	A009	质控部	2016/5/10	2	2018/5/10		338
12	A010	质控部	2016/3/30	2	2018/3/30		297
13	A011	质控部	2012/6/18	5	2017/6/18		12
14	A012	质控部	2016/4/29	2	2018/4/29		327
15	A013	财务部	2015/12/17	2	2017/12/17		194

图 10-49　添加辅助列“距合同到期还有几天”

注：在实际工作中，G3 单元格中的公式可改为“=DATEDIF（TODAY（），E3，”D”）”。

如图 10-50 所示，选中目标区域后开始设置条件格式，在弹出的【新建格式规则】对话框中，选择规则类型“使用公式确定要设置格式的单元格”，输入公式“=$G3<30”（建议复制该公式，以防 WPS 表格出错）并设置单元格格式，

最后连续两次单击【确定】完成设置。

有时，条件格式设置完成后会出现意想不到的错误，不必惊慌，只要重新设置条件格式，打开【编辑规则】对话框，将剪贴板中的公式粘贴（Ctrl+V）进去即可，如图 10-51 所示。

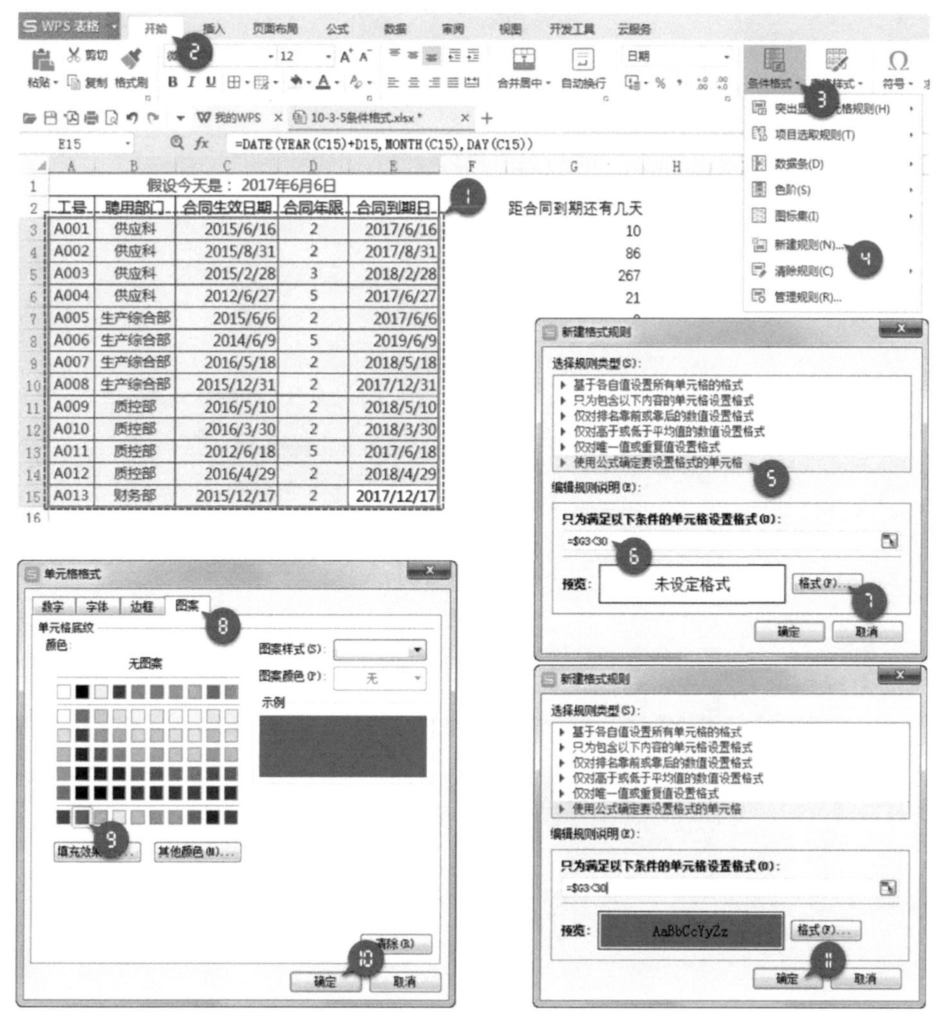

工号	聘用部门	合同生效日期	合同年限	合同到期日
A001	供应科	2015/6/16	2	2017/6/16
A002	供应科	2015/8/31	2	2017/8/31
A003	供应科	2015/2/28	3	2018/2/28
A004	供应科	2012/6/27	5	2017/6/27
A005	生产综合部	2015/6/6	2	2017/6/6
A006	生产综合部	2014/6/9	5	2019/6/9
A007	生产综合部	2016/5/18	2	2018/5/18
A008	生产综合部	2015/12/31	2	2017/12/31
A009	质控部	2016/5/10	2	2018/5/10
A010	质控部	2016/3/30	2	2018/3/30
A011	质控部	2012/6/18	5	2017/6/18
A012	质控部	2016/4/29	2	2018/4/29
A013	财务部	2015/12/17	2	2017/12/17

图 10-50　使用公式设置条件格式

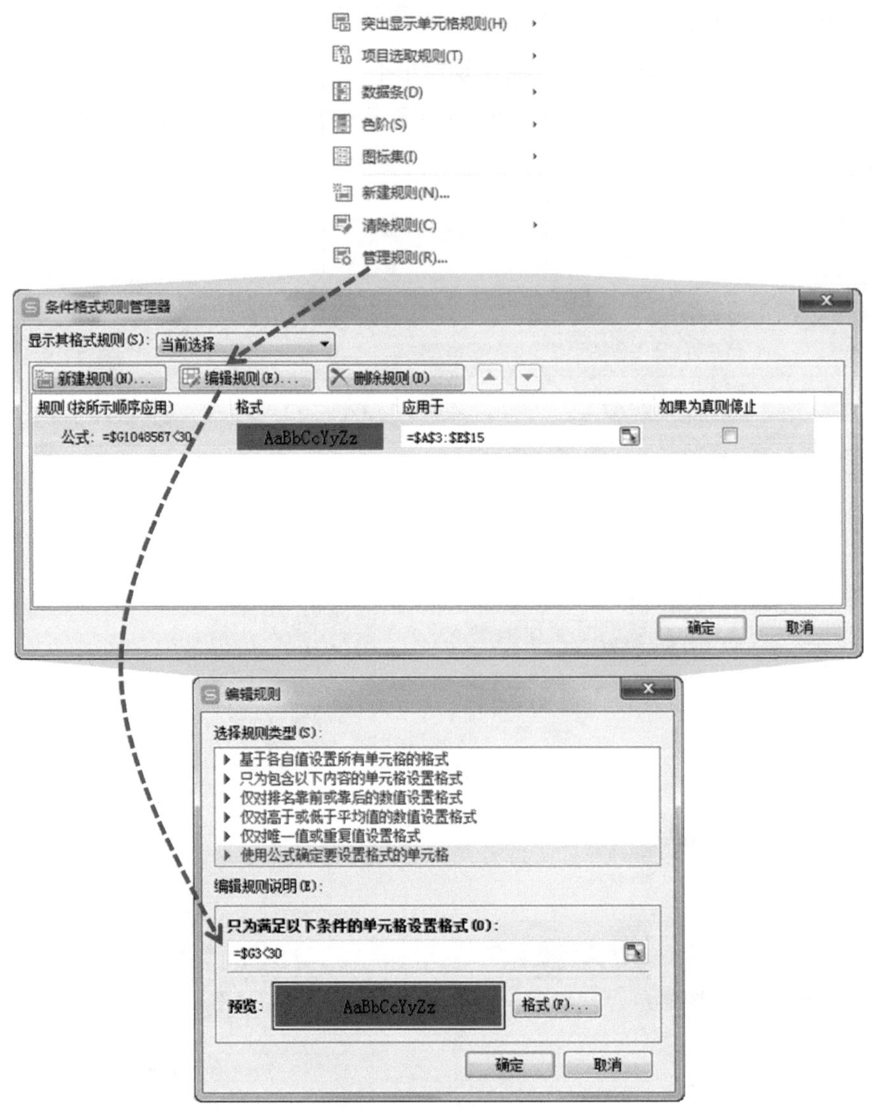

图 10-51　修改条件格式

第 11 章　好看的图表

图表的重要性不言而喻，正所谓“文不如表，表不如图”，而从某种意义上讲，我们当下所处就是一个“读图时代”。

专业的图表一般具有直观形象、一目了然等特点，不仅引人注目，而且让人印象深刻，甚至过目不忘。

11.1 图表原理

图表可以无表格，不可以无数据。可以说，没有数据就没有图表。

11.1.1 图表结构、数据与元素

WPS 的图表主要由图表区、绘图区、主（次）坐标轴、系列、数据标签、图例、标题等元素构成，如图 11-1 所示。

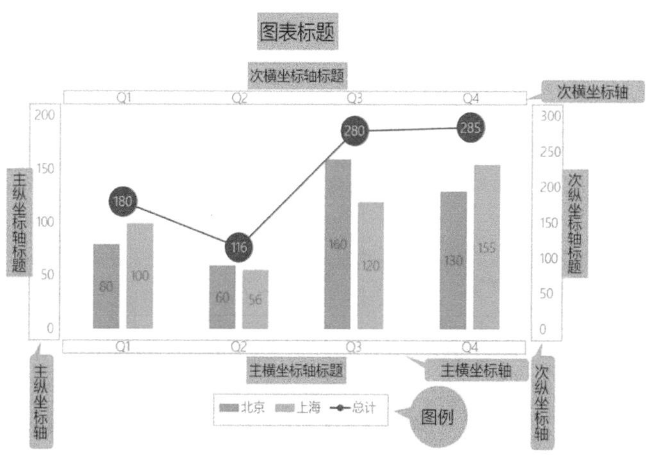

图 11-1　图表结构示意图

绘图区：显示数据图示的区域，选中后可以对图表进行大小调整、设置背景填充格式等操作。

图表区：绘图区之外的图表区域，选中后可以对图表进行整体移动、大小调整等操作。

系列：由数据生成的图形（如柱形、折线）。

除此之外，在图表中还有某些特定的元素（如折线图中的垂直线）。你可以通过【图表工具】与【绘图工具】上下文选项卡，添加图表元素或使用更多图表功能，如图 11-2 所示。

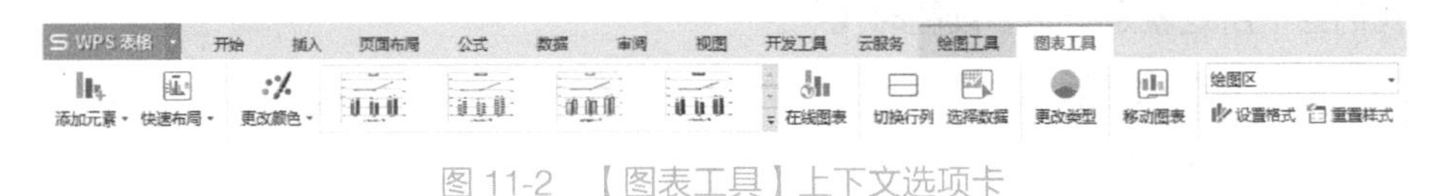

图 11-2　【图表工具】上下文选项卡

11.1.2 无表制图法

通过无表制图，可以快速了解并熟悉图表的原理。

如图 11-3 所示，在未选中任何数据区域的情况下插入一个空白图表，然后单击【图表工具】-【选择数据】命令，在弹出的【编辑数据源】对话框中，手动添加一组系列数据（注：系列值之间用半角逗号隔开），确认设置后即可更新图表。

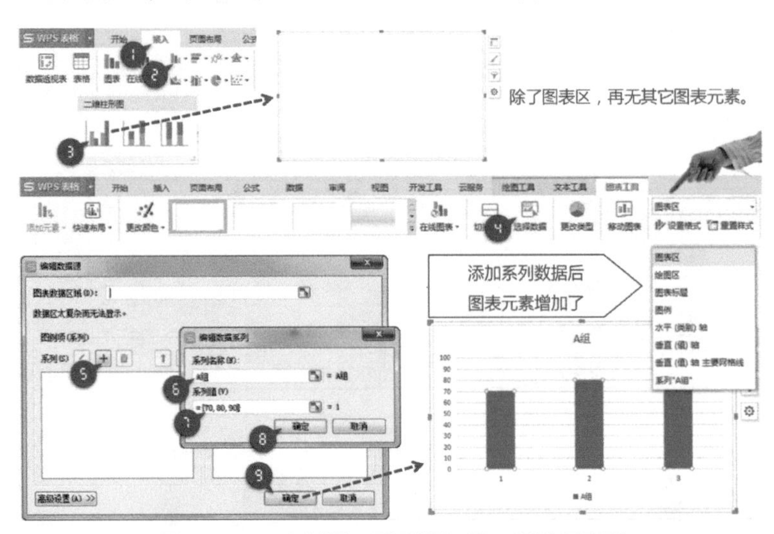

图 11-3　无表制图：手动添加第一组数据系列

右击该图表，在弹出菜单中单击【选择数据】命令[1]，可以继续添加数据系列，如图 11-4 所示。

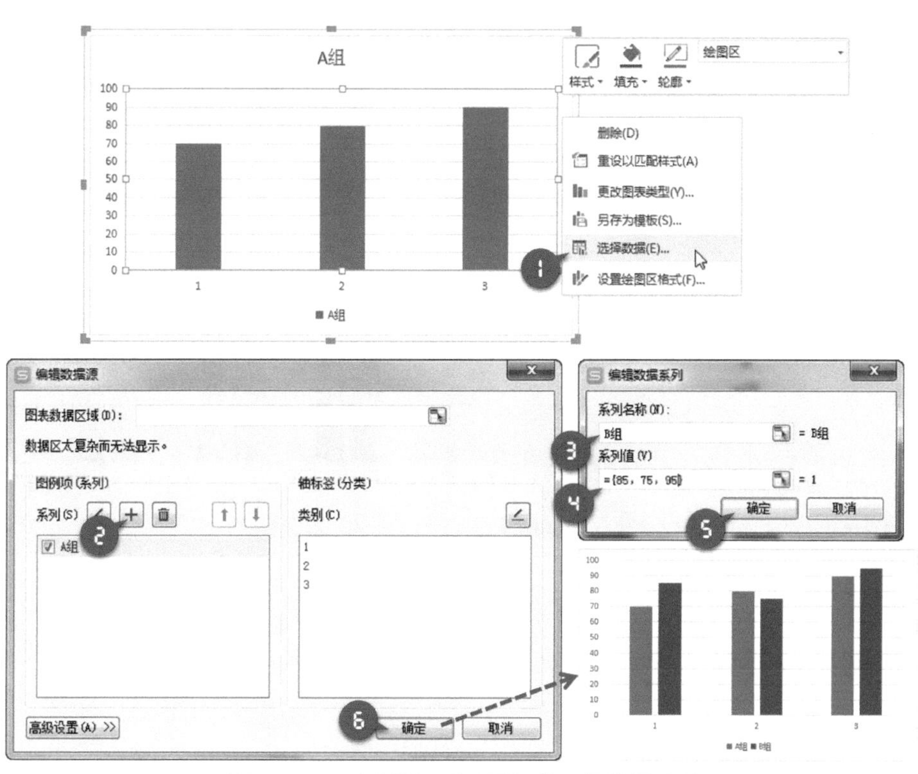

图 11-4　无表制图：手动添加第二组数据系列

在图表中，图例项（系列）可添加、编辑或删除，但轴标签（分类）只能编辑，如图 11-5 所示（注：轴标签编辑栏中的双引号和逗号均为半角字符）。

熟练使用【图表工具】与【绘图工具】上下文选项卡，几乎可以完成对图表的所有操作，如图 11-6 所示，利用图表工具添加图表标题和数据标签。

如果需要在图表中反映两组系列总量的变化趋势，可以再添加一个系列“总量”，并将其改为折线图，同时勾选“次坐标轴”，如图 11-7 所示。

[1] 或单击【图表工具】-【选择数据】命令。

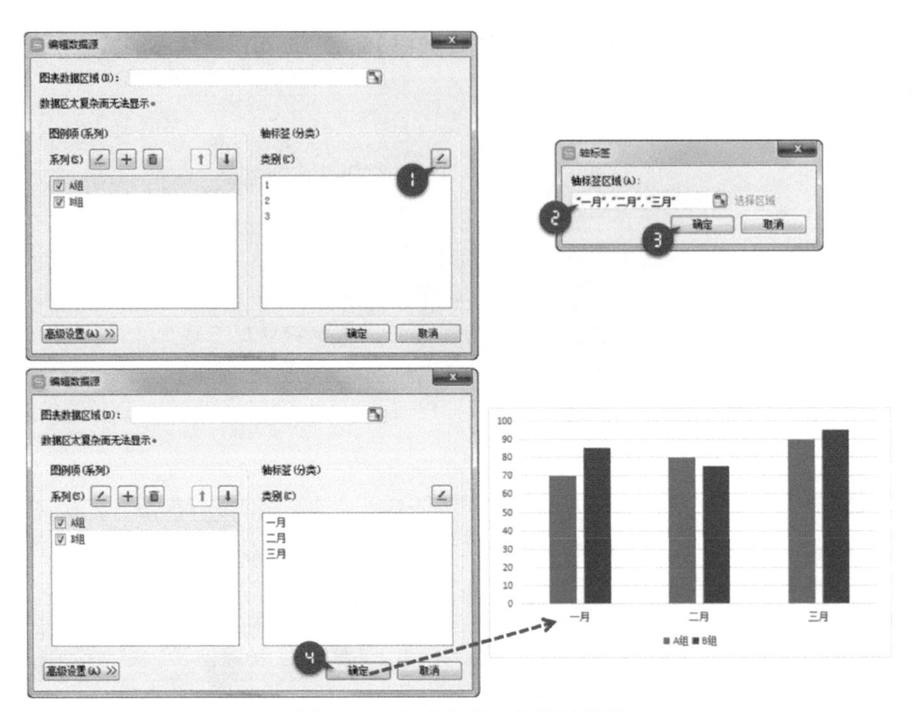

图 11-5　无表制图：编辑轴标签

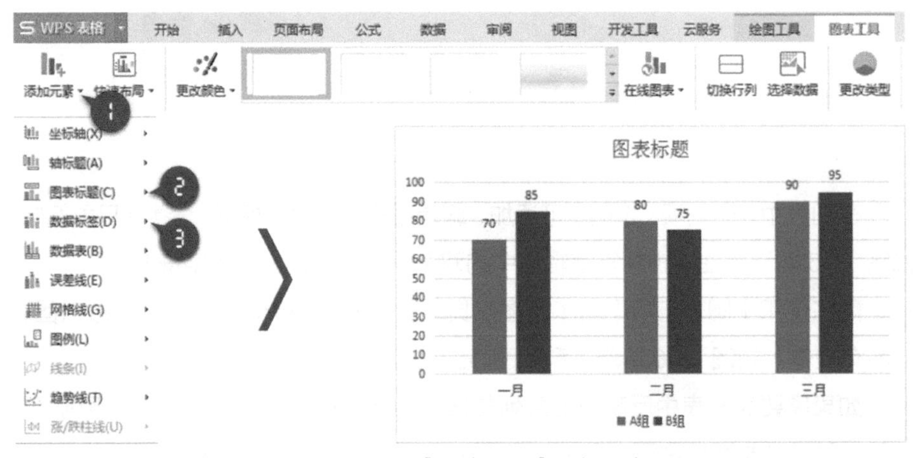

图 11-6　利用【图表工具】添加元素

分别对主（次）垂直轴边界和单位的值进行修改与调整，让图表看起来更直观，如图 11-8 所示。

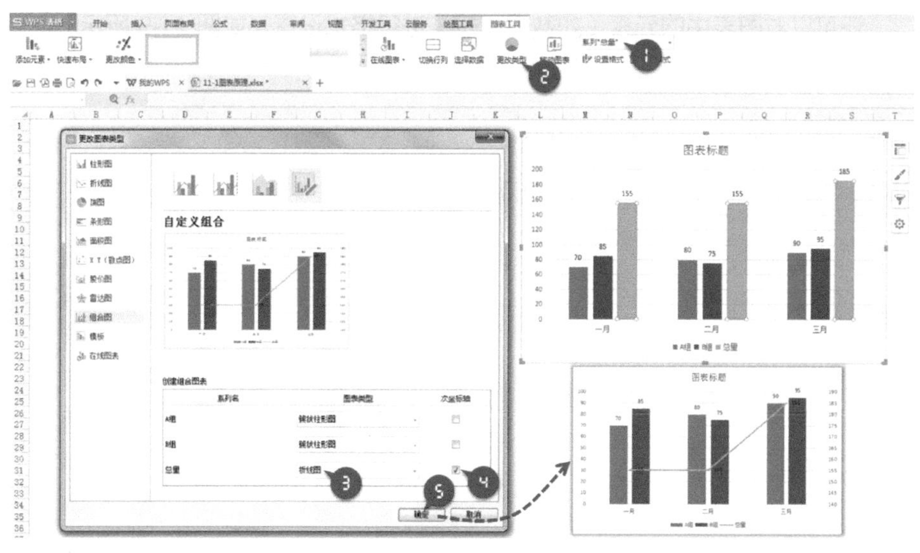

图 11-7　更改图表类型并设置主次坐标轴

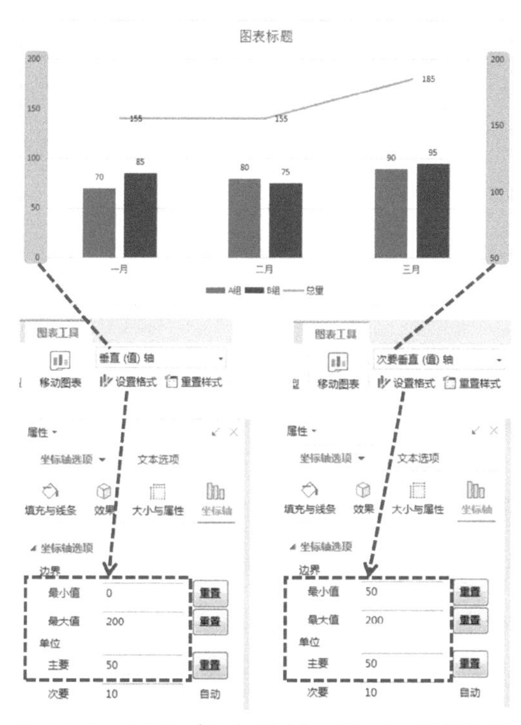

图 11-8　设置主（次）垂直轴的边界值和单位值

还可以对图表中的元素（如数据标签）进行格式设置，如图 11-9 所示。

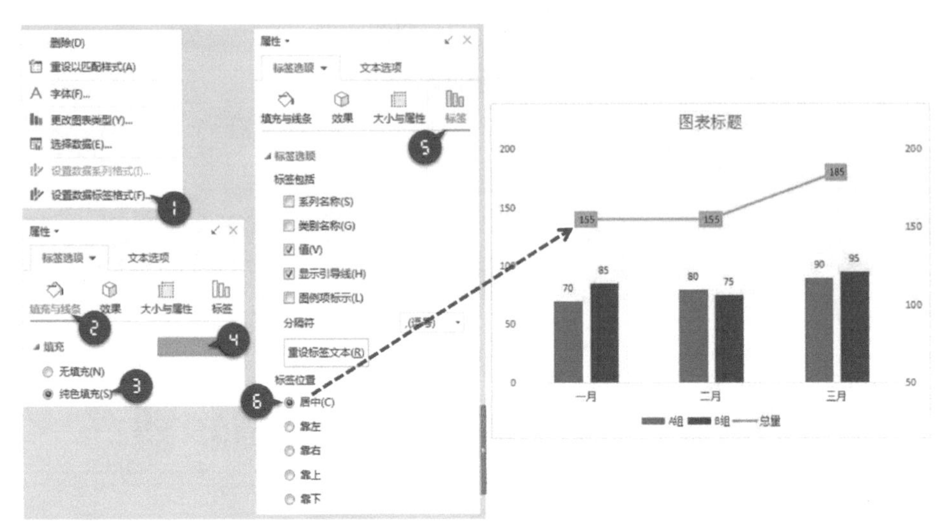

图 11-9 图表元素的格式设置

如果想删除图表中的某些元素（如网格线），可以先选中该组对象再单击 Delete 键；如果想选中某个单独的元素（如系列“B 组”点“三月”），建议利用【图表工具】上下文选项卡进行精准操作，也可以先单击该组元素（如系列“B 组”），再单击其中的单个元素（如点“三月”）。

11.2 图表美化

图表经过基本处理后，可以根据需要进行适当的美化。只要使用颜色、线条、图片等一些简单的素材，就能使图表看起来更加直观和专业。

11.2.1 常用图表

在 WPS 表格中，常用的图表类型有柱形图、折线图、饼图、条形图、面积图、散点图等，如图 11-10 所示。

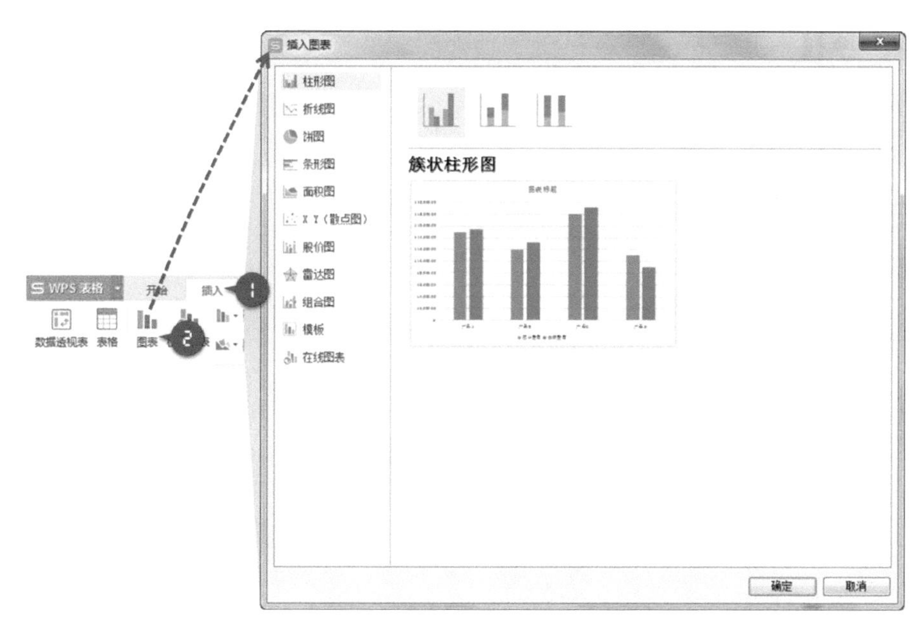

图 11-10　选择图表类型

11.2.1.1　柱形图与条形图

柱形图常用于反映类别（项目）之间的比较或变化趋势。

WPS 默认的图表外观往往不能满足日常工作的需求，因此需要进行适当美化，如图 11-11 所示。

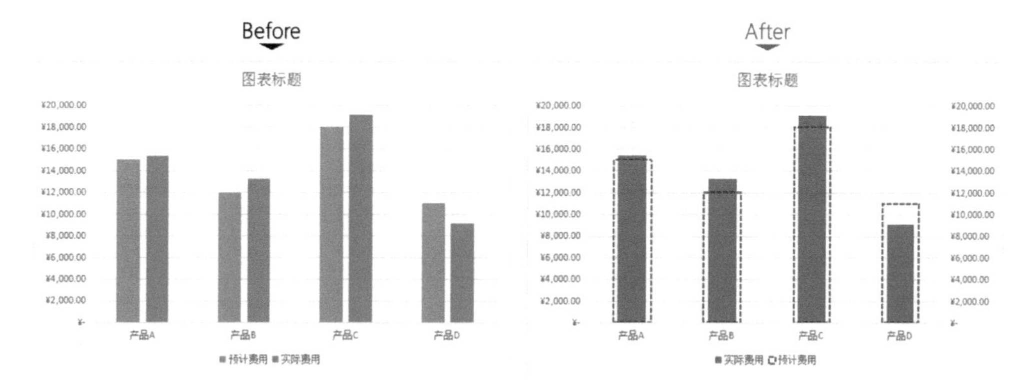

图 11-11　柱形图美化前后对比

具体做法如图 11-12 所示，先选中数据区域，再插入柱形图。

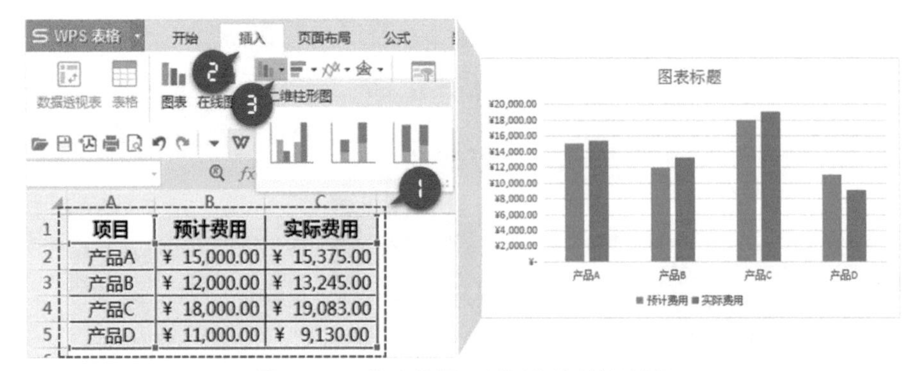

图 11-12　选中数据区域插入簇状柱形图

设置数据系列格式，修改其填充与轮廓方式，如图 11-13 所示。

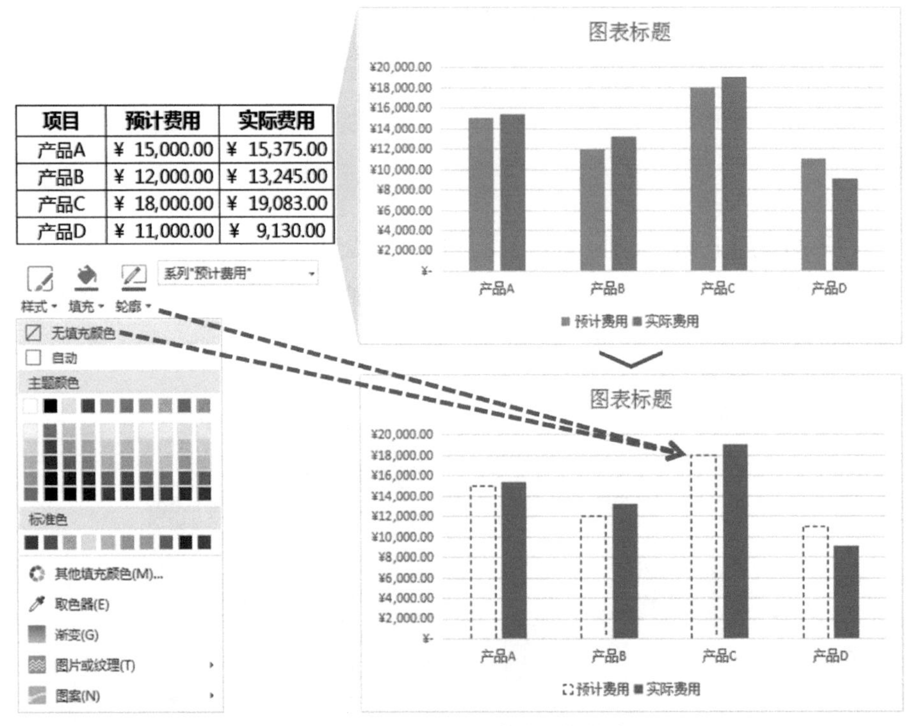

图 11-13　设置系列的填充与轮廓

将系列“预计费用”绘制在次坐标轴，并调整分类间距，统一主（次）垂直坐标轴的边界最大值和最小值，如图 11-14 所示。

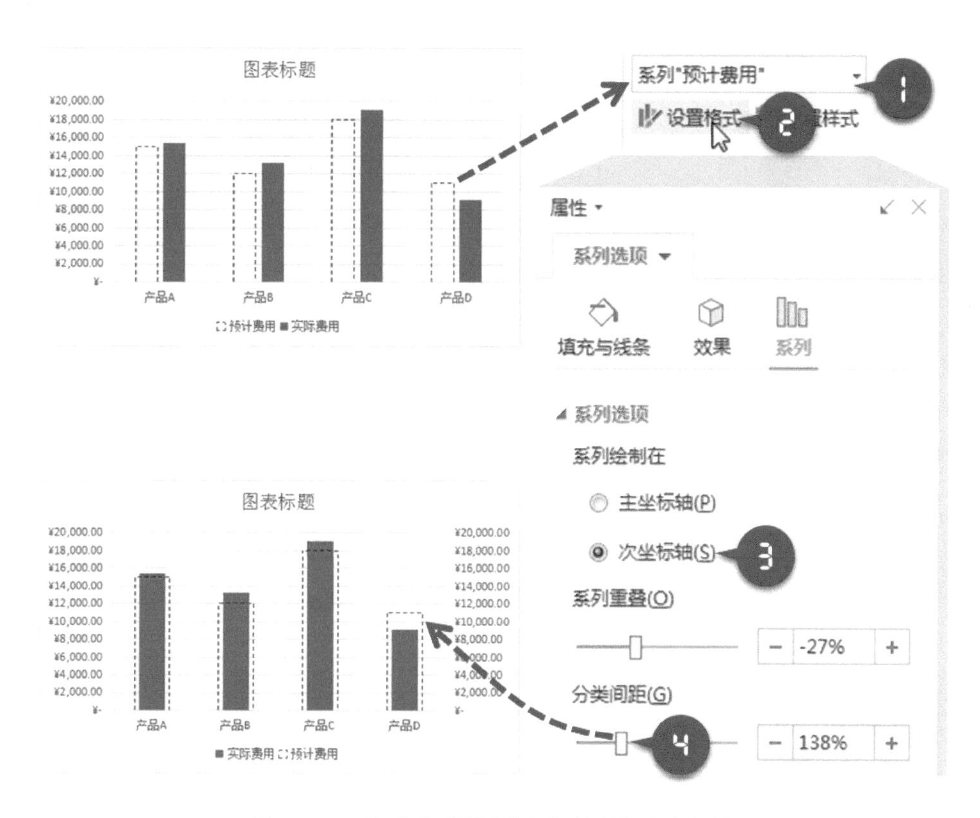

图 11-14　将系列“预计费用”绘制在次坐标轴

条形图常用于类别（项目）之间的比较和排名，其制作方法与柱形图类似，限于篇幅，不再赘述。

11.2.1.2　饼图与圆环图

饼图（包括圆环图）常用于表示不同分类的占比情况，实际应用非常广泛。

在 WPS 表格中，虽然无法在一张图表中生成双层或多层饼图，但可以变通实现这种效果，如图 11-15 所示。

制作思路：先分别制作两个饼图，再将其叠加在一起。

具体做法如图 11-16 所示，先选中小类的销量数据，插入饼图。

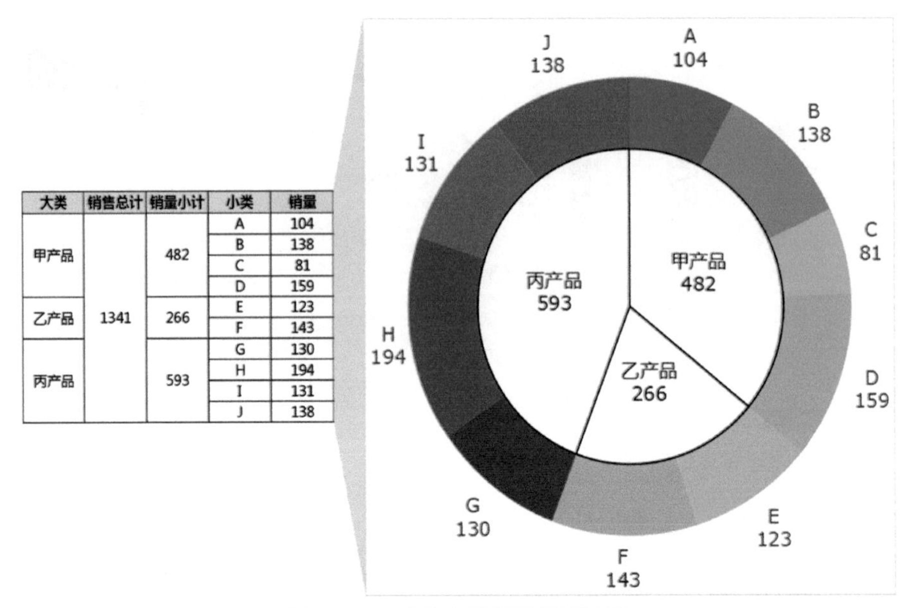

大类	销售总计	销量小计	小类	销量
甲产品	1341	482	A	104
			B	138
			C	81
			D	159
乙产品		266	E	123
			F	143
丙产品		593	G	130
			H	194
			I	131
			J	138

图 11-15　分类产品销量饼图效果

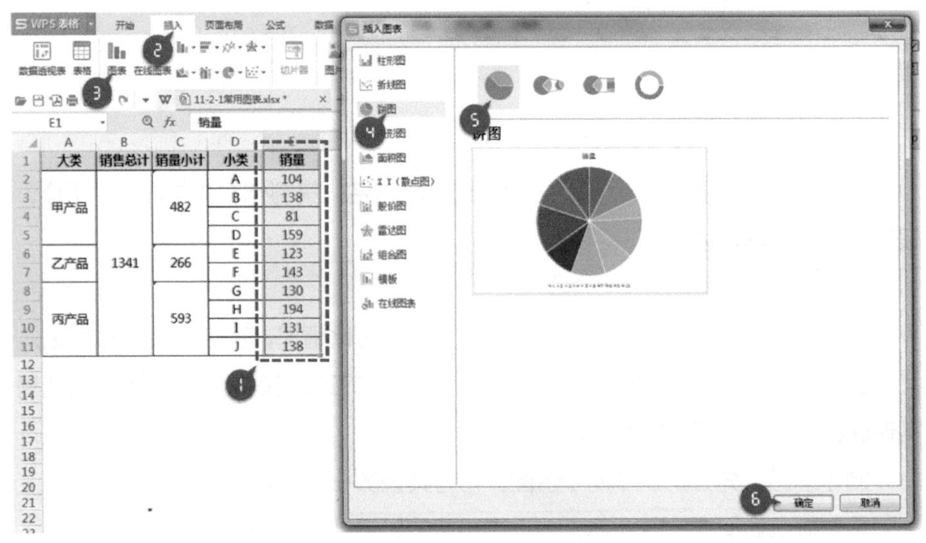

图 11-16　插入饼图

再编辑图表中包含的数据区域，如图 11-17 所示。

详细操作步骤，请用手机扫一扫图 11-18 中的二维码，观看视频教程。

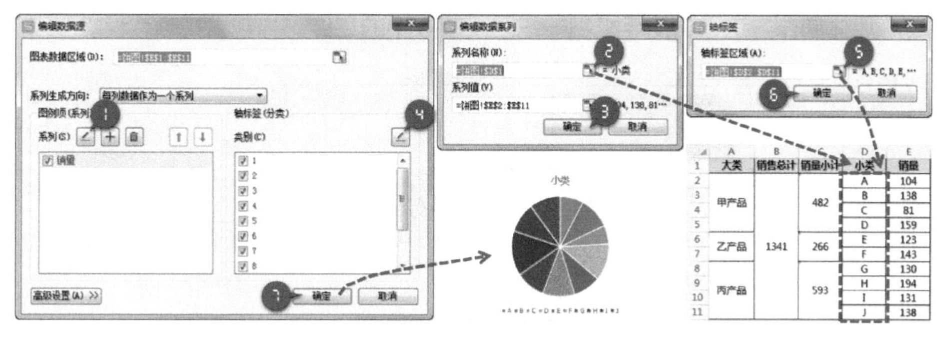

	A	B	C	D	E
1	大类	销售总计	销量小计	小类	销量
2	甲产品	1341	482	A	104
3				B	138
4				C	81
5				D	159
6	乙产品		266	E	123
7				F	143
8	丙产品		593	G	130
9				H	194
10				I	131
11				J	138

图 11-17　更改图表中包含的数据区域

图 11-18　微信扫一扫看视频教程：WPS 双层饼图

11.2.1.3　折线图与散点图

与柱状图和饼图不同，折线图更适合展示相对密集的数据，并能直观呈现数据的变化趋势，如图 11-19 所示。

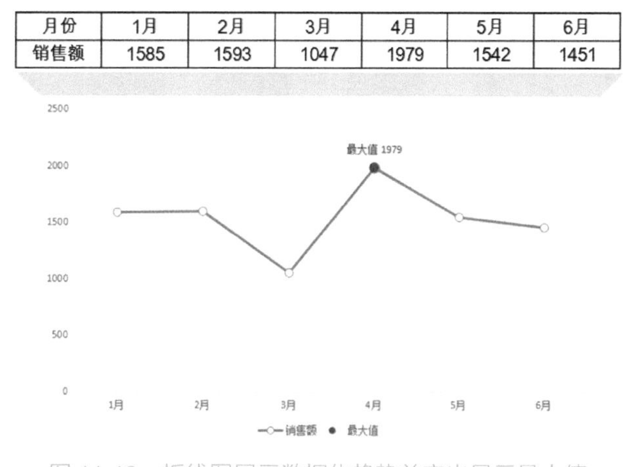

月份	1月	2月	3月	4月	5月	6月
销售额	1585	1593	1047	1979	1542	1451

图 11-19　折线图展示数据化趋势并突出显示最大值

具体制作方法，请用手机扫一扫图 11-20 中的二维码，观看视频教程。

图 11-20　微信扫一扫看视频教程：WPS 折线图

11.2.2 组合图表

利用组合图表可以反映更多复杂信息，例如：带平均线的柱形图、反映项目计划和任务进度的甘特图等。

如图 11-21 所示，带均线的柱形图简单实用，在实际工作中应用广泛。

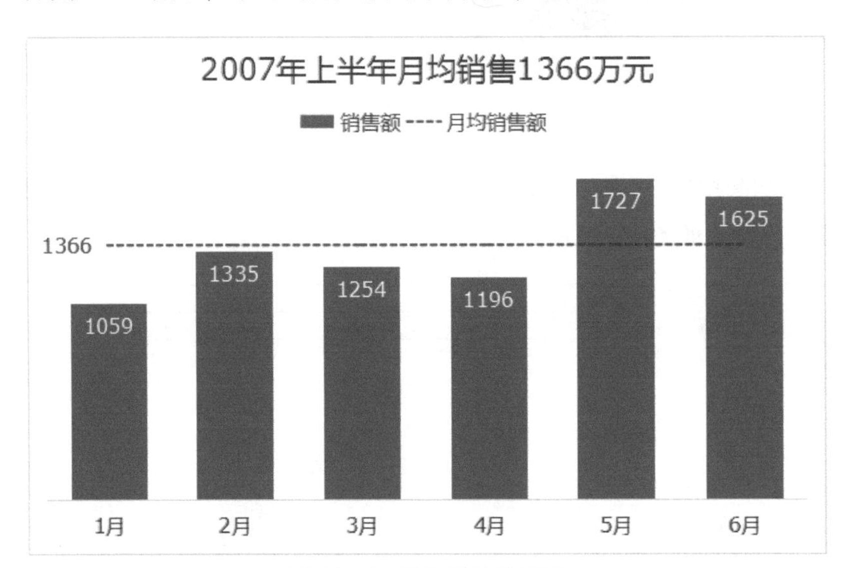

图 11-21　带均线的柱状图

制作步骤非常简单，先准备图表数据，如图 11-22 所示。

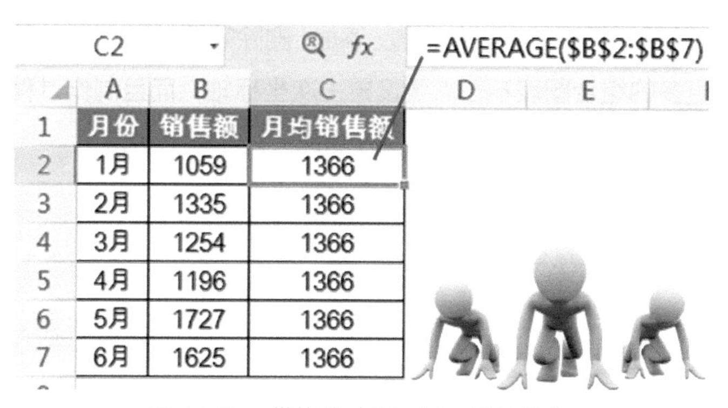

	A	B	C
1	月份	销售额	月均销售额
2	1月	1059	1366
3	2月	1335	1366
4	3月	1254	1366
5	4月	1196	1366
6	5月	1727	1366
7	6月	1625	1366

图 11-22　带均线的柱形图：数据准备

再选择 A1:C7 数据区域，插入组合图表（簇状柱形图 - 折线图），如图 11-23 所示。

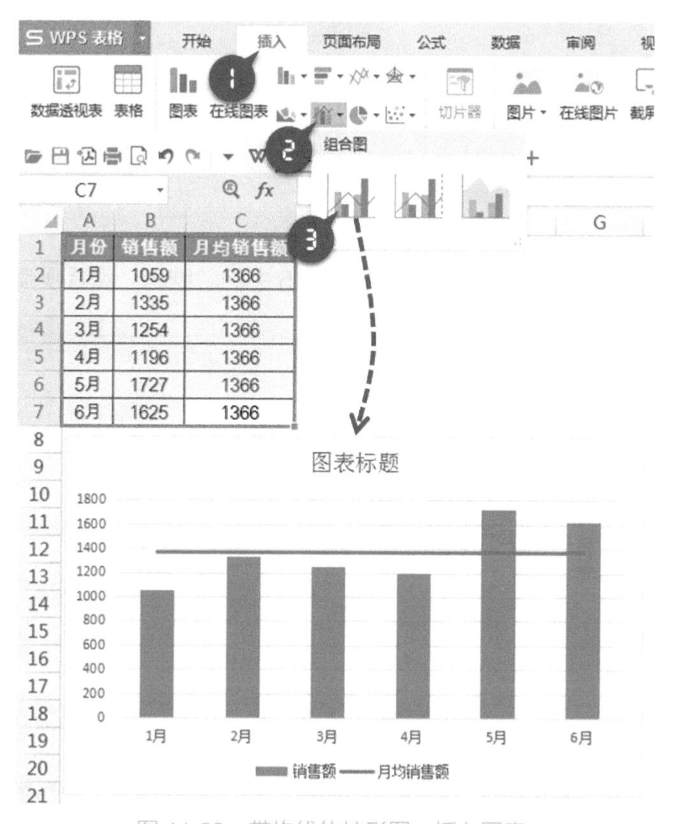

	A	B	C
1	月份	销售额	月均销售额
2	1月	1059	1366
3	2月	1335	1366
4	3月	1254	1366
5	4月	1196	1366
6	5月	1727	1366
7	6月	1625	1366

图 11-23　带均线的柱形图：插入图表

接下来，就是对图表元素进行设置、添加、删除等操作，最终完成图表的美化。

当然，更多的组合图表不但需要设置主次坐标轴，而且制作过程比较复杂，如图 11-24 所示，甘特图可以直观地反映项目计划和任务进度。

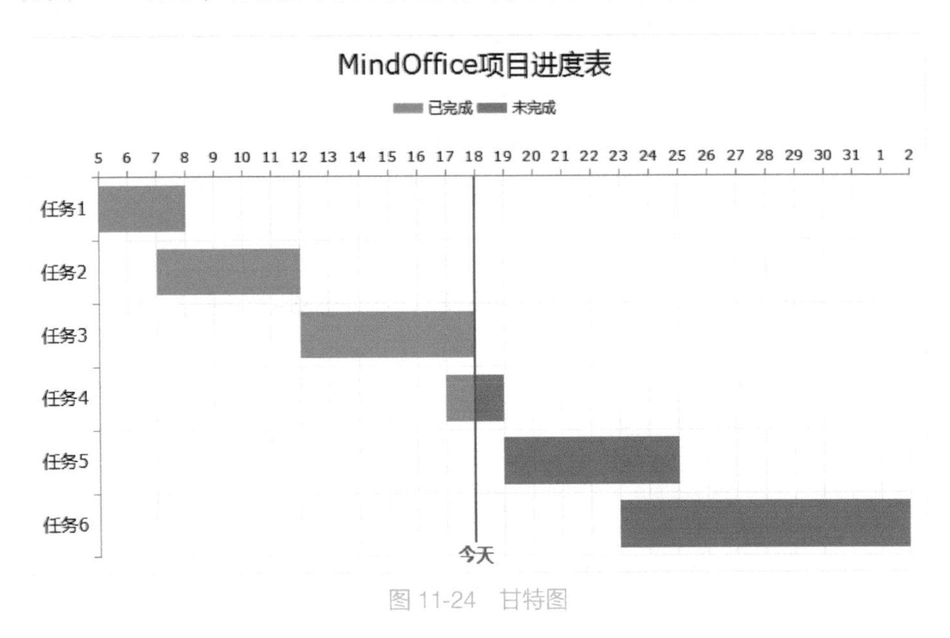

图 11-24　甘特图

具体制作方法，请用手机扫一扫图 11-25 中的二维码，观看视频教程。

图 11-25　微信扫一扫看视频教程：用 WPS 表格制作甘特图

11.3 图表亮化

随着人们不断追求灵活、高速、自助式地获取数据信息，传统的静态图表已经越发无法满足这些需求。

在 WPS 表格中，你可以综合利用数据透视表（见 10.2.3）、开发工具、公式、函数、图表等功能制作动态和交互式的高级图表。

11.3.1 如何制作动态图表

利用 OFFSET 函数可以生成数据区域的动态引用，进而为图表提供动态的数据源。如图 11-26 所示，当每月新增销售数据时，对应的动态图表将自动刷新最近 12 个月的销量情况。

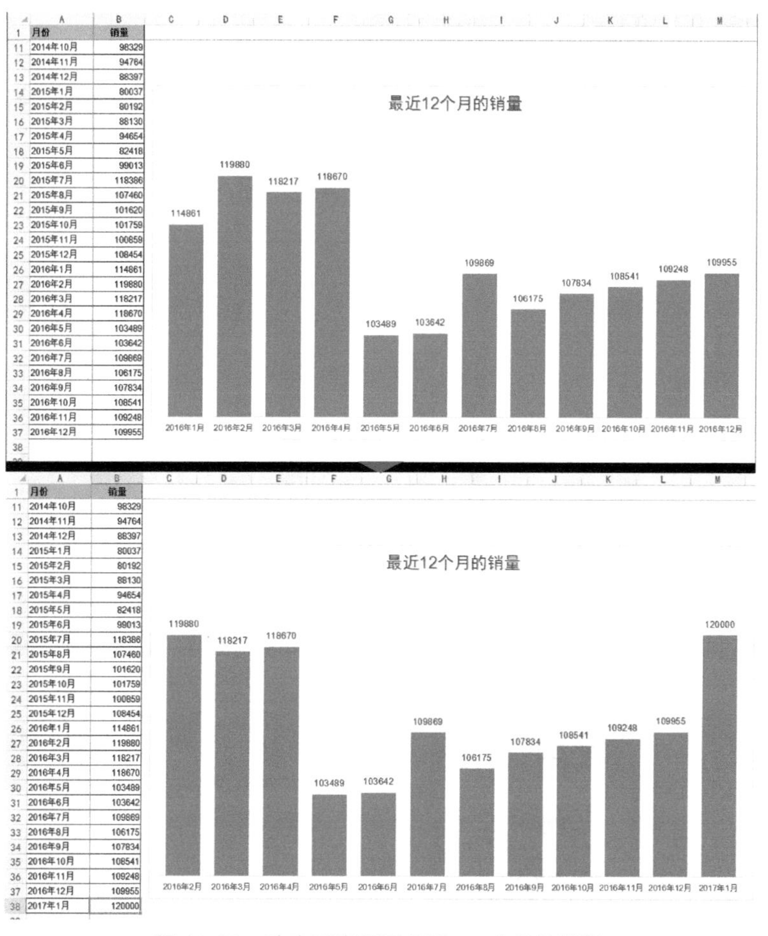

图 11-26　动态图表展示最近 12 个月的销量

具体制作方法，请用手机扫一扫图 11-27 中的二维码，观看视频教程。

图 11-27　微信扫一扫看视频教程：WPS 动态图表

11.3.2 如何制作交互式的图表

你还可以综合利用 WPS 表格的控件、函数与图表等功能，来实现交互式展现图表数据、灵活传递信息的效果。

如图 11-28 所示，只要单击列表框中的某种产品，图表区域就会同步显示该产品在各地区的销售数据。

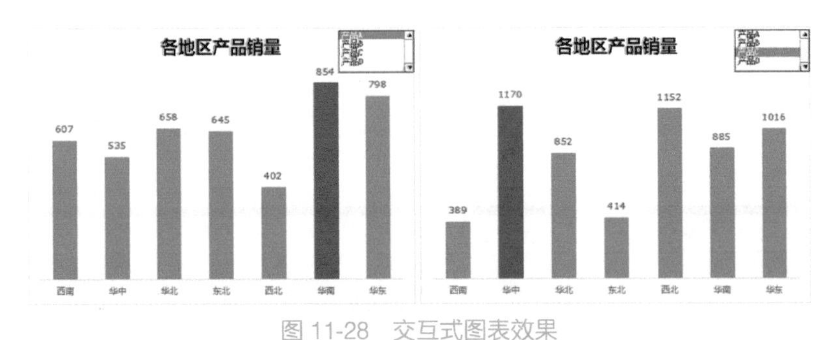

图 11-28　交互式图表效果

具体制作方法，请用手机扫一扫图 11-29 中的二维码，观看视频教程。

图 11-29　微信扫一扫看视频教程：交互式图表